The 737 Max Tragedy and the Fall of Boeing

迷走するボーイング

魂を奪われた技術屋集団

ピーター・ロビソン［著］
茂木作太郎［訳］

目次

主な登場人物　8

序章　かつてのボーイングではなくなった　13

間違った角度で設置された仰角センサー／見過ごしてはならない欠陥／続く737MAX墜落事故／変質したボーイング／社会的責任を放棄し私腹を肥やす／失われたボーイングの安全文化

第1章　〝空飛ぶフットボール〟　31

B-47爆撃機の大口契約／造船所の一角で水上機B&Wモデル1を製作／民主党政権による契約打ち切り／困難な旅客機の開発製造／707を救った伝説のテストパイロット／より安

全な飛行機の開発を目指して／〝空飛ぶフットボール〟737／予算の超過をいとわない社風／「もうエンジニアを増やすことができない」／苦戦する737の販売

第2章　ボーイング家の無名の天才「737」　59

競合機DC‐10の相次ぐ墜落／ライバル機「エアバス」の登場／日本航空123便の墜落事故／驕りの始まり／エアバスが採用した最新技術／市場の急変を見過ごしたボーイング／明らかになる737の欠陥

第3章　明暗を分けたマクドネル・ダグラスとの合併　76

新世代の経営者／「ワーキング・トゥゲザー」／777のプロジェクトリーダー／投資を補って余りある収益／737の三回目の改良／マクドネル・ダグラスの終わりの始まり／マクドネルとダグラスのあつれき／錐揉み状態のマクドネル・ダグラス／ボーイングへの売却／「ボーイングがマクドネル・ダグラスに買われた」

第4章　ハンターVSボーイスカウト　105
「君は僕の部下になるんだよ」／「ファミリー」ではなく「チーム」にならなければならない／低迷するボーイングの株価／ストーンサイファーによる粛清／製造工場の売却／「我々はボーイングを信頼していない」／史上最大のホワイトカラーによるストライキ／組合指導者の鋭い一撃／ストライキ終了／ストーンサイファーの影響力

第5章　理想は潰えた…　130
ボーイングの業績改善／失敗した映画配信事業／737を世界最大のビジネスジェット機に改造／シアトルからシカゴへ本社移転／技術者集団から営利を追求する企業へ／「我々はナンバー・ツーだ」／787開発コストの大幅削減／次期CEO候補の失脚／ボーイング史上初めて主翼の開発を他社に委託／売却された「悪巧みの部屋」／女性問題で失脚／消えた「エンジニアリングの魂」

第6章　コスト削減と737MAX　160
生まれながらのリーダー／レーガン大統領の規制緩和／問答無用で3Mを改革／全米企業第

六位のロビー活動／アウトソーシング戦略の失敗／労働組合の影響力低下を目論んだ製造拠点の移転／安物製品を販売する企業／エアバスの改良機登場／コスト削減の象徴――７３７ＭＡＸ

第7章　ＦＡＡの監督不行き届き　190

メーカーとＦＡＡの暗黙の了解／矛盾するＦＡＡの任務――航空業界の育成と安全の確保／業界寄りの航空立法諮問委員会／「ＦＡＡは企業のように運営されます」／「長期的には安全が失われる」／ＦＡＡの監督責任をメーカーに譲り渡す／ＦＡＡの隠蔽体質と秘密主義／防げなかったバッテリー事故

第8章　止まらないカウントダウン　212

新型機７３７ＭＡＸの開発／シミュレーター訓練の回避／採用されなかった電子チェックリスト／風洞試験で明らかになった欠陥／却下された安全対策／真実を話してはならない／巨額な役員の成功報酬／マレンバーグＣＥＯ／「製品に問題はない。次に進め！」

第9章　737MAXの欠陥　238
パイロットの序列／パイロット訓練の外部委託／会社は混乱し、社内は分断／主導権はボーイングにあった／737MAXの初飛行／失速試験で明らかになった欠陥／さらなる欠陥／「会社は誤った方向に進んでいる」／「誰も残っちゃいない」／そして何かが壊れる……

第10章　ライオンエア機の墜落　261
急成長のライオンエア／問題山積のシミュレーター開発／限界を超える生産機数／記録的な収益／権限を失ったFAA／失敗に終わったボンバルディア吸収／トランプ大統領との蜜月／手抜きの整備／ソフトウェアの欠陥／「勝手に墜落する危険性」／不安の声を上げ始めたパイロット／「事故はまもなく解決する」／「事故では終わらない気がする」／危機管理センターで暗躍する代理人／設計に問題があった／「操縦桿が動くんだぞ。わかっているのか？」／「さらに一五機のMAXが墜落する」

第11章　エチオピア航空機の墜落　304
ボーイングの説明を信じていなかった／忘れ去られたライオンエア機の事故／エチオピア航

空302便墜落事故／遅れる政府の対応／事故から三日後の飛行禁止命令／高速で地面に激突／理不尽な別れ／「殺人機」と命名／遅すぎたアップデート／「我々は過ちを認めます」／MAXの「再就役」

第12章　血の代償　331

社会運動家ラルフ・ネーダー／結束する遺族たち／FAAは「魔法と科学の違いがわからない」／FAAによる飛行試験の実態／議会の追及／怒りをあらわにする航空会社／「動かぬ証拠だ」

第13章　「田舎へ帰れ！」　349

「遺族は踊らされている」／上院委員会公聴会での追及／追い詰められるマレンバーグCEO／「謝るなら、目を見て話しなさい」／マレンバーグの解任

第14章　ボーイング存亡の危機　364
新型コロナウイルスの猛威／ウェルチに最もよく似た男／一周年追悼式でのボーイングの対応／「会社のトラブルは前CEOに起因する」／新型コロナウイルスで存亡の危機／カルフーンCEO率いるボーイングの将来

終章　ボーイング史上最大の汚点　385
737MAXの再就役／「不測の事態がまた発生するかもしれない」／活かされなかった教訓／「ボーイングは殺人罪に問われず」

主な参考文献　395
著者のことば　397
訳者あとがき　399

主な登場人物

［主なボーイングCEO（最高経営責任者）就任順］

ウィルソン、ソーントン（Wilson, Thornton）初期のジェット爆撃機の開発や受注につながったミニットマン大陸間弾道ミサイルの提案などを行なったのちに、ボーイングの黄金時代を築いたCEOとなる。日本航空123便の墜落事故に際しては迅速に謝罪する。マクドネル・ダグラスとの合併後に「ボーイングがボーイングのお金でマクドネル・ダグラス」に買われてしまったと嘆く。〝T〟と呼ばれた。

コンディット、フィル（Condit, Philip）757・777開発の指揮をとる。社長を経てCEO。ジャック・ウェルチを崇拝する。マクドネル・ダグラスとボーイングの合併を主導する。

ストーンサイファー、ハリー（Stonecipher, Harry）ゼネラルエレクトリック（GE）出身。ジャック・ウェルチを崇拝。マクドネル・ダグラスのCEOとして、ボーイングとの合併を主導。ストーンサイファーが進めた787のアウトソーシングの戦略は失敗に終わる。コンディットの失脚を受けてボーイングのCEOになるが、不倫を理由に解任される。

マックナーニ、ジム（McNerney, James）GEではウェルチの後継者と目されたものの、CEOになれず、3MのCEOを経て、ボーイングのCEOになる。コストの削減を進め、既存機の改良型737MAXの開発を承認する。労組の影響を減らそうとサウスカロライナへの生産の移転を開始する。

マレンバーグ、デニス（Muilenburg, Dennis）主として軍用機の開発に従事したのちにCEOとなる。ライオンエア機の事故はパイロットエラーであるとほのめかし、事態の沈静化を図ったものの、エチオピア機の事故を受けて解任。

カルフーン、デイヴ（Calhoun, David）GEと未公開企業を経て、ボーイングの取締役。マレンバーグの解雇を受けてCEO。コロナ禍でボーイングの再建を試みるが、アラスカ航空機事故を受けて二〇二四年八月に退任。

[主な登場人物（五十音順）]

ウェルチ、ジャック（Welch, Jack）ＧＥのＣＥＯ。伝説の経営者と評され、経営手法はボーイングを含め多くの企業に影響を与えたが、長期的な成長をもたらすことはできず、のちに評価は一変した。

ウッダード、ロン（Woodard, Ron）７０７から７７７までボーイング機の製造・開発に携わる。商業機事業部長。ストーンサイファーによって解雇される。

オールバー、ジム（Albaugh, James）防衛事業部長を経て商業機事業部長。７８７と７３７ＭＡＸの問題に忙殺される。ムラーリーとともに次期ＣＥＯと目されるが、外部から招聘されたマックナーニに敗れる。

キーティング、ティム（Keating, Tim）政府担当役員。議会の公聴会でふてぶてしい態度をとり、エチオピア機事故の追悼会の開催に際しては遺族の希望をはねつける。二〇二一年に退職。

グスタフソン、パトリック（Gustavsson, Patrik）フォークナーの部下。チーフテクニカルパイロット。単一のＡＯＡベーンから伝達された情報により、ＭＣＡＳは作動することを知っていた。トカゲの尻尾切りで解雇される。のちにフォークナーとともに詐欺の疑いをかけられる。

クライン、ステイシー（Klein, Stacy）ＦＡＡ（連邦航空局）においてＭＡＸの訓練の承認を担当する。エンジニアリングの経験が限られていたことから、ボーイングから軽視されていた。ＭＣＡＳのマニュアルからの削除を許可し、ＦＡＡはｉＰａｄによる訓練を許可する見込みであるとフォークナーに伝える。

グレイスブルック、リチャード（Glasebrook, Richard）マクドネル・ダグラス株を運用し、大成功を収めたオッペンハイマーキャピタル社ポートフォリオマネージャー。合併後の株価低下に悩む。社内での改革が進まなければ、買収される可能性があるとボーイング社員に警告する。

サッター、ジョー（Sutter, Joe）７０７と７３７の開発に従事したのちに７４７の技師長、商業機開発エンジニアリング・製品開発担当上級副社長。スペースシャトル・チャレンジャー事故調査委員会委員。新型機かＭＡＸの開発かを検討したボーイングアドバイザリー委員会委員。

シアーズ、マイケル（Sears, Michael）ストーンサイファーの部下。マクドネル・ダグラス商業機部長、ボーイングＣＦＯ（最高財務責任者）。次期ＣＥＯと考えられていたものの汚職収賄で有罪となる。

ストム、サムヤ（Stumo, Samya）エチオピア機事故の犠牲者。二四歳。シンクタンクに就職後、ケニアに向かう途中で事故に遭遇する。父はマイケル・ストム。母はナディア・ミラーロン。

ソッシャー、スタン（Sorscher, Stan）物理学者として二〇年間ボーイングに勤務。のちにスピーア労組の役員になる。

ティール、マイケル（Teal, Michael）７３７ＭＡＸのチーフエンジニア。規制の回避とコストの削減に固執する。他のシステムへの影響を恐れて電子チェックリストの採用を拒否、低速時の運動の問題の解決をＭＣＡＳに頼ることを承認する。処罰を受けることなく７７７Ｘのチーフエンジニアになる。

バーラミ、アリ（Bahrami, Ali）マクドネル・ダグラスを経てＦＡＡに入局。シアトルオフィスにおいてマネージャーを務める。外部団体へ転職後、ＦＡＡに復職し、安全担当副長官になる。７３７ＭＡＸの飛行継続を画策するが、事故機のトランスポンダデータを見てＭＡＸの飛行停止を進言する。ＦＡＡによる監督強化に反対する。遺族からの圧力を受けてのちに退任する。

フォークナー、マーク（Forkner, Mark）飛行安全技術パイロットとして７３７ＭＡＸのマニュアル作成に携わる。部下のグスタフソンと交わしていたショートメールが明るみになり、ＭＣＡＳが低速時に暴走した際に生じる問題をＦＡＡに知らせなかったことから詐欺罪に問われる。

フレーザー、グランヴィル（Frazier, Granville）７０７から７７７までのボーイング機（７２７を除く）の開発に携わった推進機エンジニア。ボーイングを退職後、ノウレッジ・トレーニングＬＬＣの役員ならびにワシントン大学客員教授になる。かつての妻ジェイダがコンディットの四番目の妻になる。

ベスーン、ゴードン（Bethune, Gordon）顧客トレーニング担当取締役兼事業部長。７３７と７５７のローンチに携わる。

コンチネンタル航空に転職後、同社CEO。マクドネル・ダグラスと合併後にボーイングの同僚に予想される粛清について警告する。

ムラーリー、アラン（Mulally, Alan）コンディットの社長昇進にともない、777のプロジェクトリーダーとなる。商業機事業部長。構想に終わったソニッククルーザーを提案。CEO候補と目されたが、フォードに転職して同社を再建。

モートン、ピーター（Morton, Peter）737の販売や757フライトコントロール設計において重要な役割を果たす。顧客トレーニング業務統括マネージャー、商業機事業部人事部長。ロングエーカーのトレーニング施設の立ち上げを担当する。退職後も後進に姿勢を改めよと警告する。

リード、リチャード（Reed, Richard）シアトルオフィス所属のFAA技官。骨抜きにされたFAAに失望。737MAXのコックピットを近代化するようボーイングに働きかけるが、追加のトレーニングが発生することを嫌うボーイングは聞く耳を持たなかった。ボーイングから受け取ったMCASの資料は最新版ではなかった。

リーヒー、ジョン（Leahy, John）一九八五年に北米エアバスに入社し、一九八八年に社長。ボーイングおよびマクドネル・ダグラスの牙城であった北米市場への参入を指揮。一九九四年にエアバス本体の最高商務責任者となり、二〇パーセントにすぎなかった同社のマーケットシェアを六〇パーセントに拡大。一兆ドルの売り上げに貢献したとされる。

ルットカ、リック（Ludtke, Rick）操縦室設計センターで737MAXから未就役の777Xまでボーイング機のコックピットの開発を担当。MAXのコックピットが時代遅れのものであると疑問を投げかける。人件費削減で解雇される。

ルティグ、J・マイケル（Luttig, J. Michael）連邦高等裁判所の判事からボーイングに転じ、CLO（最高法務責任者）となる。経営に深く関与する。

レバークーン、キース（Leverkuhn, Keith）737MAX本部長。追加の顧客トレーニングをビジネス上のリスクととらえる。MCASの危険性について詳細な調査を行なわなかった。下院の調査にMAXの開発プログラムは成功であったと述べている。退職時は推進機担当副社長。

ユーバンク、カーティス（Ewbank, Curtis）ボーイングのフライトコントロールを担当するエンジニア。安全が脅かされていると737MAXの問題を指摘し、改善策を提言したものの、拒否される。安全を軽視するボーイングの姿勢に嫌気がさして退職。のちに復職し777Xの開発を担当する。

ンジョロゲ、ポール（Njoroge, Paul）移民先のカナダから母国ケニアへ向かっていた家族をエチオピア機事故で失う。下院運輸・インフラ委員会で証言し、厳格な調査と監督の強化を求める。

［航空会社］

エチオピア航空：エチオピアのアディスアベバを本拠地とするアフリカ最大の航空会社。乗り入れ国の数では世界第四位。成田空港にも乗り入れる。

ライアンエア：アイルランドのLCC（格安航空会社）。ヨーロッパにおける規制緩和を受けて急成長し、定期便で輸送する国際旅客数において世界最大の航空会社になる。マイケル・オレアリーがグループCEO。

ライオンエア：インドネシアのLCC。インドネシアの最大の航空会社で国内線のシェアは第一位。機材の歴史的な大規模導入を繰り返し行なうことで知られる。ルスディ・キラナにより創業され、ルスディ会長は現在も兄のクスナン社長とともに経営にあたる。

［労働組合］

スピーア（**航空宇宙専門技術者協会**）：ボーイングとスピリットエアロシステムズに働くエンジニアや技術職の労働組合。現在組合の人数は一万七〇〇〇人以上。

AFL‐CIO（**アメリカ労働総同盟・産業別組合会議**）：アメリカとカナダの五三産業別労働組合が加盟。世界最大の労働組合組織である国際労働組合総連合の中心的なメンバー。

序章　かつてのボーイングではなくなった

間違った角度で設置された仰角センサー

二〇一八年一〇月二九日、夜明け前のスカルノ・ハッタ国際空港（インドネシア・ジャカルタ）は、多くの人々が空を旅するようになった現代の巨大空港の典型的な情景を見せていた。搭乗ゲートには寝ぼけ眼の家族連れや単身の旅行者が集まり、イスラム教徒向けのハラル食、ライスとクリスピーチキンをセットで提供するバーガーキングやダンキンドーナッツで急ぎ朝食をとる者もいた。免税店でキールズの美容クリームや小型電化製品を品定めする旅行者もいた。太陽がのぼり周囲を見渡せるようになると、屋外にはカリンとヤシが生い茂り、ランの花が咲き乱れていた。これら南洋の植物が、ここがカンザスシティーやシュトゥットガルトの空港ではないことを教えてくれる。

ボーディングブリッジの横には旅客機が駐機し、その多くは一九七〇年代から活躍しているずんぐりむっくりした外観のボーイング737であったが、その姿に目をとめる旅行者はほとんどいなかった。

エンジニアがコンピューターを用いて設計することから始まり、最終的には機体の下に入った機械工が最適のトルクでリベットを打つ航空機は、世界各地に散らばる数万人の人々の手からなる優れた工業製品である。航空会社も受領前にシアトルのボーイングの工場に検査チームを派遣し、収納棚にがたつきがないか、総延長四〇マイル（六四キロ）に及ぶ電気ケーブルに損傷がないかなど、細部にわたって機体を検査する（時としてレンチやガムの包み紙が残されている場合もある）。

Ｂ５番ゲートではライオンエア６１０便の搭乗が始まろうとしていた。ボーイング７３７型機は一万機以上が製造された航空機で、６１０便で使用されるのは最新鋭機のボーイング７３７ＭＡＸ８であった。二発の葉巻形の小型エンジンを翼に懸架した初期の７３７とは大きく異なり、７３７ＭＡＸには大型のターボファンエンジンが装備されている。エンジンの直径は約一・八メートルもあり、一般的な人がカウリングの中に立つことが可能だ。もはやこの大型エンジンを翼の下に取り付けることは不可能で、翼の前に位置している。エンジンは初期型の倍の二万八〇〇〇ポンドの推力を誇ったが、燃費は大幅に向上し、バンカ島にある人口三〇万のパンカルピナンまでの一時間のフライトの運賃は六〇ドルに抑えられていた。

ライオンエアはアジアで最初に７３７ＭＡＸを導入した航空会社だった。アジアでは多くの航空会社が７３７ＭＡＸの導入を計画し、新たに誕生した数百万の中産階級の輸送を担おうとしていた。そのような中産階級の一人、四三歳のポール・アヨルババは、ボーディングブリッジを歩き、鮮やかなオレンジと白に塗装された機体へ向かう様子を撮影した動画をワッツアップ（WhatsApp）を使って家族に送ろうとしていた。クルーズ船での仕事に向かう二二歳のデリル・フィダ・フェブリアントはドアが閉まる数分前に自らの姿を撮影し、新妻にショートメールで送信した。ジャカルタで開かれたサッカーの試合に参加したジェルダン・ファレジは、父ワハユ・アルディラにともなわれて機上の人となった。悲しみに暮れる二一歳のミシェル・ヴェルギナ・ボングカルは父アドニアと一三歳の弟のマシューとともにバンカ島で行なわれる祖母の葬儀に向かっていた。財務省の役人二〇人は週末をジャカルタで過ごし、就業時刻に間に合うよう、早朝のフライトに搭乗していた。

737MAX8で飛行前のチェックリストの確認を行なっていた機長のバヴィヤ・スネジャはアジアでは典型的な新しい世代のパイロットで、三一歳にして六〇〇〇時間の飛行を経験し、ほぼすべての飛行を737の旧型機で行なっていた。一〇歳年上の副操縦士、ハルヴィノ（インドネシアでは一般的な苗字を持たない）は五〇〇〇時間の飛行経験をもっていた。

機首の左側にある機長席の窓の下には小さなセンサーがあり、精密な機器の内部に組み込まれたこのセンサーの向きが二一度ずれて装着されているのを整備員が見落としていたことを、二人は知る由もなかった。このセンサーはAOA（迎角）センサーと呼ばれる風の向きを測定する機器で、迎角が大きくなり過ぎることによって発生するストール（失速）を予防するために、前方から流れる空気に対する翼の角度を測定する。AOAセンサーは、もともと一世紀以上も前に自転車職人であったライト兄弟が一二馬力の木造機に取り付けるように開発したもので、現代の航空機を飛ばすパイロットにとってはさほど重要な機器ではなく、ほかの機器が重要な対気速度、高度、ピッチを測定する。

見過ごしてはならない欠陥

午前六時二〇分、ライオンエア610便は離陸した。ノーズギア（前脚）が滑走路を離れるやいなや、スネジャの操縦桿が振動してストールの危険があると注意を促した。高度計と速度計も点滅して警告を発した。従順なはずの機体によって命を失うかもしれない……。パイロットの恐怖におののく表情や背筋が凍る思いはフライトデータレコーダーには記録されない。副操縦士のハルヴィノは空港に戻るかどうか機長に尋ねた。スネジャは決断の時間を稼ぐために、待機空域に向かう許可を得ようと提案した。

ハルヴィノは「フライトコントロールに問題発生」と無線で連絡した。スネジャは変針しようとしたが、不可解なことに機首が下がった。スネジャは親指の下にある操縦桿のスイッチを押して、機首を上げようと試みた。機首は上がったが、その後、また下がってしまった。この操作は八分間続いた。窓の外には青いジャカルタ湾が広がっていた。

ハルヴィノはボーイングの『クイック・リファレンス・ハンドブック』のページをめくって、正しいエマージェンシー・チェックリストを探して、答えを得ようとした。対気速度の信頼性喪失、デュールブリード、パックトリップオフ、ウィング・ボディー・オーバーヒート……機体の制御を奪おうとする魔物の正体はわからなかった。スネジャは機首を上げようとスイッチを二一回押している。610便は二万七〇〇〇フィート（八二三〇メートル）までの上昇を許可されていたが、六〇〇〇フィート（一八三〇メートル）まで上昇することすらできなかった。海上を航行する漁船が浴槽に浮かぶ玩具のように見え

(©Wikimedia Commons)

ライオンエアのボーイング737MAX（PK-LQP：機体固有の登録番号）。事故前月の2018年9月に撮影。


た。乗客は上下動する機内で吐き気を催していた。

スネジャは電話で客室乗務員を呼び、コックピットに来るよう指示した。「承知しました」と彼女は答え、カチャという音とともに受話器が置かれ、ドアを開ける音がコックピットのボイスレコーダーに記録された。スネジャはたまたま乗り合わせていたライオンエアのエンジニアを呼び、問題の解決を手伝ってもらおうとした。エンジニアを呼ぶチャイムが鳴った。

スネジャはエンジニアに状況を伝えるため、そして自分でも『ハンドブック』を確認しようとしたのか、副操縦士のハルヴィノに操縦を替わるよう命じた。

機首は再び下がった。「うっ……」とハルヴィノがつぶやいた。機長ほどの強さではないが、ハルヴィノもスイッチを扱った。数秒後、機首は下がり、ハルヴィノは再びスイッチを押したが、737MAX8は海面に向けて降下した。「墜落する！」とハルヴィノは叫んだ。作業の邪魔をされたスネジャは「大丈夫だ！」と答えた。

一〇秒後、機体は毎分一万フィート（三〇五〇メートル）の速さで急降下していた。ハルヴィノは必死に操縦桿を引いたが、「シンクレート、シンクレート（降下率）」という警告音が鳴り止むことはなかった。まばゆい早朝の太陽光がコックピットに差し込み、視界の中で大きくなっていく海が恐ろしかった。ハルヴィノは「アッラーフ・アクバル、アッラーフ・アクバル（アッラーは偉大なり）」と祈りを繰り返した。「テレイン、テレイン（地表）」。つんざくような音声が鳴り響いた。スネジャは言葉を発しなかった。

午前六時三二分、ついに魔物が勝利した。乗客乗員一八九人を乗せた６１０便は時速五〇〇マイル（九二六キロメートル）で真っ逆さまに落下し、海面に激突した。近くにいた漁船の乗組員は戦慄しながら、その光景を目撃した。やがて海面に浮かぶ残骸の映像と衝撃を受けた遺族の声をテレビ局が中継し始めた。数時間前に動画を父から受け取った一三歳の少女ナンダ・アヨルババは、「お父さんは泳いでいると思います」とインタビューに答えている。

７３７ＭＡＸ８の墜落を受けて、長年ボーイングとアメリカ規制当局が中心となっていた百戦錬磨の事故調査組織が動き始めた。ＮＴＳＢ（国家運輸安全委員会）とボーイングはジャカルタにチームを派遣した。自動車爆弾に備えるために周囲を築堤《ちくてい》で囲った近代的なビルにあるＦＡＡ（連邦航空局）のシアトルオフィスでも何が起きたのか分析が始まった。ボーイングのエンジニアが呼ばれ、機動特性強化システム、ＭＣＡＳ《エムキャス》として知られることになる自動化ソフトウェアについての解説が始まった。「ＭＣＡＳ

とは何でしょうか?」と尋ねる職員もいたほど、MCASの存在を知るFAAの人間は少なかった。

MCASは証明を得るために作成された文書に記載されている以上に力を持つソフトウェアであることが直ちに判明した。エンジニアはMCASが機体の尾部にある小さな操縦翼面、エレベーター(昇降舵)を動かす力を過小評価していた。そして事故機のMCASは、間違った角度で取り付けられていた一つのセンサーから入った誤ったデータを受けて、機体の制御を開始してしまったのである。これはボーイングが誇る開発の段階で見過ごしてはならない欠陥であり、有償飛行を開始する前に解決しておかなければならない問題であった。

続く737MAX墜落事故

二〇一八年一一月の時点で737MAXに対する評価は二つに分かれていた。ボーイングCEO(最高経営責任者)のデニス・マレンバーグ、技術部門のトップ、そしてFAAの役人らは、737MAXは安全であるとパイロットと乗客に説明し、彼ら自身もそう信じたいと思っていた。これが公式見解である。そして問題とは、満足に737MAXを運航することのできないインドネシアの航空会社を意味した。有能なパイロットがライオンエア機の墜落につながった不測の事態を回避するのに必要なのは改訂されたチェックリストだけであると彼らは主張した。

そして非公式の見解である。高い評価を受ける大手航空会社数社はボーイングが死亡事故につながりかねない危険なソフトウェアを自社機に実装したと言って舞台裏で怒りの声を上げていた。テキサス州のアメリカン航空のパイロットの猜疑心は根強く、ボーイングの役員との間の緊迫したミーティングを録音していた。連邦政府の調査官は内部告発者の声に耳を傾け、刑事責任を問うために、機体の設計にメスを入れようとしていた。ボーイングのマネージャーは、チェックリストが改訂されても、問題を回避することができないと思われる航空会社を列記するよう自社のパイロットに求めている。ボーイングと自らの上司はＭＡＸの安全性は保証されていると国民に公表していたが、ＦＡＡの技官も密かにこの判断に疑問を感じていた。

そして二つの見解は衝突した。ライオンエア機の墜落から五か月も経たない二〇一九年三月一〇日、エチオピア航空のボーイング７３７ＭＡＸ８がアディスアベバを出発して六分後に墜落し、三五か国に及ぶ乗客乗員一五七人の全員が死亡したのである。乗客のうち二一人は国連の職員で、多くは環境問題の会議に参加するためにエチオピア航空機に搭乗していた。七人はローマに本部がある国連世界食糧計画の職員で、四人はカトリック救援事業会の会員であった。辛辣なエッセーを書くナイジェリア生まれの文筆家、ジョージタウン大学法科大学院の院生、冒険をしようとカルフォルニアから来た兄弟、アフリカ連合の二人の通訳も搭乗していた。

新しいチェックリストにしたがって問題を解決しようと試みたパイロットの懸命な努力は水泡に帰し、ボーイングとＦＡＡが自信を持って声明したソフトウェアがまたしても機体のコントロールを奪った。

わずか五か月間で二度の墜落事故により最新鋭機に乗る乗客乗員三四六人が死亡したことで、広く信

(©Wikimedia Commons)

エチオピア航空のボーイング 737MAX（ET-AVJ）。事故前月の 2019 年２月に撮影。

じられていた空の旅の安全性は大きく揺らいだ。ソフトウェアがパイロットの意に反して、機体の制御を奪うという背筋が寒くなる事実がそこにはあった。そしてＦＡＡが監督業務の多くをボーイングに委任していることも明らかになった。

最も人々を震え上がらせたのは、事故により明らかになったアメリカの代表的な企業の腐敗した体質だった。７３７ＭＡＸの運航停止が約二年続いたことでボーイングは二〇〇億ドル以上の資金を失い、最終的にマレンバーグＣＥＯは辞任に追い込まれた。

変質したボーイング

ウォール街を歯牙にもかけない技術者集団が支配していたボーイングは、株式市場において最も株主に媚びる企業に姿を変えていた。ボーイングはコストを削減したマネージャーを賞賛し、陳情と政治圧力に巨費を投じて規制当局に同調を迫り、ウォルマート（世界最大の米国資本スーパーマーケット）と同様に下請けに圧力をかける企業になっていた。

議会の調査委員会に提出された衝撃的なメールから、（スネジャやハルヴィノがかつてそうであったように）７３７旧型機を操縦した経験のあるパイロットはＭＡＸへの転換を目前に控えていても、コストのかさむシミュレータートレーニングを受ける必要がないとボーイングのパイロットが主張し、「ジェダイ・マインド・トリック（映画『スターウォーズ』に登場する気の弱い者を自由に操る魔術）」さえ使えばたやすく航空会社と規制当局を籠絡できると豪語していたことが明らかになった。

ボーイングの混乱に絶望した一人の社員はＭＡＸを「道化師によって設計され、猿が開発製造を監督した航空機」と酷評している。またボーイングのパイロットには問題に気づいても見て見ぬふりをするように指示し、さらに悲劇を防ぐことができたかもしれない精巧なフライトコントロール（飛行制御）を実装したいと願うエンジニアの声を無視した証拠もある。追加のトレーニングを実施して欲しいと要望するライオンエアの依頼も無下に断っている（「あいつら馬鹿か」ボーイングのパイロットは同僚にこう吐き捨てたという）。

ボーイングはアメリカのビジネス界で長らく尊敬を集める企業であったことから、その不正行為に多くの人は失望した。ボーイングは神秘的なオーラに包まれた数少ない企業の一つであった。ボーイングは飛行黎明期のパイオニアであり、第二次世界大戦を勝利に導いた爆撃機を開発製造し、月面着陸を成功させ、現代の空の交通の代表的な顔になっていた。新型コロナウイルスが蔓延する前は、世界のどこかで７３７は一・五秒に一度離発着していた。民間機の製造だけでなく、ボーイングはＦ／Ａ-18スーパーホーネット戦闘攻撃機、AH‐64アパッチ攻撃ヘリコプター、KC‐46空中給油・輸送機をペンタゴン（国防総省）に納入している。政府専用機のボーイング747に搭乗する大統領も、数十億ドルにのぼる輸出契約の調印式には臨席するようたびたび要請されている。バリ島においてライオンエアによる二二〇億ドルのMAXの購入契約が締結された時、バラク・オバマ大統領はライオンエアのCEOと並び、「ボーイングはおれに金時計くらいくれてもいいんじゃないか」と冗談を飛ばしている。

社会的責任を放棄し私腹を肥やす

一九九八年、私（筆者）はブルームバーグニュースの記者として初めてシアトルにあるボーイングの本社を訪問し、現在の空の旅に必要不可欠なマシンを製造するエンジニアや、『ビジョナリーカンパニー』や『エクセレントカンパニー』などのベストセラーで賞賛されているビジネス界のリーダーへの取材を行なうことになった。しかし、当初の思いとは異なり、興奮を隠しきれなかった私が目にしたのは内乱を経て荒れ果てた会社の姿であった。前年のマクドネル・ダグラスの吸収合併で、霧が霞むピュージェット湾のほとりで勤務していた古くからのプロフェッショナル集団は、国防契約を取るためにはどんな手段をもいとわない凶漢の群れに襲われた。二年後にボーイングのエンジアニアのストライキを仲裁することになる連邦政府の職員はオフレコで「ボーイスカウトが〝殺人鬼や暗殺者〟に遭遇した」とマクドネル・ダグラスとの吸収合併を揶揄した。GE（ゼネラルエレクトリック）のような大企業が日の出の勢いで世界を征服しようとし、連邦政府の収支がプラスに転じた時、エンジニアが愛してやまなかったボーイングの将来に垂れ込める暗雲を案じる者は少なかった。

多くの企業がそうであったように、ボーイングに対する〝殺人鬼や暗殺者〟の勝利は悲劇的であった。マクドネル・ダグラスを崩壊させた集団がボーイングでも同じように乾いた雑巾を絞ろうとしていた。やがて傷を負うことになるジャック・ウェルチ率いるGEに代表される現代企業の台本を参考にボーイングも同じような芝居を演じようとして、反労組の姿勢を強め、規制を軽視し、極度の外注を進めた。その一方で、税制の優遇と高い利潤を上げることのできる政府との契約になるとボーイングは強欲な物乞いを恥じないメーカーになった。

マレンバーグが学生時代にインターンとして加わったボーイングは、世界でいちばん優れた航空機を作ろうとする高い志を持つエンジニアによって作られた企業であり、エンジニアは自身を「インクレディブルズ（信じられないような人々）」と呼んだ。その企業で出世を重ねたマレンバーグは、産業界の戒《いまし》めになるまで、錬金術を駆使し、GEの戦術を模倣した。新型機に投資するのではなく、またMAXが開発中であるにもかかわらず、ボーイングの経営陣は三〇〇億ドル以上の資金を投下して自社株の買い戻しを行ない、株主と自身の懐を肥やした。マレンバーグはCEOとして一億ドル以上の報酬を手にし、解任にともなう割り増し退職金六〇〇〇万ドルを手土産にしてボーイングを去った。

ボーイングに起きたことは、ウェルチのように異常なまでに投資家の利益を優先させる帝国主義者の登場につながったレーガン革命以降のアメリカ産業界の動きを反映している。ボーイングがマクドネル・ダグラスを買収した年、アメリカの大企業を代弁するロビイスト（陳情者）であるビジネスラウンドテーブルは、従業員、顧客、地域社会も重要な利害関係者であるという見せかけだけの芝居に幕を引いた。ビジネスラウンドテーブルは企業の最も重要な義務は株主への奉仕であると公言し、ほかの利害関係者への貢献は株主への務めを果たしたあとに行なわれるとした。

一九九七年、この転向はあまりにも自然な流れであったため数紙しか報道しなかった。しかし、これは一九三〇年代のニューデールから一九六〇年代のグレートソサエティー（偉大な社会）まで、アメリカの政治、経済、文化の根底を脈々と流れた〝共同体意識との決別〟を意味していた。のちにレーガン主義者が頼りにすることになるエコノミストのミルトン・フリードマンは一九七〇年の『ニューヨークタイムズ・マガジン』で当時の風潮とは別の視点を披露している。「社会に対する企業の責任は利益を増大させることである」

それから五〇年後、地域社会は弱体化し、雇用は不安定になり、家族には重圧がのしかかるようになった。半世紀にわたる私腹を肥やそうとする企業の狭い了見と社会全体に対する責任の放棄をめぐる因果関係を理解することはさほど難しいことではない。アメリカが大切にしてきた慣習や社会が崩壊してしまったことを明らかにする証拠は新型コロナウイルス危機に対する連邦政府の誤った対応だろう。医療費の急騰、天井知らずの経済的格差、都市を数週間にわたり覆う山火事の煙、エスカレートする二酸化炭素の排出などの諸問題を我々は日々の生活で感じ取ることができる。（法人税の減税と）規制が撤廃されても、企業は自らを律し、富を分配するに違いないという考えが理想論で終わったこともこれらの問題に関係している。

このような動きの一つの例として、豚肉処理場における検査官の数をひそかに半数以下にした農務省の二〇一九年の施策が挙げられる。顔、生殖器、爪、膀胱が含まれていないかなどの欠陥品の検査は企業に一任され、これはボーイングの社員に航空機の安全を任せたFAAの施策と同様のものであった。二〇一九年一二月、長年検査に携わってきた農務省の職員は「国がこのように変化するのであれば、どうやって病原体に感染したかはミステリーになる」と語っている。そして、同じ月、中国・武漢の市場で人々が別の病原体、新型コロナウイルスに感染した。多くの国々は早期に検査と感染者との接触の追跡を行ない、効果的に対処したが、CDC（アメリカ疾病予防管理センター）は初期の感染の抑え込みに必要な検査に失敗し、大きくつまずいた。FAAが他国や国際機関の検査官に後れをとったように、CDCはもはや公衆衛生管理の優等生ではないことを露呈した。

失われたボーイングの安全文化

二〇二〇年にマレンバーグの後任としてボーイングのCEOに就任したゼネラルエレクトリック出身のデイヴィッド（デイヴ）・カルフーンは、ボーイングはエンジニアリング企業に立ち返るという〝正論〟を繰り返した。この年の株主への報告書では〝安全〟という言葉が一五九回も登場している。しかし、社内変革のスピードは遅く、その結果もすぐには見えてこない。自社製品の安全性を自らの手で認定することを可能にした〝矛盾だらけの規制緩和〟によって不正行為に手を染めるようになったボーイングの安全文化は何十年も前から致命的に蝕まれていた。FAAを「攻略された政府機関」と呼んだのは、何を隠そう、少年時代にレーガンに憧れたテキサス州選出のテッド・クルーズ共和党上院議員である。

超党派によって二〇二〇年に可決された航空改革法案により、ボーイングに委任されていた任務のいくつかは再び政府が行なうようになり、FAAの業務を妨害するマネージャーには民事制裁金を科せられることになった。これらの施策に代表される改革を通じて、政府とボーイングの力関係は是正された。しかし、見かけ倒しの設計に警鐘を鳴らした内部告発者を含む航空機に造詣の深い人々は、五〇年前に開発されたエアフレーム（機体）を現在の基準に合わせるために、大きく手を入れようとする真摯な努力がボーイングには欠けているという。

改良がないのであれば、二〇一九年三月のエチオピアでの墜落事故で、妹である国連通訳者のグラジエラ・デ・ルイス・イ・ポンセを失ったハビエル・デ・ルイスのように「飛行機事故で死ななければならないなんて、どれだけ不運なんだ」という質問をする人が増えることになるだろう。

デ・ルイスはMIT（マサチューセッツ工科大学）で航空宇宙システムの設計について講義を行なったこともある航空宇宙技術者で、ボーイングに買収されたマサチューセッツ州ケンブリッジのドローン製造会社の首席研究者を務めていた。デ・ルイスがMAXのデータを掘り下げていくと、妹の死は偶然の悲劇によってもたらされたものではないことがわかった。欠陥があることが明らかなMAXの時期尚早な再飛行を防ぐため、政府はなぜ監督を強化しないのかという、より現実的な疑問も生まれた。

ボーイング737MAXにはパイロットの業務を容易にする電子チェックリストが装備されておら

ず、パイロットは緊急事態が発生すると、重いバインダーを開き、ページをめくって指示を探さなければならない。このような大型機は今日737MAX以外には存在しない。またボーイングは機体を制御するいくつかのソフトウェアを一九九〇年代の任天堂のゲーム機と同等の処理能力を持つコンピューター二台に思いついたかのようにインストールしている（一九七〇年代に開発されたスペースシャトルでも五台のコンピューターを搭載している）。

したがって、ボーイング737MAXに搭乗する乗客は、緊急事態が発生すると、混乱するパイロットが下す決断に身を任せなくてはならず、エアバスA320やボーイング自身が製造する787などに搭乗する乗客に比べて、不利な立場に立たされる。

幸いにして事故の発生は極めてまれである。二〇一八年、死亡事故は三〇〇万回のフライトに一件の割合で起きていた。しかし同年には（犠牲者の発生しない事故を含め）四一件の事故が発生し、ボーイング自身の統計に基づくと、そのうちの一八件は737MAXによるものであった。この数字はいかなるほかの機種によるものよりも大きい（737とほぼ同じ数の機体が飛行しているエアバスのA320とその派生機による事故は四件である）。

この年、数機の737MAXが滑走路を逸脱し、滑走路の手前に着地した機体や機体後部が地上に接触した機体も複数あった。すべてはパイロットが機体のコントロールに失敗した証しである。そのうちの一機は「上昇中に機体のコントロールを失い、海面に激突した」。これがボーイングによるライオンエア機事故のそっけない記述である。運航が停止になるまでの短いあいだ、737MAXは二〇万回の

(©GettyImages)

2024 年 6 月 18 日、上院委員会公聴会で証言するデイヴ・カルフーン CEO。その後方には事故で亡くなった人々の遺族が写真を掲げている。

フライトごとに一件の死亡事故を起こしている。この頻度は黎明期のジェット機によるものでなければありえない。

議会の委員会で証言するため、事故報告書を熟読したボーイングの元役員によれば、７３７ＭＡＸは二五機に一機の割合で納入後に安全上の問題を起こしているという。それにもかかわらず、ボーイングとアメリカの航空規制当局は７３７ＭＡＸの安全性に問題はないと主張し、二〇一九年三月一〇日、エチオピアでは何も知らない一五七人の乗客乗員が事故機に搭乗した。

卓越した技術力を誇りにし、完璧主義をＤＮＡの一部として信奉した企業はいかにして針路を誤ったのか？　一見して無敵の巨人に見える企業が転落の道をたどるにあたり、どのような力が働き、誰が主導的立場にいたのか？

一世紀以上も前に創業されたボーイングの年商

は一〇〇〇億ドルを超え、一件の売買契約で国家の貿易収支を左右するアメリカ最大の輸出企業になった。ボーイングは一〇万人を超える従業員を雇用し、数十万人が働く世界各地の下請け企業はその将来をボーイングに委ねている。ボーイングが政府に与える影響は大きく、かつての社員はFAA、司法省、国防総省、軍で重要なポストに就いている。一般市民にしてみれば、ボーイング機はエレベーターや電灯のスイッチのように信頼に足るものであり、飛行機はいつも安全に飛んでいるように見える。

ボーイングは挑戦する企業である。数百トンの機械が事故を起こすことなく優雅に空を飛ぶとは信じられない時代に、大きな野心を抱いてボーイングは誕生した。アメリカの新興都市の中に残されていた原生林の上空で、自信あふれる若い材木商がある年の独立記念日に運命的な飛行をした。この時、野心は彼の胸の中に芽生えたのである。

第1章　〝空飛ぶフットボール〟

B-47爆撃機の大口契約

シアトルの南に位置するボーイングはまるで一つの都市のようである。一世紀にわたりアメリカの歴史が刻まれてきた場所であるにもかかわらず、ボーイングは「イースト・マージナル（取るに足りない）ウェイ」という滑稽なほど控えめな名前のついた通りにあり、その敷地は通りに沿って一マイル（一・六キロ）以上も続いている。

今日、そこには郡の空港と、747初号機を展示する博物館、ボーイングも出資する航空機産業に特化したレイズベック航空高等学校、そしてエンジニアと機械工が737MAXのような航空機の開発と試験を行なう大きな建物が区画ごとに並んでいる。

第二次世界大戦中、そのうちの大きな建物の一棟で爆撃機が次から次へと製造された。上空からの敵の目を惑わせるため、建物の屋上には道路が作られ、木造の家屋や針金と鶏の羽根でできた街路樹もあり、そこはまるで住宅街であるかのようだった。

海外旅行が一般化してから数十年過ぎたが、戦争こそがボーイングがジェット機時代に航空機市場を制するメーカーになったきっかけである。

一九四五年五月、ドイツが降伏した数日後、ボーイングのエンジニアであるジョージ・シャイラーはブラウンシュヴァイク近くの森から手紙を投函した。シャイラーは米陸軍情報部の文官顧問団の一員で、ヘルマン・ゲーリング国家元帥航空研究所で研究資料を調査していた。資料を見たシャイラーは「ドイツは後退翼とジェットエンジンの組み合わせの可能性をどこの国よりも理解していた」ことに驚いた。当時、航空機はプロペラとテーパー翼を使っており、翼は胴体から直角に出ていた。翼をやや後退させ、エンジンを当時主流であった翼に付けるのではなく、翼の下のポッドに入れれば、スピードと性能は大幅に向上することが風洞実験により証明されていた。この組み合わせであれば、風の抵抗を受けても翼が柔軟に動き、抗力により失われる力を補うことが可能になる。シャイラーは七枚の紙に数学の公式とスケッチを細かく書き込み、シアトルにいる同僚に送った。

当時ボーイングは、競合三社と陸軍航空軍向けジェット爆撃機の開発で競合していた。他社も同じドイツの資料を入手していたが、テーパー翼機を選択し、ソ連国内の目標へ原子爆弾を迅速に投下する任務を負うB‐47の契約はボーイングに与えられた。

一九五一年に製造を開始した時、一機あたり三〇〇万ドルのB‐47はボーイングが製造した航空機の中では最も高価な機種であった。

この賭けに勝ったことで、ボーイングは数世代にわたり続くことになる長距離飛行に必要な基礎技術を他社に先駆けて手に入れることができた。

造船所の一角で水上機B&Wモデル1を製作

ボーイングの社長であったウィリアム・アレンは大胆な男には見えなかった。一九四五年にトップになるまで、アレンは一五年にわたり、ドンワース・トッド&ヒギンズ弁護士事務所所属の弁護士であるとともにボーイングの取締役であった。トリスケット（クラッカー）と二本のメガネなしに旅に出ることはなかった。

アレンは、社長になった夜、日記に毎日の腹筋運動のほか、「同僚の意見を理解する。話し過ぎてはいけない、聞き手にまわる。労働者の立場を真摯に理解しようとする努力を怠らない。そして戦後のボーイングを発展させる」と決意を書き留めた。

当時、カリフォルニア州ロングビーチにあるダグラス・エアクラフトが空の王者として知られていた。三二人乗りのプロペラ機DC-3は戦前から同社の主力機であり、アールデコの美学が反映された優美なシルバーの外観をしていた。しかし、外観とは異なり、機内は優雅とは言いがたかった。振動と騒音は大きく、（窓から水漏れがあったため）雨が降れば機内は水浸しになった。大陸横断の飛行は一五時間を要し、途中三か所での給油が必要であった。それでもダグラスは六〇〇機以上のDC-3を販売し、戦時中には軍用機として一万機を政府に納入していた。競合するボーイング機は八分の一しか売

(©Wikimedia Commons)
創業者兼初代 CEO のビル・ボーイング。第２次大戦中は相談役として経営に復帰する。

れず、ボーイングの完敗であった。さらにダグラスは大型機、高速機、長距離機の開発も行なっていた。

大きなリスクをともなうものの一攫千金のチャンスがある航空機製造ビジネスで、ボーイングはその他大勢のうちの一社に過ぎなかった。ロサンゼルスのドナルド・ダグラス、ボルティモアのグレン・マーティン、セントルイスのジェームス・マクドネル……これら新しい企業は不屈の精神を持つ力強い創業者に率いられていた。

ビル・ボーイングも同じような男の一人であった。造船所も所有する裕福な材木商であったボーイングは、海軍士官であった友人のコンラッド・ウェスターヴェルトとともに一九一四年にシアトルのワシントン湖で開かれた独立記念日の祭りで最初の飛行を体験している。

曲芸飛行家のガタのきた水上機に代わる代わる乗り込み、オープンコックピット（開放型操縦席）に入ると、ゴーグルを着けて、ワシントン湖とエリオット湾の間にあるくびれた土地の上空一〇〇〇フィート（三〇五メートル）の飛行を楽しんだ。イェール大学でエンジニアリングを学んだボーイングは地上に戻ると、やはりエンジニアであったウェスターヴェルトに「あの飛行機はたいしたことないな。おれたちで、もっといいものが作れるんじゃないか」と話した。

　ボーイングはマーティンの学校で操縦を学び、彼の会社が製造した水上機を一万ドルで購入した。当時、ヨーロッパでは激戦が続いていたため、ボーイングは軍に臨戦態勢をとらせようと呼びかけるビラを機上から撒きながらシアトルへと帰って行った。自身の造船所の舟橋工と新たに雇用した工員の力を借りて、ボーイングとウェスターヴェルトはトウヒ材とアイリッシュリネンを使って水上機（ボーイング&ウェスターヴェルトの頭文字を取った）B&Wモデル1を組み立てた。

(©Wikimedia Commons)

ウィリアム・アレン。4代目 CEO。1945 年から 69 年にかけて在任。軍用機だけでなく、商業機にも積極的な投資を行ない、ボーイングを旅客機市場における覇者にする。

　一九一六年六月一五日、ボーイングは自らシアトルのユニオン湖の中心までB&Wモデル1をタキシングして行き、一二五馬力エンジンのスロットルを開いた。B&Wモデル1は湖面を跳ねてから飛沫を上げて浮揚し、四分の一マイル（四六三メートル）をまっすぐ飛行した。その年の夏、海軍士官のウェスターヴェルトは東海岸に転任したが、ボーイングはシアトル市の南にあるドゥワミッシュ川に面した自身の造船所の一部を改造してパシフィック・エアロ・プロダクツ社を設立した。

民主党政権による契約打ち切り

ボーイングフィールドの近くの博物館で現在も保存されている初期の社屋は、「レッドバーン（赤い納屋）」として知られており、当時この木造のハンガーで、百人ほどの技師が設計を行ない、船大工が木挽き台でB&Wモデル1の改良型の製作に取り組んだ。

のちに爆撃機の製造で高い収益を得ることになる政府との強いつながりを作るきっかけとなったのは海軍との契約で、ボーイングは受注に成功しただけでなく、旅客輸送が広く受け入れられなかった時代の主な収入源であった航空郵便の輸送契約も獲得した。

一九二八年になると、アメリカの航空郵便の約三分の一はボーイング・エア・トランスポートによって輸送されており、翌年になるとボーイングは、エンジンメーカーであるプラット&ホイットニー、ユナイテッド航空などの傘下企業を統合して、ユナイテッド・エアクラフト・アンド・トランスポート社を創設した。

垂直統合された巨大企業は長くは続かなかった。一九三三年にフランクリン・ルーズベルト大統領率いる民主党が勝利すると、政権は航空郵便事業の契約見直しに着手し、議会も馴れ合いにより契約が結ばれていると主張して調査を開始した。ボーイング自身も、のちに最も長きにわたり最高裁判事を務めた法曹の一人となるアラバマ州選出のヒューゴ・ブラック上院議員に六時間にわたり厳しく糾弾された。失業率が二五パーセントにのぼっていた世界大恐慌の年、株式の公開で得た収入ならびに子会社の役員報酬の合計額をボーイングは証言させられた。

ブラック議員はボーイングで勤務している退役陸海軍将校のことも質問し、海軍との契約も友人であるウェスターヴェルトが取り持ったのではないかとの疑問を遠回しに投げかけた。ブラック議員の秘書はプラット&ホイットニーの社内紙を調査し、占領下にあったニカラグアでセールスマンの役割も果たしていた海兵隊将校が社内広報誌に誇らしげに取り上げられていることを発見した（「さぞかしいい任務であるに違いない。私たちは不当な価格で日用品を購入しなければならない」、当時人気のあったゴシップ紙はそう記事を結んでいる）。ボーイングは「何も知りません」と答えた。

翌年、議会は航空機メーカーが航空会社を傘下に置くことを禁止し、すべての契約を再入札することを決定した。五三歳のビル・ボーイングは、この決定に愛想をつかして引退し、分社化された各社の株式を売却した。引退後のボーイングはヘレホード種とアンガス種の牛を五〇〇エーカー（二〇二ヘクタール）の農場で飼育し、自身のヨットであるタコナイト号でセーリングを楽しみ、巨額の資産をシアトル近郊の住宅地の開発に共同出資者として抜け目なく投資した（当時は一般的であったが、ボーイングが開発したブルーリッジやリッチモンドビーチのような北部の住宅地では、使用人でない限り、有色人種を居住させないことを誓約しなければ不動産譲渡証明を得ることができなかった）。

困難な旅客機の開発製造

ボーイングは弁護士であるウィリアム・アレンが率いる会社となった。無難な賭けとしては軍用機事業で利益を得ることであった。戦時中、ボーイングは一日あたり一二機以上のB‐17フライングフォートレス爆撃機を製造していて活況を呈しており、東西の緊張状態が続き、鉄のカーテンが出現しようとしていた当時、軍事費は巨額のまま推移していくことが確実であった。

当時も今も商業機の開発製造は非常に困難な事業である。官公庁との契約とは異なり、旅客機には最低限得られる収入の保証もなく、目標を達成したとしてもどれくらいの利益が上げられるか不透明である。

旅客機の開発に際しては計画を現実のものにするには機械、工具、技術者、機械工、パイロット、飛行試験、マーケティング、事務、監督官庁との調整、カスタマーサービスなど多額の資金が必要になってくる。何年にもわたり支出をしたとしても単一の製品しか開発できず、販売できる保証はない。顧客である航空会社は完成品を見るまでは言質を与えることを避ける傾向があるため、追加の顧客が現れることを願いながら、メーカーは数社との契約でプロジェクトを開始しなくはならない。苦労して市場調査に力を入れても、はっきりとしたことはわからない。旅客機の製造には直観力、判断力、そして最終的には肝の座った強い根性が必要になる。

第二次世界大戦中、称賛された「モスキート」という名の双発爆撃機／戦闘機を製造したイギリスの航空機メーカー、デ・ハヴィランドは、ボーイングが市場への参入を検討していた時、すでに世界初の商業ジェット機を製造し、自社はすべての条件を満たしていると自負していた。

　ロンドンの近郊で開催された一九五〇年のファンボロー航空ショーでアレンと部下はデ・ハヴィランドの商業ジェット機「コメット」を仔細に観察した。コメットは三六人しか乗れなかったため、ボーイングの一行は、デ・ハヴィランドは野心が欠けていると結論づけた。事故発生時に多数の犠牲者が発生することを市民は受け容れるかどうかを心配する声が社内にあったが、ボーイングはより高い収入を得ることのできる百人乗りの機体の実用化が必要と考えた。

(©Wikimedia Commons)
メキシカーナ航空のデ・ハヴィランド DH.106 コメット

　沈みつつある大帝国のメーカーにはない強みがボーイングにはあった。新たに誕生した巨大な自由主義国の経済的支援である。商業機の開発製造だけでなく、米空軍のジェット給油機も同時に開発製造することが可能になるとボーイングは考えた。一九五二年四月、ボーイングの取締役会は過去七年の利益の四倍に相当する一五〇〇万ドルを投資して、軍民共通のプロトタイプ機の製造を決定した。マーケティング部は幸運な響きのするボーイング７０７という名称を考えていたが、当面のあいだ覚えにくい３６７‐80という形式名が与えられ、それを短くした「ダッシュ80」という愛称で呼ばれることになった。

取締役会の決定の一〇日後、イギリスのフラッグキャリアであるBOAC（英国海外航空）が運航するコメットがローマ、ベイルート、ハルツーム、エンテベ、リビングストンを経由してロンドンから南アフリカのヨハネスブルグまで初の商業飛行を行なった。当時の一般的な所要時間は四〇時間であったが、コメットは飛行時間を約半分の二四時間弱に短縮した。翌年にイギリスのクイーン・マザー（故エリザベス女王の母）と次女のマーガレット王女が「ロイヤルコメット」に搭乗して、ローデシア（旧イギリス植民地、現ジンバブエ共和国）まで旅行したことから、この新しい旅行スタイルは、大きな影響力を持つ王室のお墨付きを得たのも同然だった。

しかし、コメットの栄光の日々は短かった。エレガントな姿をしたコメットは離着陸時にしばしば事故を起こした。1953年にはロンドンに向かう定期便が離陸後に墜落して乗っていた四三人全員が犠牲になった。事故を受けて、デ・ハヴィランドは翼の前縁を再設計しなければならなくなった（エンジンが翼の中にあったため、ドイツの技術の恩恵も受けていなかった）。そして一九五四年、三か月間に二機のコメットが海に墜落し、さらに五六人が死亡した。機体の残骸の一部は回収され、事故調査官は空中で分解したと結論づけた。

金属が大きな温度の変化にさらされるにもかかわらず、デ・ハヴィランドの技術者は熱膨張と負膨張を計算に入れていなかったのである。飛行を重ねるごとに、正方形の窓の縁を中心として、外板は弱まり、その結果、爆発的減圧が生じたのであった。デ・ハヴィランドはコメットを改良したが、販売の見通しは立たなくなった。世界の大きさを半分にしたジェット機での旅行は既存のレシプロ旅客機よりも快適で魅力的であり、人々はある程度のリスクを受け容れようとしたが、命と引き換えにしてまでデ・ハヴィランドのジェット機には乗ろうとしなかった。

ボーイングへの期待は高まった。ボーイングのエンジニアは数年にわたるB‐47の運用経験から、すでに角のない窓を選択しており、最初のジェット旅客機は外板も厚くする予定であった。「テアストッパ」と呼ばれるチタン材も機体に溶接され、小さなヒビが生まれるのを防止することになっていた。

707を救った伝説のテストパイロット

ダッシュ80（707）の飛行試験はかつて曲芸飛行家であったカンザス州出身のアルヴィン〝テックス〟ジョンストンに託されることになった。ジョンストンは一九四〇年代にニューヨーク州ナイアガラフォールズにあったベルエアクラフトで勤務していた。当時カウボーイブーツを履いて出社していたことから、テキサス州を意味するテックスというあだ名を頂戴した。その後ジョンストンは、チャック・イエーガーがベルX‐1に搭乗して超音速飛行をすることになるミューロック陸軍飛行場（現在のエドワーズ空軍基地）で勤務した。当時のパイロットはみなエゴイスティックな男たちばかりだった。自伝によれば、ボーイングでの面接で魅力的な女性心理学者に世界でいちばん好きなことを尋ねられたジョンストンは、ひと言「交尾だ」と答えたという。

そしてジョンストンはボーイングで伝説の男になった。ジェット機に対して懐疑的な見方をする人が多かった一九五五年、ワシントン湖で開かれた水上機のレース「ゴールドカップ」の会場で、観衆三〇万人が見守るなか、ジョンストンはダッシュ80を操縦してバレルロールをやってのけた。そして見逃した人のためにもう一度アクロバット飛行してみせた。ジョンストンは二つの業界コンベンションとワシントン湖で開かれた水上機のレース「ゴールドカップ」でバレルロールをする計画を誰にも告げていなかった。着陸後、ジョンストンはアレンに何を考えていたんだと問い詰められたが、「飛行機の販売です」と涼しい顔をして返答している（ジョンストンは自伝で、アレンに小言を言われたあとで、第一次世界大戦のエースパイロットであり、当時はイースタン航空のCEOであったエディー・リッケンバッカーから夕食に誘われたという。リッケンバッカーはジョンストンのステットソン帽を引っ張り上げると、「ロールが遅いんだ。この馬鹿野郎！」と怒鳴ったという）。

それはさておき、707の成功につながったのは厳格な試験と、ジョンストンがのちに要求した設計の変更で、ボーイングは巨額の費用を投じた。飛行が始まっていないにもかかわらず、数千回の減圧試験などが入念に行なわれた。ジョンストンがバレルロールをした年、ボーイングは自社機と薄命に終わるイギリスの競合機の違いを効果的にアピールする『ギロチン作戦』というタイトルの動画を顧客となる航空会社に送っている。

この動画では与圧された機内に座席、乗客のダミー、頭上の荷物収納棚が設置され、大きな鉄の刃で胴体が切られると、何が起きるかが描写されていた。最初のテストでは評価の低いコメットに似た胴体が試験された。外板は破裂し、客室内のすべてのもの、床までもが吹き飛ばされた。次に「テアストッ

(©Wikimedia Commons)

パンアメリカン航空の B707

パ」を装備したダッシュ80が試験された。刃が外板を引き裂くと少量の空気が漏れたが、機内のものは何も動かなかった。ナレーターが乗客は酸素マスクを装着し、機長は安全なところに着陸すると説明した。

当時の一流航空会社である三社、パンアメリカン航空（パンナム）、ブラニフ航空、さらにはイギリスのBOACまでもがダッシュ80を改称したボーイング707を発注した。しかし、一九五九年一〇月のある夜、自宅で不機嫌に黙り込んでローストビーフを口にするジョンストンに妻のドローレスが何かあったのか尋ねた。するとジョンストンは「仕事の話だ」と答えた。

じつはその数日前、ボーイングの教官が操縦し、ブラニフ航空のクルーが同乗してデモ飛行をしていた707が川の堤防に突っ込み、四人が死亡する事故が発生した。上下動と尾部を振る動きが同時に繰り返されるダッチロールは、すべての後退翼ジェット機で発生しやすい不安定な動きであるが、この運動に対処するテクニックをクルーは練習していたのである。

事故の生存者はジョンストンに教官がミスを犯し、マニュアルで推奨されている最大のバンク角を超えて機体を傾けたと話した。副操縦士は何が起きているかを見て、後部座席でシートベルトを締めたという。しかし、以前にも訓練中に大惨事につながりかねない事故が発生していたことを知っているジョンストンは707には改良が必要だと考えていた。

ジョンストンは（B‐52の設計を支援した）エド・ウェルズら主だったエンジニアに会うことを求めた。「訓練と限界値の設定が我々の問題の解決策になっていないのは明らかだ」。ジョンストンはエンジニアらに伝えた。ジョンストンは尾部とラダー（方向舵）の再設計を求めたが、エンジニアは乗り気ではなかった。ジョンストンが提案していたのは簡単な変更ではなく、巨費をともなう大幅な再設計であった。

しかし、のちにエンジニアとの話し合いを回想するジョンストンによれば、エド・ウェルズはいとも簡単に「それでは直しましょう」と返答したという。大戦中のドイツのジェット機の研究資料を詳細に研究したジョージ・シャイラーは、何十年にもわたり影響力を持つリーダーの一人であったウェルズにとって、これは当たり前の返事であったと社史で述べている。「もし飛行機に何かがあった時、エンジニアは何をしたらいいのか？　広報が説明するのか？　弁護士だろうか？　財務にしてみれば弁護士を呼ぶのは簡単で、弁護士は『機体には何も問題はありませんでした。パイロットのミスです』と言うだろう。メーカーにしてみれば、何年にもわたりこのような姿勢を通すことは可能だが、ウェルズはそれを許さなかった」

ジョンストンがロンドンに出向き、墜落事故に衝撃を受けるBOACに設計の変更が決定したので、このような事故が起きる危険性はなくなると説明した。

「誰が費用を負担するのですか？」

質問を受けたジョンストンは答えた。「弊社です」

ジョンストンは危険な問題を解決して安堵の息をつき、会社の決断をこうまとめている。

「707固有の取るに足らない難点は解決された。707の将来は約束された」

より安全な飛行機の開発を目指して

ジェット機の時代が始まった。恐れることなく賭けに出たジェット機時代の男たち（全員が男性だった）の栄光を讃える歴史書であり、業界のバイブルともなった『スポーティーゲーム――国際ビジネス戦争の内幕』の著者ジョン・ニューハウスによれば、当時の航空会社と航空機メーカーのリーダーは「エルドラド（黄金郷）の入り口に立っていた」という。商売の大きなリスクを意に介さなかったから「スポーティー（粋）」だったという。コストが法外になりかねなかったからこそ、彼らは十分な報酬を得ることができた。鉄道と船から乗客を奪い、航空会社を利用する旅客は毎年一五パーセントずつ増えていた。規制緩和が一般的になる前の時代、航空会社は国営であったか、規制された公益事業のようなものであり、高い航空券を通じて機材のコストを乗客に負担させることは可能であった。

大きな志を抱く若者がシアトルに集まるようになり、雨が多い小さな街は魅力的な新しいテクノロジーの中心地に変貌していった（近年のアマゾン・ドット・コム・インクが与える影響と同じと考えていい）。一九四四年に五万人であったボーイングの従業員数は一九六〇年代のピーク時には最大一四万二四〇〇人になった。シアトルで開催された万国博覧会に合わせて一九六二年に建造されたスペースニードルは『宇宙家族ジェットソン（未来人の日常を描いたテレビアニメ）』に見られるような明るい未来への展望の象徴であった。

ボーイングは「エンジニアとそれ以外の職種を募集」していると言われていた。当時はソフトウェアではなく、有形の製品が経済の成功と国の威信の象徴であった。ボーイングは硬直した官僚組織ではなく、自由奔放なスタートアップ企業と捉えられていた。初期の推進機エンジニアのグランヴィル・フレーザーは人の大きさほどもあるダッシュ80の消音器を、愛車の一九三三年型プリマス・クーペのトランクに入れ、トランクを開いたままテストハンガーまで運んでいる。

コンクリートが打ちっぱなし（最後はカーペットが敷かれた）の大部屋で、設計技師は四人ずつに分かれて設計台に向かい、そのあいだには回転式の台に載せられた共有の電話機が置かれていた。技師はストラクチャ、フライトコントロール、推進機など各分野のエキスパートで、その上に設計に大きな職権が与えられていた「職能の父」と呼ばれる上司がついた。より優れた、より安全な航空機の開発を目的として、技師は大きな声で意見を戦わせることが奨励された。

大戦中は駆逐艦に乗り組み、のちにボーイングの伝説的なエンジニアとなったジョー・サッターは意地っ張りな男の代表格であった。精肉業者の息子であったサッターは、ボーイングの試験機を眺めて成長し、ワシントン大学で航空工学の学位を取り、707の空気力学課長、のちには737開発のキーパーソン、そして747の技師長になった。サッターは下品な言葉をわめき散らすことから、同僚は彼を「放れ馬サッター」と呼んだ。

ジェット機時代にボーイングに入社したもう一人の新人にピーター・モートンがいる。モートンはレンセラー工科大学在学中に、ジョンストンのバレルロールやビジネス誌に掲載されていたボーイングの偉業に関する記事を興味深く読んでいた。入社後、モートンは「ジェット大学」と呼ぶ社内の教育機関でジェット機のオペレーションとメンテナンスに関する一一の教育課程を担当する教官になった。一九六三年までに「ジェット大学」に在籍した学生は一万人にのぼった。モートンの記憶によれば、ジョンストンも（彼自身を除いた）テストパイロット全員にモートンの講座を受けさせたという。

当時、ボーイングは世界各地にある顧客の航空会社の整備工場にメカニックを派遣し、自社製品が正しく整備されているかどうかを確認していた。業界の変化はめまぐるしかったが、だからといって西部開拓時代のような無法地帯ではなかった（モートンは二〇二〇年に八三歳になったが、737MAX8の事故後に溜まったフラストレーションを抑えきれず、ボーイングの経営陣にメモを送っている）。

モートンは737のセールスマン、757のフライトコントロールの設計者、航空会社と役員のトレーニングを行なうマネージャー、最後はボーイングの商業機事業部の人事部長になった。モートンはハーマン・ウォークが著述した『戦争の嵐』に登場する英独の両方の指導者に拝謁した架空の駐独アメリカ武官パグ・ヘンリー海軍中佐と同様に多方面で活躍する人物であった。

“空飛ぶフットボール”737

カリフォルニアではダグラス・エアクラフトが本気になっていた。ダグラスはDC-8で707に対抗し、DC-9も登場したことから、ボーイングに一歩先んじるようになった。ドナルド・ダグラスは「売れ、売れ、売れ」と社員に発破をかけた。ボーイングはDC-8の対抗馬として三発機727を開発したが、DC-8の売れ行きに翳りはなく、中規模の都市を結ぶ短距離双発機DC-9も一九六四年までに二〇〇機が販売された。

一方、ボーイングにはDC-9のライバルとなる機種がなかった。社長であるアレンにしてみればこれは悪いことではなかった。DC-9は八〇人を乗せて五〇〇マイル（八〇五キロ）を飛行する。このような路線を運航する航空会社は小規模かつ経営に苦しむ会社が多く、決して良好な取り引き先とはいえなかった。

一九六五年に行なわれたある社内調査では、検討中の競合機（737）の売れ行きが鈍ければ、ボーイングは（二〇二〇年の一二億五〇〇〇万ドルに相当する）一億五〇〇〇ドルを失う可能性があった。しかし、何であろうとも、ダグラスには譲り渡すことは一切まかりならんと敵愾心を剥き出しにする取締役もいた。損失が生じても構わないのではないかと議論が行なわれ、まだ大型機を導入することのできない、新規に創設された会社が求める入門機の開発を行なうことになった。これはキャデラックに手が届かない若年層にはシボレーを販売するというゼネラルモータースの戦略と同じである。アレンはしぶしぶ新型機の開発を決断した。

かくして737の開発はスタートしたが、とにかく完成が急がれた〝醜いアヒルの子〟であった。当時、ボーイングはその技術力を巨大な747に投じており、また超音速旅客機の研究という野心的なプロジェクトも進行していた。

一九六五年にドイツのルフトハンザ航空に向けて行なわれた最初の会議も幸先のよいものとはいえなかった。ルフトハンザの取締役会で検討してもらえるよう、ボーイングは737の性能を記した図面をシリンダー錠で閉じられた硬材の箱に入れて、ケルンに送ったが、鍵を渡すのを忘れていた。ルフトハンザの社長はハンマーとねじ回しを使って箱をこじ開けなくてはならなかった。

ダグラスのDC‐9に遅れること二年、競合双発機となる737はそのすべてがシンプルな機体になることを求められた。妥協のため、のちに新技術の採用が難しくなることがわかっていても、当座の支出は抑えなくてはならなかった。しかし航空会社がコスト削減に関心を向けるようになると、高価な追加装備の必要がない737はそのシンプルさが評価されヒット作となった。

元ボーイングの役員でコンチネンタル航空のCEOも務めたゴードン・ベスーンは、737は退屈なピックアップトラックのような機体であると表現している。「魅力的な機体ではないかもしれないが、信頼性があり、天気が悪くなった時も安心して乗っていられる機体だ」

開発は急ぐ必要があったものの、マネージャーは自由な実験と設計の変更を歓迎した。エンジニアは

(©Wikimedia Commons)

NASA で運用される B737-100

二つのグループに分かれて競い合った。勝利を収めたのはジョー・サッターが指揮するBチームであった。計画案ではエンジンはダグラス機のように機体後部に取り付けられることになっていた。ある日、デスクで図面を見ていたサッターはおもむろにハサミを取り出し、エンジンを機体の後部から切り抜き、翼の下に貼り付けた。こうすれば、客席を六席追加でき、小規模航空会社にとって大きな収益を上げることが可能になる。

翼の下にエンジンを装備しても、737はボーイングがジェット機時代に製造したいかなる機体よりも醜かった。サッターの上司は737を〝空飛ぶフットボール〟と呼んだ。洗練された前世代の機体よりも機幅が広く、外観はやぼったく、空港の売店で売られている子供のおもちゃのようであった。

予算の超過をいとわない社風

当時、コックピットで操縦する乗務員の数は三人から二人になろうとしていたため、ボーイングは一人のパイロットが能力を失っても、もう一人が機体のコントロールが容易に行なえるよう装備を開発した。操縦桿はプーリー（滑車）で接続され、どちらのパイロットがハンドルを引いても、ランディングギアは重力で降りる仕組みになっていた。機械的には古い車の窓を開けるハンドルと変わらない、シンプルな構造であった。手動のトリムホイールもまた頑丈な作りをしていた。操縦桿にはトリムと呼ばれるスイッチがあり、翼の上の気流がスムーズになるよう調節できる。このスイッチに加えて、二人のパイロットのあいだには手動の円盤状の機械がバックアップとして存在し、手で操作することにより、エレベーターを操作することが可能になっていた。これは一九五五年に登場し、今日でも広く練習機として使われる四人乗り高翼機セスナ172の機能と変わらない。

737は小規模な航空会社が整備の行き届いていない空港で使用することを想定して、ベルトコンベアがなくてもバゲージハンドラー（荷物係）が容易に荷物を搭載できるよう、機体は低くなっていた。乗客は前部ドアの下に折りたたまれている金属製の階段を登って搭乗する。コスト削減のため、737では六〇パーセントの部品が727と共通で、また部品も少なかった。727ではランディングギアの格納ドアは順序よく開閉する油圧を用いた複雑なシステムになっていたが、737はドアを丸ごと廃した。上昇すると、引き込まれたランディングギアは地上から見ることができる。これは大型旅客機では珍しい姿である。

707と同様にボーイングは問題を発見すると、737を修正していった。一例をあげれば、テストパイロットのブライエン・ワイグルは、一九六七年の試験飛行で、スラストリバーサ（着陸時にエンジン排気を反対に排出して機体の速度を低下させる逆推進装置）が弱いことによる停止能力の低さを指摘した。737は727からリバーサを借用したが、翼の下ではあまり効果的ではなく、タイヤが持ち上がるために地上への食いつきが低下してしまったのである。ワイグルは737プログラムのマネージャーに問題に対処するよう申し入れ、再設計には二二〇〇万ドル（現在の二億ドル）を要した。

「再設計を呑むのは難しいことは承知していた。しかし、737がしばらくのあいだ現役機であり続けるなら、我々は改善しなければならないと考えていた」とワイグルは当時のことを思い出して語る。それに対してマネージャーは「そうお考えでしたら、ぜひ進めてください」と答えたという。

このエピソードはボーイングがいかに本気であったかを物語る。いくつかの理由でこうした事例は近年のボーイングでは見られないものである。かつてのボーイングは、パイロットに大きな職権が与えられ、組織は非官僚的で、予算の超過をいとわない気構えがあった。

一九六七年一月、LCC（格安航空会社）の先駆け、パシフィックサウスウエスト航空のミニスカートを履いたスチュワーデスが翼に沿って並ぶなか、ボーイング737はデビューした。

サンディエゴを本拠地とするパシフィックサウスウエストに触発されて、テキサスの弁護士ハーバート・ケレハーが同じ年にダラスのラブフィールド空港でサウスウエスト航空を創業した。カリフォルニアとテキサスの短距離州内飛行で二社は大手と戦い、また州内の飛行であったことから、州間飛行の運賃とルートを規制する強力な連邦政府の民間航空委員会の権力も及ばなかった。

数か月後、カリフォルニアではダグラス・エアクラフトが資金難に見舞われていた。急成長するボーイングに勝利するため、CEOが打ち鳴らす太鼓に合わせて航空会社から受注を得ようと販路を拡大し、一時的には活況を呈したが、それが逆に自社の首を絞めることになった。投資銀行ラザードフレールは同年のレポートで、ダグラスは「業務の管理が過度に販売に依存しており、コーポレートスタッフ（経営部署）と航空機部の調整がなされていない」と記している。受注残をかかえながら、ダグラスは機体の製造に必要な資金が不足し、ライバルであったセントルイスのマクドネル・エアクラフトに身売りするほかなくなった。

〝ミスター・マック〟と呼ばれていたマクドネル・ダグラスのワンマン経営者ジェームス・マクドネルは野放図な支出を許さなかった。すでに六八歳のマクドネルは一九八〇年に八一歳でなくなるまで支出を厳しく管理した。

マクドネル社はF‐4Cから後継のF‐15にいたる戦闘機を製造し、米空軍と良好な関係を築いていた。マクドネルは収入を予想することができる軍事プログラムを優先し、商業機への投資を抑えていた。「人生哲学を実行するけちなスコットランド人」を掲げる〝ミスター・マック〟は、役員に長距離電話を手短に終わらせるよう、「エッグタイマー」を渡したこともある。

「もうエンジニアを増やすことができない」

歩みを止めることを知らないボーイングは、707の開発に要した倍のリスクを背負って、最終的に会社の純資産に匹敵する資金を747大型機に投資した。

ボーイングのウィリアム・アレンは社長に昇格してから二〇年が経過したいまも社長として経営にあたっていた。社外取締役のデュポン会長クロフォード・グリーンウォルトから、そんなに747の開発を急ぐ必要はないのではないかと助言されたことで、アレンは決意を新たにした。747の開発を承認する役員会議の前に開かれたカクテルパーティーでグリーンウォルトはアレンに「デュポンがナイロンに進出するかどうかの検討は何年も続いたんだ。わかってもらえるだろうか？」と伝えている。グリーンウォルトが投資の収益を尋ねると、シニアマネージャーは、すでに精査済みですが結果は忘れましたと答えた。「なんてこった、こいつら今回の投資の収益も知らないのか」グリーンウォルトはつぶやいた。

巨額の投資で倒産の危機に瀕していたボーイングはみごと賭けに勝利し、やがて747は歴史上重要な機種の一つになった。当時の旅客機の三倍の大きさをもつ747には新たな愛称が贈られた。「ジャンボジェット」である。747は二列の通路を持つ初の商業機で、さらに機体前部には二階席もあった。当時のパンナムのような航空会社が関心を示したのは航続距離で、八〇〇〇マイル（一万四八一六キロ）弱の航続距離を持つ747は大西洋横断の旅を大衆化した。

ジョー・サッターに率いられたエンジニアはフォルトツリー分析（訳注：ツリーの形に図式化して故障・

(©Wikimedia Commons)
日本航空の B747-400

事故の因果関係を明らかにする分析手法）の先駆者となった。同分析を通じて、どのように、いつシステムが故障するかを明らかにしていった。期限までに仕事を終わらせようとする重圧のもと、数十万の部品を組み立てて飛行機を製造し、財務との衝突も次第に激化していった。

ＣＦＯ（最高財務責任者）のハル・ヘインズは普段は冷静な男であったが、一九六七年のある日、ミーティングのあとで、「サッター、君のエンジニアは一日あたり五〇〇万ドルを使っていることを知っているかい？」と尋ねた。ヘインズは答えを待たずにその場を離れたが、サッターは「もし六〇〇万ドルを使っていれば、私たちはさらにいい仕事ができるだろうし、長い目で見れば節約になるかもしれない」と考えた。

やがて二七〇〇人のエンジニアを一〇〇〇人削減しなくてはならないという人事案が聞こえてきた。人員削減計画を発表しなければならないミーティングで、サッターは残されている仕事を計算すると、八〇〇人の増員が必要であると述べた。会議の場で氷のように冷たい視線がサッターに注がれ、次期社長と目されていたソーントン・アーノルド・ウィルソンは「おいおい、待ってくれ。もうエンジニアを増やすことができないことは君もわかっているだろう」と反対の意思表示をした。アレン社長は飛行機に乗らなければならないと言ってその場を離れ、ほかの役員も無言でアレンに続いた。唯一その場に残ったのはサッターの上司で、サッターをどうなだめるか考えていた。サッター自身、異動になるとばかり思っていたが、数週間後、ウィルソンがサッターはいい仕事をしていると語っていることが伝えられた。

苦戦する737の販売

アメリカが月面着陸を試みていた時、ボーイングのエンジニアは747の製造と試験を一六か月で終わらせた。ワシントン州エバレットにあるペイン飛行場で、夜間試験飛行の準備をしていたパイロットとエンジニアは、社内放送でアポロ11号の月面着陸船「イーグル」が一九六九年七月二〇日（日曜日）に月面着陸をしたことを知った。パイロットがインターコム（機内通信装置）でアームストロング船長が月面を歩いているというニュースをチームに伝えた。

数千人の工員が限られた時間内で747を組み立てるため、世界最大の容積を持つエバレット工場が建造された。あまりにも巨大なことから、梁に雲がかかることがあったという。チームは自らを「インクレディブルズ（信じられないような人々）」と呼んだ。霧に包まれたシアトルの北に工場が作られたのはサッターの功績でもある。有力な地元政治家もおり、人口の多いカリフォルニア州ウォールナットクリークに工場を建設しようとする案もあったが、サッターが反対した。「単刀直入に言わせてもらえば、それは大失敗に終わります」とサッターが言い切ったことが、のちに明らかになっている。ウォールナットクリークに建造した場合、おそらく調整はうまくいかず、コストと物流の問題は増大し、スケジュールも守られなかったに違いない。

超音速旅客機開発の政府補助金がなくなり、巨額の支出はタイミングがよくなかった。ボーイングの業績予想も悪化し、一九六九年には二か月で資金が枯渇する見込みだった。CEOとなったウィルソンは八万六千人を一時帰休させたのち、四九歳の若さで心臓発作に斃れた。

若い従業員であったフレッド・ミッチェルは、当時、退職者の机が三〇フィート（九メートル）の高さまで工場の床に積み上げられ、回転式の椅子も無造作に積み重ねられていたことを覚えている。「何人もの男が『家の欲しい人はいるか？　車が欲しい人はいるか？』と声をかけながら歩き回っていた。住宅ローンの残債を引き受け、ワシントン湖の湖畔に建つ物件を手に入れた社員も二～三人いた」とミッチェルは語る。一九七一年に二人の不動産屋が有名になった看板を高速道路の脇に設置している。「シアトルを最後に出る人は電灯を消していってください」

７３７の初期の販売実績も状況の好転にはつながらなかった。見通しは暗く、ボーイングは三菱重工業に製造ラインを売り渡そうとしたが、三菱重工業は提案を拒否した。「おれたちは破産していた」と、ボーイングのマネージャーは当時の様子を語る。

エンジニアはなんとかして７３７の受注を増やそうと、機体の下に砂利避けのスキッドを装着しようとした。アラスカ西部やペルーにある空港のように舗装されていない飛行場に着陸するにはいい装備だが、新型機のマーケットとして夢見ていた場所ではなかった。

一九七二年、７３７はわずか一四機しか販売できなかった。ボーイングは翌年プログラムの終了を検討した。

ボーイングがより重要と考える他機種に気を取られているなか、ボーイングの〝チビちゃん〟はやがて全盛期を迎えることになる。７３７は航空史で最も輝かしい復活を遂げた機種の一つになるのであった。

第2章　ボーイング家の無名の天才「737」

競合機DC‐10の相次ぐ墜落

一九七四年三月三日、パリのオルリー空港を離陸したトルコ航空981便は、上昇にともない与圧された機内と機外の気圧に大きな差が生じ、カーゴドア（貨物室のドア）が脱落して急減圧が発生、床下の油圧系統が切断されて機体の制御ができなくなり、パリ郊外のエルムノンヴィルの森に墜落した。乗客乗員三四六人全員が死亡したこの事故は当時、過去最悪の旅客機事故であった。残骸はハイカーに人気の森の小道をはさんで〇・五マイル（八〇〇メートル）にわたって散らばった。

満員の乗客を道連れにしたワイドボディー機（訳注：客室一階に通路が二本ある機体、一本の旅客機はナローボディー機）の最初の墜落事故は世界中で波紋を呼び、新聞は設計に問題があったかのように報道し、テレビは議会の聴聞会を中継し、さらに事故の責任を追及する暴露本まで出版された。

事故機はマクドネル・ダグラスのDC‐10で、ボーイング747に負けじと開発されたやや小ぶりなワイドボディー機であった。〝ミスター・マック〟こと、ジェームス・マクドネルがこれまで以上に財布の紐をきつく締めたため、南カリフォルニアの旧ダグラスのエンジニアは必要な開発資金を調達するのに苦労した。貨物室のスペースを最大限に確保するため、マクドネル・ダグラスは業界の慣習を破ってドアを外開きにした。

墜落から一か月後に開かれた株主との会議で、（三か国語を話せるにもかかわらず）非識字者とレッテルを貼られたトルコ航空のバゲージハンドラーがカーゴドアのラッチを適切に締めなかったことで事故は発生したと、マクドネル・ダグラスの役員はトルコ航空を非難した。

しかし、マクドネル・ダグラスのエンジニアは、カーゴドアを外開きにする設計は大惨事を招きかねないことを知っていたと思われる。事実、二年前にはオンタリオ州ウィンザー上空で一機がやはりカーゴドアを失ったが、この時はパイロットが着陸に成功し、悲劇は回避されていた。

マクドネル・ダグラスは迅速に問題解決にあたるかわりに、ＦＡＡにカーゴドアにサポートプレートを追加していくという「紳士協定」を持ちかけたことが、議会の聴聞会で明らかになった。ダグラスの記録によれば、トルコ航空機にはサポートプレートが取り付けられていたことになっていたが、事実は違っていた。しかも実施されていない改修工事に三人のダグラスの点検者がサインしていたのである。

この矛盾を突きつけられた点検者の一人は「暑い日でしたから」と弁解した。

「あのドアが外れちゃった事故ね」というように、このＤＣ‐10墜落事故はダグラスのスキャンダルを意味するようになったとジャーナリストの一人モイア・ジョンソンは、この悲劇を題材にして一九七六年刊行された本の中で語っている。「マスコミも腕まくりをしたエンジニアが忙しく動きまわるロングビーチ工場を邪悪な要塞と呼んだ」とジョンソンは記している。

一九七九年五月、惨事は繰り返された。シカゴを離陸したアメリカンのDC‐10がパイロンごと左エンジンを失い、二七三人が犠牲になったのである。FAAの予防策は「まったくもって不十分である」との消費者団体の告訴を受けて、連邦政府の裁判官はDC‐10全機の運航停止を命じた。

アメリカ製の旅客機に対してこのような命令が出たのは、一九四六年以降、初めてのことで、FAAは命令に従った（マクドネル・ダグラスはこのような裁定は極端で不当なものであると主張した）。主な事故原因は航空会社による不適切なメンテナンスであったが、DC‐10の評価は下がり、販売機数も減少した。マクドネル・ダグラスは宇宙飛行士ピート・コンラッドを起用し、「我々のDC‐10は、知れば知るほど素晴らしい飛行機であることがわかります」と宣伝したが、販売機数はピークの四分の一にとどまり、製造は一〇年後に終了した。

ライバル機「エアバス」の登場

ボーイングは、CEOのウィルソンの指揮のもと、三〇億ドルをかけて開発した757と767を同時に製品のラインナップに加え、競合他社にプレッシャーをかけた。ボーイングの歴史で重要人物となるフィリップ（フィル）・コンディットが技師長となり、ピーター・モートンがここでもフライトコントロールの設計で登場している。

ノースウエスト航空のB757

(©Wikimedia Commons)

AIRDOのB767

(©Wikimedia Commons)

７５７と７６７には初めて電子化されたチェックリストが装備され、パイロットの負担を大きく軽減し、またＥＩＣＡＳ（エンジン・インジケーテングおよび乗務員アラートシステム）と呼ばれるコンピューターディスプレイもあった。

７３７のような旧型機では透明なボタンによって、機体のさまざまな機械システムの状況が単純なイエス／ノーの論理に基づいて表示される。たとえば油圧低下のボタンの点滅は、パイロットにハンドブックを見るか、記憶した手続きにしたがって行動するように促す合図であった。それに対してＥＩＣＡＳは、燃料残量や油温などの重要な値をリアルタイムで表示し、問題が生じたら詳細な対処方法を表示する。ＥＩＣＡＳは警報の重要性を色によって表示し、赤色が非常事態で、黄色が注意であった。

シアトル郊外のジョリーボーイダイナーでの昼食中に、モートンとコンディットは757のパイロットが広範囲にわたるトレーニングを受けることなく、より大型の767を操縦できるように757のコックピットを設計できないかと考えた。コックピットを共通化すれば、航空会社はコストを大きく削減できる。

指示はなかったが、研究が始まった。内部システムの多くは異なっているにもかかわらず、ボーイングのエンジニアは数か月をかけて二つの機種のコックピットを共通にした（ワイドボディーの767のコックピットと共通にするため、757の機首はパイロットの肩の高さまで太くなっている）。

設計陣はパイロットの行動を調査するため、心理学者まで起用して二つの機種の操縦桿の仕様を決定した。757の操縦桿は767と比べて左右の方向に三分の一大きく回すことができる。

「我々は『おや、ここは違う』と声を上げる人を待っていたが、違いを指摘する人は誰もいなかった」とモートンは語る。

ジョー・サッターは、一九八二年のファンボロー航空ショーで、当時は商業機の市場に参入したばかりのヨーロッパの航空機製造会社の連合エアバス・インダストリーの社長を新型機757に案内した。757は光沢のあるベアメタル（金属剥き出し）の機体に赤、白、青のストライプが入り、BOEINGのロゴの横にはアメリカ国旗が描かれていた。コックピットのコンピューターディスプレイに驚嘆したベルナール・ラッティエーラ社長は、後日モートンにフランス語で「モンシェール（親愛なる君へ）」と走り書きした競合機A310のポスターを贈り、「貴社のEICASはなかなかいいおもちゃですが、我々の投資もみくびらないでください」と伝えた。無敵のボーイングには一笑に付すだけの余裕があった。

日本航空123便の墜落事故

〝T〟と呼ばれたCEOのソーントン・アーノルド・ウィルソンは、その短い愛称と同様に気が短い男だった。初対面の若い役員に対して「お前がどんな奴か、よくわかった」と突然怒鳴り出したこともある。レッドバーン（赤い納屋）の復元を祝うパーティーで、ウィルソンは、レッドバーンなんかはデュワミッシュ川に投げ捨ててしまったほうがよかったと語っている。

ぶっきらぼうで、情には流されない男であったが、戦後世代に共通する高い倫理観と愛社精神を持った男であった。一九四三年にアイオワ州立大学を卒業し、ボーイングに入社したウィルソンは、しばらくしてスピーア（航空宇宙専門技術者協会）と呼ばれる労働組合の初代役員の一人になった。この協会は、伝統的な労働組合というより技術者の親睦団体に近かった。協会が最初に取り組んだのは、航空宇宙企業が談合し、競合他社から従業員を引き抜く際に行なわれていた事前通知の廃止であった。CEOになってもウィルソンはスピーアの旧友と定期的にトランプゲームのブリッジを楽しむのを忘れなかった。

ボーイングの最高責任者の給与は高く、ウィルソンは一九七八年に一〇〇万ドル以上の収入を得た十数社の業界役員のうちの一人であった（インフレを考慮すると、ウィルソンの収入は二〇一九年の約五

○○万ドルに相当する。二〇一九年、アメリカのCEOの平均報酬は二一三〇万ドルであるから、ウィルソンの報酬は現代のCEOの四分の一以下になる）。

ウィルソンは虚飾を好まず、シボレー・カマロを自ら運転して出社し、三〇年前に夫婦で力を合わせて購入したシアトル郊外のありふれた分譲地の中に並ぶ一軒の家に住んでいた。ウィルソンは地元の寄り合いに顔を出し、クロスワードパズルを好んだ。社用機も小型機が一機しかなかったため、数人の役員以外は、商業機に搭乗して顧客のサポートをするよう奨励されていた。

一九八五年九月、『ニューヨークタイムズ』紙は、ウィルソンはボーイングを唯一無二の企業にしたと評価した。意外にもこの記事は、一〇年前のDC‐10による不名誉な犠牲者数を超えて五二〇人が犠牲になった単独機による最大規模の航空事故、日本航空123便のボーイング747墜落事故（一九八五年八月一二日）の一か月後に掲載された。

短距離の国内線に就航していた747SR‐100は飛行を開始して三〇分後に垂直尾翼の一部を失い、群馬県山中の尾根に激突した。747の外板は疲労に弱いのではないかという憶測が飛び交い、これは三〇年前のデ・ハヴィランドのコメット機が評判を落とすことになった忌々しい記憶の再来であった。

当時ウィルソンは、この年に社長となり、翌年にはCEOの座を受け継ぐことになるアイダホ州ボイシ出身の温和な弁護士フランク・シュロンツに社内の権限を譲りつつあった。シアトルのボーイングは事故が発生してから数週間以内に自社の誤りを発表したことで事故調査官を驚かせた。ボーイングは声明で、事故機が数年前にハードランディングで損傷した後部隔壁を修理する際、修理チームがスプライスプレートを誤って取り付けたと発表した。長期にわたる調査と難しい交渉が待ち受けていると考えていた日本の役人は、ボーイングの情報公開に不意打ちを受けた。

ボーイングは長く続くことになる法廷での争いに手際よく幕を引き、会社の誠実さを証明する道を選んだ。

驕りの始まり

一九八五年、アイオワ州立大学で航空宇宙工学を専攻した一人の若者がスポーツカー（彼の場合は一九八二年型のモンテカルロであった）に乗り込み、ボーイングのインターンになるべく長旅に出た。デニス・マレンバーグである。オランダ系移民の多い、州の北西部オレンジシティーの郊外にある農場で育ったマレンバーグはのちに多くの人に語ることになる一つの目標を胸に秘めていた。「世界で最も優秀な航空機の設計者になる」

当時、卓越したカスタマーサービスで知られていたボーイングは、ジェット旅客機の市場において、七〇パーセントを超えるマーケットシェアを誇り、一〇年にわたり、ダウ（株価指数）で最良の成績を収めた銘柄でもあった。

一九八八年から九四年にコンチネンタルへ転職するまで顧客トレーニング担当取締役兼事業部長であったゴードン・ベスーンは「ザ・シアトル・エアプレーン・カンパニーは従業員の誰にとっても、生涯を通じて働く会社の中で最も誠実で、信頼できる会社であった」と語る。ベスーンが転職してからしばらくして、コンチネンタルはボーイングが底値と約束する価格で多数の767を発注した。コンチネンタルの役員会はこのような約束が守られたかを証明する機会はないのではないかと考えていた。しかし、ある日、コンチネンタルはボーイングから二七万五〇〇〇ドルの小切手を受け取った。ボーイングはより安い価格でエチオピア航空に767を販売したため、その差額をコンチネンタルに返金したのである。

コストより品質を優先させるという評判は苦労を経て勝ち取ったものであったが、財務を無難なものにしようとする消極的な姿勢がボーイングの考えを歪めていく。そして過去の栄光の成果は必然的に忍び寄る驕りへと姿を変えた。

一方、ドイツとフランスから巨額の補助金を受け取っていたエアバスは、ボーイング、マクドネル・ダグラス、ロッキードが支配していた商業機の市場を少しずつ蚕食《さんしょく》していった。ヨーロッパのコンソーシアム（共同事業体）はヨーロッパの救済を目的にして市場に挑んできた。

一九七五年、エアバス社長のベルナール・ラティエールは「我々は我々の子どものために戦う。ヨーロッパがハイテク業界で地位を築くことができなければ、我々はアメリカの奴隷になる。我々の子どもたちもだ。我々は売らなければならない……戦え、戦うのだ」

一九七八年にフロリダを本拠地とするイースタンが二三機のA300双発機を購入したことで、エアバスはアメリカ市場に食い込んだ。『ニューヨークタイムズ』はこの輸入を「アメリカの商業機業界におけるかつてない海外企業の市場浸透だ」と断じた。かつてアポロ8号宇宙探査機の開発を指揮し、当時イースタンのCEOであったフランク・ボーマンは、購入額は「日本車の輸入額四・五日分よりも少ない」と記者に語っている（マクドネル・ダグラスの役員がボーマンに電話をかけて、苦言を呈したところ、ボーマンは「どこの車をお持ちですか」と涼しい顔をして尋ねたという）。

ボーマンのレトリックを信じなかった人の一人にアメリカ財務次官補のC・フレッド・バーグステンがいた。販売が不調に終わった時は返済が免除される無利子の経済的支援が欧州各国の政府から行なわれているとして、バーグステンはエアバス機に課税するべきだと上司のマイク・ブルメンサル財務長官を説得した。一方、ボーマンはただちにホワイトハウスに行き、ウォルター・モンデール副大統領にエアバス機の購入ができないのであれば、人員の削減をしなければならないと抗議している。冷戦の最中、ヨーロッパの同盟国と貿易をめぐる争いをしたくはないという外交面での懸念・配慮もあり、ジミー・カーター大統領はエアバス機の導入を許可した。

この年、カーター政権は航空業界の規制を緩和する法案の可決を推進し、一九三八年から最低運賃を決定してきた大統領直属の政府機関CAB（民間航空委員会）を廃止した。当時、航空運賃は急騰しており、CABは航空会社の言いなりになって運賃のつり上げをしている腐敗した役所であると敵視されていた。新しい法律により、アメリカの航空会社は郵便局のような経営はできなくなった。航空会社は自由な市場の荒波に揉まれるようになった。

エアバスが採用した最新技術

航空業界の規制緩和の影響が明らかになるまでは数年を要し、レイカー航空のようなLCCの初期の試みは早々に潰え、ブラニフやパンナムのような伝説的な社名も消え、アメリカン、ユナイテッド、デルタのビッグスリー（三大航空会社）はその力を強固なものにした。当時、人々は想像しなかったが、ビッグスリーは小都市からの乗客をシカゴやアトランタのような大きなハブ空港に集め、ハブから最終目的地に向かうフライトを運航した。高頻度のフライトを行なうため、小型のジェット機が必要になった。

一九七〇年代の終わり、ボーイングが757や767への開発を決めた時点では、この傾向は明らかではなかったが、今から考えれば、ハーバート・ケレハーが経営するテキサス州のサウスウエストのような小規模の航空会社は737を熱望していたことは明らかであった。

当初ボーイングは、737‐100と737‐200の二つを製造していたが、より大型で燃費に優れたエンジンを搭載した737‐300をサウスウエストのために開発した。大きいエンジンを低い翼に装備するため、エンジンを前に出し、エンジンカウルの下部を平らにした。このため、737‐300のエンジンは正面から見るとパンクしたタイヤのようなユニークな外観をしている。社内の予想ではこの300型は三〇〇機売れると考えられ、サウスウエストからの控えめな一〇機のオーダーで製造は開始された。

ユナイテッドは737の退役を進めていたが、ハブ・アンド・スポークの戦略が確固たるものになる

(©Wikimedia Commons)

エアバス A320（エアバス自社機）

と、予想に反して売却した機体を買い戻し、一二八人乗りの７３７-３００を大量に発注した。ほかの航空会社もユナイテッドに追随した。過去一五年にわたってボーイングが下してきた判断に反するような、有望な市場が誕生したのである。

新製品の開発を急いだのはエアバスであった。一五〇人乗りのＡ３２０の販売が一九八四年に開始された時（訳注：チャールズ皇太子とダイアナ妃がシャンパンをかけて祝福した）、ボーイングはその影響を過小評価したが、これはその後、何度も繰り返されることになるヨーロッパの競合社に対する〝侮蔑〟の始まりに過ぎなかった。初期の販売においては、フランク・ボーマンのイースタン航空へ販売されたエアバス機のような大きな値引きや事実上無償になるリースが必要とされたが、もはや状況は異なっていた。

Ａ３２０は７３７と直接対峙するライバル機になった。Ａ３２０にはフランスのラファール戦闘機に採用された最新鋭技術の「フライ・バイ・ワイヤ」が採用されていた。７３７では操縦舵面がケーブルやプーリーなどの重量物によって結ばれていたが、Ａ３２０ではジョイスティックに接続された軽量なワイヤ（電線）によって機体は制御されている。

ボーイング機はパイロットの両足のあいだに伝統的な操縦桿があるが、エアバス機のジョイスティックはパイロットの横にあり、場所を取らず、パイロットの前にあるのは便利なクリップボードである（ランチを載せるには最適な場所である）。

エアバスA３２０は軽量化に成功したため、７３７に比べて七・五インチ（一九センチ）機体の直径を大きくすることができ、この差は乗客にも実感できる。座席は一インチ（二・五四センチ）広く、キャビンアテンダントが押すカートの横を通り抜けるのも容易である。

さらに重要なのは飛行制御ソフトウェアには急な上昇・下降や、過大なバンク角を防止し、機体に過大な負荷がかかる状態を回避する機能があることだった。新技術の登場で、パイロットは飛行機の動きを「感じ」られなくなったとこぼすパイロットもいたが、オートメーションにより、事故は明らかに減少した。二〇一九年にエアバスは一〇年間の平均値から、「第四世代」フライ・バイ・ワイヤ機（のちに登場する７７７や７８７のようなボーイング機を含む）による全損事故は二五〇〇万回に一回であると発表している。７３７のような第三世代機の事故率は五倍高く、約五〇〇万回に一回である。

市場の急変を見過ごしたボーイング

当時、ヨーロッパにおけるボーイングの営業担当社員ルーディ・ヒリンガは、一八年前の７３７プロジェクトの開始に貢献してくれたルフトハンザがA３２０に関心を持っているとシアトル本社にテレックスを送った。この時点でもボーイングの社員の多くはＤＣ‐９や合併後のマクドネル・ダグラスが販売していたＭＤ‐80が７３７のライバルと考えていた。ボーイングは規制緩和がもたらした市場の急変を理解するのが遅かった。航空会社は高頻度で短距離を安価で飛行できる小型機を必要としていたのである。二二〇人乗りの７５７が開発されていた時、ルフトハンザの役員は「７５７が一五〇人乗りであったら、素晴らしい売れ行きになるだろう」と語っている。

退職を控えたボーイングの開発担当専務取締役で、伝説となったジョー・サッターはヨーロッパの最新鋭機を〝まやかしの科学実験〟と嘲笑した。ボーイングの元役員は「サッターはエアバスを嫌悪していました。彼はエアバスにいい飛行機が作れるとは思っていませんでした」と語っている。

ボーイングの社員は、従来の企業戦略を破棄して、自社のラインナップにある〝チビちゃん〟を新型機に作り変えることには乗り気でなかった。セールスとマーケティングで昇進したフィル・コンディットは、販売機数で抜きつ抜かれつつあるＡ３２０を「実用化に結びつかなかった二重反転プロペラを備えるプロップファン機」と同列に考えていた。

退職後もサッターは強い影響力を持ち、一九八五年と八六年にホワイトハウスを二回訪れている。初回はアメリカ国家技術賞を授与された時で、ロナルド・レーガン大統領はメダルを渡しながら、身体を傾けて、サッターに何かをささやいている（のちに何を言われていたのかを聞かれたサッターは、写真撮影のために床のどこに印が付いているかを大統領から説明されたと答えている）。

翌年、サッターはニール・アームストロングやサリー・ライドなどの航空宇宙界の権威とともに、スペースシャトル・チャレンジャーの事故原因を調査するホワイトハウスの事故調査委員会のメンバーに任命されている。安全のみに注力するトップレベルのリーダーがいなかっただけでなく、競い合うリーダーが互いの権利を主張して、指揮系統が複雑になっていたＮＡＳＡ（航空宇宙局）の組織は崩壊していたとサッターは明らかにした。「ボーイングでこのようなことは決して起きないでしょう」。サッターはそう断言した。

明らかになる７３７の欠陥

一部の人が恐れていたように、エアバスはボーイングの大敵となった。一九八五年、ルフトハンザは一五機のＡ３２０を一〇億ドルで購入し、翌年にはノースウエスト航空が約一〇〇機のＡ３２０を大量発注し、エアバスが成長を続けることが明らかになった。

ボーイングはエアバスの影響力を弱めようと、より大型の７３７-４００と７３７-５００を発表したが、すべては遅過ぎた。ファーストボストン投資銀行のウルフギャング・デーミッシュは次のように語る。「航空機業界では、（新型機に関する）決断を一〇年ごとに行ない、成功することもあるし、失敗することもある。そして、決断の結果を半世紀にわたって甘受する」

それでも改良された７３７の売り上げは上々で、登場当初はエアバス機よりも多くの機体を容易に販売できた。金縁のパイロット用サングラスをかけ、ゆったりとしたスーツに身を包んだピーター・モートンはシアトルの航空博物館に集まったテストパイロットと社員に対して、７３７を「ボーイング家の

(©Wikimedia Commons)

B737-300。エンジンカウルがパンクしたタイヤのような形状をしている。

無名の天才」と誇らしげに呼んでいる。

ボーイングの〝チビちゃん〟は同社の主力機になり、採用した世界各地の航空会社は一三七社に及んでいた。７３７‐３００、７３７‐４００、７３７‐５００で構成されるクラシックは、一九九一年の終わりには約三万機が販売された７３７のうち、三分の二を占めるようになっていた。７３７はそのたくましい生命力を発揮して、ボーイングのラインナップの中でも必要不可欠な製品となった。

しかし、初期型機の７３７‐２００が一九九一年にコロラドスプリングスで墜落し、一九九四年にはピッツバーグ近郊で７３７‐３００が墜落したことで、保守的な戦略の欠点が明らかになった。ＮＴＳＢが航空機事故の調査に関わるようになってから、最長の時間をかけて調査が行なわれ、委員会は事故原因を特定した。二件の事故はラダーの設計の誤りにより発生し、一枚のラダーはボーイングが設計を急いだため、妥協を強いられた欠点の一つであった。リミッターと呼ばれる装置がなかったため、バルブに微小な砂を噛むなどの極端に珍しい事象が生じると、制御不能な変位であるハードオーバーが発生し、機体は脆弱になった。

これは数十年にわたり繰り返されてきた〝その場しのぎ〟が限界を超え、737で露呈した欠陥の最初の証拠であった。NTSBの航空安全部長であるバーナード・ロエブは一九九九年に発表した報告書でこう述べている。

「我々は飛行機が何か言おうとしていると考えている」

小型ジェット旅客機「ボーイング737」

1967年の初飛行以来、60年近くも改良が重ねられ、各種バリエーションが製造されているジェット旅客機のベストセラー機。

ボーイング737オリジナル（-100／-200／-200C）
ボーイング737クラシック（-300／-400／-500）
ボーイング737 NG（-600／-700／-700 C／-800／-900／-900ER）
ボーイング737 MAX（-7／-8／-9／-10）

2018年10月29日、ライオンエアの737MAX-8が墜落、翌19年3月10日にはエチオピア航空のMAX-8が墜落したことで、737MAXの安全性が強く疑われた。2024年1月5日にはアラスカ航空のMAX-9が飛行中に胴体に穴が空く事故が発生し品質問題が再燃。ボーイング機の生産は滞っている。

第3章　明暗を分けたマクドネル・ダグラスとの合併

新世代の経営者

アーノルド・ウィルソンが冷戦期に世界の覇者となったボーイングの黄金時代を築いた気性の激しいリーダーだとしたら、フィル・コンディットはリスクをともなう企業買収が繰り返された混乱期に、新世代の経営者としてボーイングの進む方向を定め、その結果として巨額のボーナスを受け取った水瓶座新時代（訳注：春分点が水瓶座に入ったことから、今世紀と来世紀は世界に平和と秩序が訪れるとされる）の男であった。

コンディットは、戦後ベビーブームの初頭にカリフォルニア州バークレーで一人っ子として生まれ育った。父は石油会社シェブロンで研究に従事した科学者、母は異国情緒あふれる土地を旅した写真家で、彼女の写真はのちにコンディットが家やオフィスに飾ることになる。時計を分解し、最新の数学に熱中した鋳掛屋《いかけや》（鍋や釜などの鋳物の修理を行なう職人）気質の少年は、カリフォルニア大学バークレー校、プリンストン大学、そして東京理科大学の教授たちから天才的な技術者と評価され、理科大から工学博士号を授与された初の西洋人になった。一九六五年にボーイングに入社したのちも、マサチューセッツ工科大学のスローンスクールで経営学修士を取得している。

ボーイングに入社後、コンディットはすぐに頭角を現した。ジョー・サッターのような指導者に師事したコンディットは二九歳の時に、７４７の後方乱気流の計算を手伝い、現在も使われている離陸の間隔を決めるルールの決定に関与している。昇進して７５７プログラムを指揮するようになると、翼の上に非常口を設けるために三席を犠牲にするなどの複雑なトレードオフを見事に実現して、上司に強い印象を与えた。

(©Wikimedia Commons)

フィル・コンディット。７代目CEO。1996年から2003年にかけて在任。マクドネル・ダグラスとの合併を主導。マクドネル・ダグラス時代からの非倫理的行為を受けて辞任。

さらにコンディットは、顧客や規制当局を満足させるような解決策をしばしば提案した。前世代のマネージャーは寡黙で独裁的であったが、コンディットにそのようなことはなく、職場は希望に満ちていた。「全員が力を合わせれば、誰よりも賢くなる」とコンデイットは周囲に話した。大きな耳をしていた大柄のコンディットは、部下の話を聞かないわけにはいかなかったから、聞き上手になったと冗談を言った。コンディットは「人付き合いは上手だが、財界では荒々しい男として知られていた」ことから、あるアナリストは厚手のセーターを着ているコンディットをテディベア（ぬいぐるみのクマ）とグリズリーベア（灰色グマ）の混血であると表現している。

一九九二年にボーイングの社長になり、一九九六年にCEOになったコンディットは、前任者と同様にイースト・マージナルウェイを挟んだボーイングフィールドの反対側にあるこれといった特徴のないビルで執務した。木製パネルの壁材で作られた社長室は非常に巧妙に作られたヨットのキャビンのようであり、テレビドラマ『マッドメン』（訳注：一九六〇年代のニューヨークの広告業界を描いたドラマで、セクハラまがいの発言や行為が出てくる）のワンシーンのような雰囲気も感じられた（ある広報部員は「ここには巨根をぶら下げた男が多いんですよ」と一九九八年の取材で筆者に語っている）。

コンディットは三回目の離婚をしたばかりで、まもなくボーイングの元エンジニアと四回目の結婚をする予定だった。コンディットは役員秘書と結婚したこともあり、この時の離婚では757プログラムの記念グラスなどの財産を分与している。一九九〇年代の初めに持ったカスタマーリレーションズのマネージャーとの関係は慰謝料の支払いにつながり、このマネージャーが一時解雇になっても長らく秘密にされていた。コンディットの三人目の妻は、いとこのジャンで、ワシントン州では親族の結婚が禁止されていたので、二人は北カリフォルニアに行き、その場でコンディットは『残された人生を一緒に踊ってくれるかな（Can I Have This Dance for the Rest of My Life）』を歌っている。この時、一九三三年型プリマス・クーペのトランクに部品を入れて運んだグランヴィル・フレーザー（この時点でコンディットの次の妻と婚姻関係にあった）が花婿の付き添い人を務めた。

社内での男女関係もコンディットの出世の妨げにはならなかった。ボーイングは一九九二年に外交官であったロザーン・リッジウェイが初の女性部長になるまで、エンジニアや機械工は圧倒的に男性が多く、女性はマイノリティーだった。一九七〇年代、女性のエンジニアはわずか三パーセントで、二〇〇五年四月になっても一五パーセントしか増えていなかった。二〇〇四年、給与の格差と女性に不利な採用をめぐって二万九〇〇〇人を原告にした集団訴訟が起され、示談金の支払いにつながった。

それでもコンディットの私生活をいつまでも噂するほど、ボーイングの社員は詮索好きではなかった。肥満体で細縁の大きいメガネから、コンディットは人並みの暮らしをする良識ある男性と見なされていた。コンディットは「ＩＮＦＰ」と言われたことがある。これは性格診断の専門用語で内向的で直感力のある人間を意味していた。端的に言えば、「仲介者」であり、「代表取締役」から連想される威風堂々とした威厳のある性格は示していなかった。

経営者になった頃からコンディットは、上級管理職に対して一週間かけて代わる代わるトレーニングを行なった。ハイライトはいつも火曜の夜で、マネージャーはバスに乗り込み、シアトル郊外の六〇エーカー（七万三四五〇坪）の森の中にあるコンディットとジャンが建てたノースウエストスタイルのロッジに出かけた。イギリス生まれの詩人デイヴィッド・ホワイトが書いたベストセラー『The Heart Aroused』に書かれた「真の力」と「偽の力」、そして勇気と誠実さの物語に参加者は聞き入った。コンディットが設計した鉄道模型がジョイント音を立てて部屋から部屋へ飲み物を運んだ。最後にコンディットは、参加者にボーイングでの良い思い出と悪い思い出を書かせると、後者を暖炉に投げ入れさせた。

「ワーキング・トゥゲザー」

米ソの冷戦後、国防予算の削減が見込まれ、その一方で経済が統制されていた東側諸国が新たな市場に変わるという激動の時代にコンディットはボーイングの指揮をとっていた。規制緩和により旅行者は増えたが、航空運賃は安くなり、この傾向はアメリカだけにとどまらず、欧州連合も一九九七年に運賃とルートを自由化し、中国までもが競合する複数の航空会社の設立を許可するようになった。航空機メーカーはより効率的に大量の製品を製造しなければならなくなった。

苛酷な要求をする新規参入航空会社だけでなく、エアバスが真の脅威になった事実からボーイングは目を背けることができなくなった。「雇用の創出の神話」と嘲笑されていたヨーロッパのコンソーシアム、エアバスは、ボーイングよりも低コストで製品を製造していると、一九九〇年半ばに実施された社内調査の報告書は驚きの言葉でまとめていた。

同報告書によればエアバスの工場はボーイングよりも一二～一五パーセント少ないコストで機体を製造していた。ヨーロッパでは労働に関する法律が厳格であることから、一時解雇はより高い費用をともない、またドイツのような国であれば、労働組合が経営の判断に関与していることから、製造のオートメーション化が初期から行なわれていた。皮肉なことに、安易に解雇せずに労働者を熟練工に育てることで、エアバスは低コストでの生産を可能にしていた。

コンディットと前任CEOのフランク・シュロンツは、日本から学ぼうと、トヨタや日立などに役員を派遣して、無駄のない製造技術を習得しようとした。役員らはボーイングに戻ると、道具の有無がひと目でわかる「工具掛けに道具の輪郭を描く」など誰でも思いつく改善策を労働者を巻き込みながら実施した。

物理学者として一九八〇年からボーイングに勤務していたスタン・ソッシャーのような従業員にしてみれば、自社の変革を肌で感じるのは楽しいひと時であった。長いあいだボーイングを支配してきた指揮統制型の戦後世代は、突如、仕事のやり方が否定されたのである（「なんだ、この新しい文化とやらは？　誰であろうと面倒なんかみたくない。おれは誰をたたきのめすかを考えて仕事をしているんだ……」とマネージャーはソッシャーに不満をぶちまけた）。

ソッシャーは部品に小さなヒビがないか、X線を用いて検査する非破壊検査プロジェクトの開発に従事した。これは短期的にはコストはかかるが、最終的には低コストにつながる取り組みだった。一部のマネージャーは完璧に見えるパーツをソッシャーが台無しにすると言って抗議し、「どうやら、おれたちは鉄屑を生産しているようだな」と皮肉を言った。しかし、多くのマネージャーはソッシャーに説明を求め、複数の代案を提供した。「問題解決のすばらしいやり方でした。議論を主導するには議題について精通しなければなりませんでした」とソッシャーは語る。

社員が一丸となって問題を解決し、今日においても最も成功したジェット旅客機の一つ、７７７の登場で彼らの努力は結実した。一九九〇年に７７７の提案をボーイングが行なった時、エアバスとマクドネル・ダグラスは大陸間を飛行する７４７の市場を奪おうと、７７７とほぼ同サイズの機種の開発を進めていた。Ａ３４０は四発のエンジンを、ＤＣ‐10の改良型ＭＤ‐11は三発のエンジンを搭載する予定であった。

ボーイングは開発中の巨大なターボファンエンジンを７７７に搭載すれば、双発機であってもチャンスがあると予見した。二発のエンジンが停止したらバックアップがないため、７７７の洋上飛行にリスクがあり、この技術の躍進は危険をともなうという主張もあったが、「エンジンが動かなければ、乗客は泳ぐだろう」とそのリスクは無視された。

景気の後退から世界中で旅行者が減少するなかで７７７の生産開始までに五〇億ドルの巨費をボーイングは投じなくてはならなかった。しかし、７７７が成功すれば、航空会社は安価に運航できるようになり、フェニックス—ロンドン間やシカゴ—フランクフルト間などの小規模な市場でも高頻度な飛行が可能になる。

当時プロジェクトマネージャーであったコンディットは、一九九〇年一〇月に行なわれた最初の顧客ユナイテッドとの交渉で新型機の大まかな仕様を定めた。弁護士とセールスの担当者がシカゴ近郊のユナイテッドの本社に集まり、七〇時間にわたる交渉を行なった。午前二時一五分、ユナイテッドの役員は、法律用語とは大きく異なる素人の言葉を使って合意事項をありふれたノートに記した。「真に優秀

(©Wikimedia Commons)

ユナイテッド航空の B777-200ER

な航空機の開発を時間どおりに実施するため、我々は設計・製造をともに行ない、運航乗務員、客室乗務員、整備員、支援チーム、そして最終的には乗客と荷主の想像を上回る優秀な航空機の誕生に責任を持つ。登場時から出発信頼度（予定どおりの出発を可能にする信頼性）は史上最良で、顧客が魅力的に感じるユーザーフレンドリーで故障のない機体を作らなければならない」。コンディットとユナイテッドの役員が調印し、ユナイテッドは一一〇億ドルに相当する三四機の777を発注した。

二社の協力を意味する「ワーキング・トゥゲザー」という用語がプロジェクトグループの基本方針になった（顧客トレーニング業務統括マネージャーのピーター・モートンは「777の開発に携わるグループの行動や信念は狙いどおりのものとなった」と語っている）。すべての航空機開発には二千の驚きがあるという格言がある。ここで重要なのは、悪い知らせであっても、報告には感謝するという態度である。混乱とコストがかかる変更が生じないよう、ボーイングは初期の顧客グループを「ギャング・オブ・エイト」と命名し、すべての設計の決定に参画させた（訳注：日本航空と全日空も参画した）。

777のプロジェクトリーダー

のちに自動車メーカーのフォードモーターに転職して同社の再建で有名になったアラン・ムラーリーが、社長に昇進したコンディットに代わって777のプロジェクトリーダーになった。ムラーリーは、機内のギャレー（厨房設備）でトレーからこぼれ落ちた塩が貨物室のアルミを腐食させるという複雑な問題を嬉々として解決した。

だが、コンディットは四歳下の優秀なプロジェクトリーダーが注目を集めることを好まなかったようで、上司と取締役の目の届くところに置いていたという複数の証言がある。ある元役員は、空席があったにもかかわらず、「CEOの社用機は満席だ。君の席はない」とコンディットがムラーリーに告げたことを覚えている。

ムラーリーは熱意を持って仕事に取り組む男で、コンディットが社長に昇進すると、テーブルの反対側にいたコンディットに駆け寄り、「ご昇進、おめでとうございます！」「素晴らしい人選です。おめでとうございます！」と手を握りながら大声で祝辞を述べた。

常に微笑を絶やさず、（五〇代になっても赤毛のままの）ストレートの髪を撫でつけていたムラーリーはまるで新聞の日曜版に掲載される漫画の登場人物のような雰囲気があった。ボーイングのトップに就任した多くの男と同様にムラーリーは住民が教会に通う中西部の田舎町の出身で、彼のふるさとはカンザス州のローレンスだった。ムラーリーは一〇代の頃に小型機を操縦していて、あやうく大惨事になるところだったと夕食後のスピーチで話した。彼の言葉によれば、地上に向かって錐揉み状態で落下している時、頭に浮かんだのは、両親に恥をかかせてしまうという心配だったという。超がつくほどの前向きで、ボディータッチをしながら、自身の考えを伝えるムラーリーであったが、もう一つの顔もあった。ムラーリーはたびたび「秘密はない」「データが君を解き放つ」と人生訓を述べたが、激昂すると、歯に衣着せずに「誰かが情報を隠した時は、そいつの首をへし折って、クソまみれにしてやりたくなる」と発言したのを、あるエンジニアは覚えている。

(©Wikimedia Commons)

アラン・ムラーリー。B727 から B777 までの開発に携わる。退職時は商業機事業部長。CEO に選任されることはなく、フォードに転職。

ミーティングを終える時、プロジェクターの下にあるOHPシートに参加者が合意した事項を書き出し、すべての参加者に署名を求めたことからもムラーリーの気性の激しさがわかる。かつての部下は「責任を負わせることがとても重要でした。隠し事をして状況を悪化させると、ダース・ベイダー（『スターウォーズ』の悪役）が登場しました」

投資を補って余りある収益

７７７チームは一万人の大所帯であったため、意思疎通は難しく、ボーイングは四半期ごとにチーム全員が集まる機会を作った。７７７は部品を三次元で描くＣＡＴＩＡコンピュータープログラムを使って設計した最初の機種だった。遠距離通信コンサルトであったアクシャイ・シャルマは、ボーイングがソフトウェアの試験を行なうすべてのエンジニアに一〇万ドルするＩＢＭの精巧なワークステーションを与えていたことに強い感銘を受けた。「支出に躊躇はありませんでした。仲間意識にあふれていました」とシャルマは語る。

ボーイングはＦＡＡに隠し立てをすることもなかった。最初の機体が組み立てられている格納庫にＦＡＡの首席データ官が来訪した時、ムラーリーがその場にいた従業員の名前を一人ひとり呼んでＦＡＡの職員に紹介したことを航空機安全マネージャーであったポール・ラッセルは覚えている。「私の最初のプロジェクトは７７７でした。とても素晴らしい経験だった」。ＦＡＡのシアトルオフィスで７７７の型式証明を行なったのちに、八機種の証明を行なって二〇一三年に退職した元航空機プロジェクト首席プログラムマネージャーのケン・シュレーダーはそう語る。

時間が経つにつれて、ボーイングのカウンターパートは情報を隠すようになり、距離を保つようになったとシュレーダーは感じていた。しかし777は違った。「多くのマネージャーは技術を重視する人たちでした。金や契約を求める人たちではありませんでした」とシュレーダーは語る。

一九九四年四月、777の初号機がロールアウトした時、エバレットの大型格納庫には何千人もの社員が集まり、デック・クラーク・プロダクション作曲の管弦楽曲が盛り上がるなか、二八五フィート（八七メートル）のスクリーンに「ワーキング・トゥゲザー」のモットーが映し出された。以前のボーイング機はコックピットの窓の下にテストパイロットの名前が書かれており、これはなんとも悪趣味なエゴの表れだったが、777ではこの慣習は取りやめになり、そこには「ワーキング・トゥゲザー」の文字が美しい筆記体で記されていた。

この年の春、シアトル近郊にボーイングのトレーニングセンターが竣工した。七〇〇〇万ドルの費用をかけて建設されたこの施設で777やほかのボーイング機で働くパイロット、メカニック、客室乗務員が訓練を受けることになった。トレーニング事業の責任者となっていたモートンは、地元の作曲家にオープニングパーティーで演奏するピアノ曲と管弦楽曲の作曲を依頼した。フライトシミュレーターが設置されることになる大きなホールに設営された晩餐会の席に数十人の航空会社の代表が着き、『プロミス』という曲の第一楽章が演奏された（この曲はのちにウォルト・ワグナーにより四五分の協奏曲になり、航空機メーカーから作曲依頼が来たことに驚いたワグナーは『ミラクル』と命名した）。777はいまでも最も安全な機種の一つであり、（訳注：サンフランシスコ空港でアシアナ航空の777がパイロットエラーで墜落するまでの）一八年間、一人たりとも犠牲者を出さなかった。「777はボーイングの幸せを運ぶ夢の飛行機でしたとモートンは語る。推定で開発費は一二〇億ドルともいわれている。以前のプログラムと同様、当初は受け入れがたい金額だったが、発売後から注文が殺到し、その数は二〇〇〇機を超えたことからも、ボーイングの選択が正しいものであったことが証明された。

優秀な設計は魔法のような働きをし、時の変遷やインフレにもうまく対処し、777は毎年、数千万回のフライトをしているという業界の驚くべき数字もある。公式価格は一機あたり一億五〇〇〇ドルから始まり、総収入は二五〇〇億ドルに達した。投資を補って余りある収益だった。

737の三回目の改良

新型機777への支出が増加している一方で、737は岐路に立たされていた。一九九二年七月、重要な顧客であったアメリカの巨大航空会社ユナイテッドが寝返ってA320を発注したのである。ボーイングは言葉を失った。誕生してからすでに四半世紀が過ぎていたボーイング737の大敗であった。

この失注を機に、社員の何人かは777向けに開発が進んでいた最新の電子コックピットを737にも流用し、共通化した製品を作り出そうとした。これにより成長が続くエアバスのように、パイロットは短期間の訓練で他機に乗り替えできる。

一九九二年の終わり、ボーイングの商業機部門のトップであるディーン・ソーントンは、八人のマネージャーを集めて会社の進路を決める会議を開いた。ソーントンはマネージャーにA320に肩を並べることのできる新型機の開発を開始するか、NG（ネクストジェネレーション）とよばれる派生機の開発を推進するかを選択させた。トレーニング業務の責任者であったベスーンは新型機の方向に傾きつつあったが、737の工場長であった友人のロン・ウッダードはより簡単な派生型機の開発を望んでいた。「我々は後れをとっているのではないか。優位に立たなくてはならない」と考えていたとベスーンは回顧する。しかし、テーブルの下でウッダードがベスーンを蹴り上げた。「派生機の開発がベストだと思うよ、ディーン」

投票結果は五対三だった。新型機に代わり、ボーイングは737の二回目の設計変更に乗り出すことになった。

一九六六年にボーイングに入社したウッダードは虚栄心の強い男の中でもとくに大言壮語する男であった。737の複数の新型機が製造されている時、ウッダードはスピーアでボーイングは「理論上完璧な製品」の開発に成功したと言って、欠点をよく知っている人たちから冷笑を買っていた。しかし、ウッダードは、航続距離と速度の革命を起こし、地球を小さくしたジェット機に酔いしれる時代は過ぎ去ったということを言いたかったのである。航空機はその他の工業製品と同様に、日用品になったのである。物理学者のスタン・ソッシャーがウッダードに何か製品とプロセスを改善するアイデアはあるかと尋ねた時、ウッダードは「そのアイデアを実現するメリットは何か？」と聞き返している。

六フィート四インチ（一九三センチ）の身長があったウッダードは、小柄のエンジニアを見下ろして、「私の決断は、君たちが束になって決めたことよりも影響力が大きい」と話している。別の言い方をすれば権力者にすべてを任せろということであった。

これは等しく責任を負い、優れた製品の開発製造に注力するボーイングの企業文化に対する最初の逆風であった。しかし、多くの人の評価によれば、737の最新鋭機はこの時点では最高の機体であった。翼の前に装備された炭酸飲料の缶のような大型エンジンが燃料の節約に大きく寄与し、また翼端から垂直に立ち上がる小さい「ウィングレット」もさらなる空気力学的効率をもたらしていた。

アメリカの大規模航空会社のうちの一社となっていたサウスウエストが多くの仕様の決定に関与しなかった。サウスウエストは成長したものの、ボーイングの市場計画に反して、キャデラックを求めようとはしなかった。パイロットの訓練やスペアパーツなど煩雑を極めるコストを大幅に圧縮するため、サウスウエストは今までと同様にシボレーを求めたのである。737旧型機から、737-600、-700、-800、-900と呼ばれることになるNG機への移行に際し、パイロットは八時間以上の訓練は必要ないとトレーニング業務責任者のベスーンはサウスウエストに確約した。

757の開発時にコンディットとモートンが心理学者を採用したように、チームはNG機の最終確認のため、現実の世界で試験を行なった。ボーイングはFAAと合意して、経験の豊富な第一線のパイロット三〇人を新型機の確認飛行に搭乗させ、行動を評価した。社内では「蒸気ゲージ」と呼ばれる古いアナログダイヤルに類似した計器がなくなることにサウスウエストは抵抗があることがわかったが、チームは譲歩しなかった。ほかの航空会社は機体の移動に応じて変化する地図が表示される、より現代的なディスプレイを希望しており、サウスウエストも意見を変える可能性があった。

ボーイングのエンジニアは二つの異なるフライトディスプレイが表示できるようソフトウェアを書き

換え、容易に両者を変更できるようにした。NG機が飛行を開始すると、サウスウエストの社員がボーインングを訪れ、新しいディスプレイのコストはいくらかと尋ねた。ボーイングには先見の明があった。サウスウエストがしなければならないのはボタンを押すことだけだった。

マクドネル・ダグラスの終わりの始まり

この頃、マクドネル・ダグラスでは問題が深刻化していた。一九八〇年に創始者のジェームス・マクドネルが死去し、このセントルイスの企業は当初は甥のサンディーが率いて、その後、ジェームスの息子ジョン・マクドネルが指揮を継承した。二人とも経営者の素質はあまりなく、問題の解決を安易な方法に頼った。ブードゥー（アフリカ大陸のベナン共和国やメキシコ湾にあるハイチ共和国、そしてアメリカ南部のニューオーリンズなどで信仰されている民間信仰）やファントム（亡霊）などと超常的な事象を自社の戦闘機に命名したように、ミスター・マックから流れる奇抜な気質が家族にも引き継がれており、一族は精神力で鉄の棒を曲げられるかなどの研究に熱心に資金を提供した。

長らく王位継承を待っていたサンディー自身も、彫刻家、再生派キリスト教徒、バグパイプ奏者、社会運動活動家などの一面を持っていた。軍需企業の選択肢としてはめずらしく、選挙資金の改革とベトナム戦争の終戦を訴えるリベラル派公共利益団体コモン・コーズの創始者が出版した本からヒントを得た「自己革命のための五つのポイント」をサンディーは主要な経営訓にした。この五つのポイントとは戦略的経営、人材管理、全社員が参画する経営、倫理的決断、品質・生産性の向上であった。役員はオフィスにこの五訓のポスターを掲示し、自己革命のコンテストを行なった。

一九八八年、サンディーはマネージャーを対象に自身が説く自発的貢献に関する調査を行ない、連邦政府の赤字解消に貢献しようとした。調査が終了すると対象となったマネージャーは「現代の愛国者」の証明書、ピンバッジ、ロナルド・レーガン大統領のサインが入ったメダルを受け取った。

「私は代わりに闇で光るレーガンの塑像が欲しいと言って、もらったものを送り返しましたよ。セントルイスの精神構造には呆れるばかりでした。社風を体現し、ビジネス誌を飾るような流行の最先端を行く社員を探すことに夢中になっていました」と元ヒューマンリソースマネージャーのC・W・ブラッドショーは『ロサンゼルス・タイムズ』に語っている。

残念なことに、ミスター・マックの子孫が商業機に関心を持つことはなかった。彼らが選んだのは薄命に終わったDC‐10を改良したMD‐11のような機種であった。

ジョン・マクドネルはプロジェクトが始まった一九八七年に「今回の投資額は新型機の開発に要する費用の四分の一だ」と自画自賛している。投資額に見合った結果になったのか、MD‐11はボーイング777によって完膚なきまで叩きのめされ、納入された機体数の割合は八機の777に対し一機のMD‐11であった。そして冷戦の終わりが、国防事業というマクドネル・ダグラスの土台を揺るがすことになった（のちにボーイングにおいて大きなスキャンダルを引き起こす）ダーリーン・ドルヤンなどの空軍の調達担当官がC‐17輸送機の費用として、こっそりと三億四九〇〇万ドルをマクドネル・ダグラスに支払ったことから、事情に明るい人によればマクドネル・ダグラスは公的救済を受けたともいわれている。

ジェームスの息子で、サンディーの後継者であったジョンは社員と親密な関係を築こうとしたが、悪い上司の立ち振る舞いに終始した。ジョンは四半期ごとにビデオテープをミスター・マックがチームメートと呼んだ一一万三〇〇〇人の社員に送った。あごひげを蓄え、メガネをかけたプリンストン大学卒のジョンは、アルビン・トフラーの『未来の衝撃』のような本を引用して、変化への適合を指南した。ジョンは「取るに足らない競争、嫉妬、縄張りを失うことへの恐怖」などの言葉が変化の副作用にならないよう、慎重に言葉を選んで話した。あるビデオテープで、ジョンはセントルイスのキャンパスで目にした植木職人の話をした。職人は複数の歯を失った熊手で仕事をしていた。「この人に生産性がないことはあきらかでしょう」。ジョンは職人を嘲笑した。

マクドネルとダグラスのあつれき

何通りものマネージメントアプローチを繰り返したことから、ジョンは実質的に縄張り争いの発生を招いた張本人になった。合併から二〇年が過ぎていたが、マクドネル側とダグラス側の不和は依然として明白だった。

一九八九年二月のある日、カリフォルニアのダグラスで、五二〇〇人全員のマネージャーが塗装ハンガーに集められ、そして、その場でポストがなくなることを告げられた。マネージャーは同じポジションに応募することは可能だが、マネジメントのポストは一〇〇〇少なくなるという。そして、再雇用にあたってはもう一つの新たな取り組みであるＴＱＭＳ（トータル・クオリティ・マネジメント・システム：総合的品質管理）を学ぶ、「ディスカバリー」クラスの受講が義務付けられた。社員のあいだで交わされた辛辣な冗談で、ＴＱＭＳは「辞めどきだ、シアトルへ引っ越そう」の頭文字になった。実際、何人かは退職した。この日、スペアパーツマネージャーのダース・ラムは塗装ハンガーからボーイングの友人に電話し、やがてボーイングに採用された。

若いエンジニアであったリック・コールドウェルの直属の上司は六か月にわたり空席で、上位者が巧みに職務を代行していた。ＴＱＭＳのクラスのロールプレイングで、社員は新しい文化に適合するかを評価され、カリフォルニア州立大学ロングビーチ校の学部生からなる審査委員会が雇用継続の可否を言い渡した。創業者の息子であるジェームス・ダグラスは不適格であるとみなされ、一時解雇された。「おれたちは味方の弾で撃たれたんだ」。ダグラスはそう語った。

事態が沈静化すると、おそらく不可避であったのだろう、セントルイスのマクドネル事業部のマネージャーがダグラスの指揮をとることになった。九人の上席副社長の多くは門外漢で、残留した社員はおどけてこれらの副社長を「九人の神」と呼んだ。やがてＭＤ - 11の首席設計技師となるコールドウェルはジョン・マクドネルに一度会っている。クリスマスを控えたある日の午後、社員が出払ったロングビーチのオフィスを創業者の息子ジョンが訪れた。「みんなどこにいるんだ?」とジョンはコールドウェルに尋ねた。「私は目を疑いました。みな駆けずり回っているのです。思いやりのかけらもないのでしょうか?」コールドウェルは呆れ返った。

マクドネルの子供は静かに引退を考えていた。ウィリアム・ペリー国防長官が「最後の夕食」として知られる場で、アメリカの国防企業に合併を促した翌年の一九九四年、マクドネルとボーイングのフランク・シュロンツCEOは合併に向けた予備交渉を開始した。この組み合わせは商業的に妥当なものであった。F-15戦闘機やアパッチ攻撃ヘリコプターなどのマクドネルの軍事プログラムはボーイングのジェット旅客機の販売と釣り合いがとれていた。

この年、ジョン・マクドネルはジャック・ウェルチの精力的な弟子であるハリー・ストーンサイファーを雇い入れ、初めて家業を外部の人間に任せた。マクドネルはボーイングへの身売りが考えられると注意を促した。ストーンサイファーは五八歳で、合併が成功したら、たぶんリタイアすると同僚に伝えている。残念ながらストーンサイファーは静かに立ち去ることを選ばず、「損得だけが重要である」という考えを誇り高きボーイングに持ち込み、太平洋岸北西部のエンジニアリングカンパニーに激震が走ることになる。最終的にはボーイングは太平洋岸北西部の企業でも、（ストーンサイファーの言葉を借りるなら）エンジニアリングカンパニーでもなくなった。

錐揉み状態のマクドネル・ダグラス

ストーンサイファーはテネシー州のスコット郡の出身で、祖父は炭鉱の所長、父は労組に加入していた電気工であった。ストーンサイファー家の中心となっていたのは数学教師であった祖母のリリー・ゴード・ストーンサイファーで、リリーは物惜しみすることなく、孫の成功を強く願う祖母として周囲の人の目に映った。ハリーの母親はドライブインのウェイトレスで、ハリーも一一歳になると、このドライブインで仕事を始め、牛乳瓶の箱に乗ってコカコーラの瓶を洗った。一六歳で大学に入学、一八歳で結婚し、数年にわたり、ジェットエンジンを開発するゼネラルモータースの子会社アリソンエンジンカンパニーの研究室に技術者として勤務した。テネシー工科大学を卒業すると、ストーンサイファーはシンシナティにあるGEの航空機エンジン事業部に就職し、一九六〇年に評価エンジニアとなり、製造部門とマーケティング部門を経て、一九八四年に事業部長になった。

現場で部下をいじめ抜いたストーンサイファーは、その有無を言わせない姿勢を改めようとはしなかった。権威という言葉が適切であれば、それはストーンサイファーのためにある言葉であった。ボスとしての強権的な態度を隠さず、大衆の前で恥をかかせることや意見の衝突を躊躇しない。初めて顔を合わせたボーイングの販売担当役員に「あなたは間違いだらけです。教えてあげましょうか？　あなたの考えが及ばないことを私は知っています。あなたの想像を超えるレベルで私は仕事をしているのです」と鼻で笑ったこともある。皺だらけで、日焼けした顔からストーンサイファーは誰とでも良好な関係を築く俳優カール・マルデンとアウトローのシンガーソングライター、ジョニー・キャッシュを足して二で割ったような性格をしていると『ウォールストリートジャーナル』は表現している。

GEでストーンサイファーはやり手であったものの、将来を見通す人間ではなかった。先見の明を持っていたのはイギリス生まれの上司ブライアン・ロウで、ロウは長らく航空機エンジン事業部の部長をしていた。ロウは懐疑的なジャック・ウェルチに777用の超大型エンジンGE90に投資するよう働きかけた功績があったものの最終的には人員削減をめぐる争いで解雇された（GE90の成功が確かなものになった時、ウェルチはロウの洞察力を認めた）。

ストーンサイファーはロウとは対照的にウェルチとの関係を深めた。親密な関係を築くきっかけとなった一九八〇年代初頭のミーティングで、ストーンサイファーは彼のチームが大型エンジンの六割の受注に成功したことを誇らしげに発表した。ウェルチは「もし四五パーセントだったら、利益率はどうだったかを教えて欲しい」と尋ねた。純利益が得られるなら、マーケットシェアを失っても、あるいは最大手でなくても構わないとウェルチはほのめかしたのである。

マクドネル・ダグラスに招かれてから一か月後、ストーンサイファーは経営が傾くことを知りながら、株主配当を七一パーセント増額することを許可した。また減少が続く軍資金を用いて、自社株を一五パーセント買い戻した。投資家へのメッセージは十分に明確であった。「マクドネル・ダグラスは投資家の価値を高める行動をします」。報道発表にはそう書かれていた。

ストーンサイファーが扇動した自社株買い戻しは、以前は相場操縦取引と考えられていた。自社株の買い戻しは、自社の収益を原資にして、市場で自社株を購入し、取得した自己株式を消却してしまうことである。株式が減少することから、残された株式の価値は増大する。仮に一〇〇株を発行している会社の株を一株持っていたとしよう。それは株式を一パーセント所有していることになる。もし会社が半分の株式を買い戻したら、二パーセントの株を持っていることになる。つまり追加の支出をすることなく、所有する株の価値と配当は人為的に増加する。

長年にわたり、米国証券取引委員会は自社株買い戻しの頻度を制限してきた。しかし一九八二年にレーガン政権はこの規制を撤廃してしまう。そして、その一年前に、ウェルチはGEのCEOとなっていた。株式が公開されている会社の役員や取締役は通常株式によって報酬が与えられているため、自社株買い戻しは極めて有益で、投資家、そして経営者たちに高額の利益をもたらした。

しかし原資は限られている。会社が自社株を買い戻す時、会社は次世代の製品に対する投資や厚生年金の負担額など、ほかの支出を削らなければならない。マクドネル・ダグラスはその後二年にわたり、自社株の買い戻しを続け、同時に研究開発費を六〇パーセント削減した。

このような動きはマクドネル・ダグラスが錐揉み状態に近づいていることの警告であったが、ニューヨークのオッペンハイマーキャピタルは同社を最大の投資先として四億ドルを投資した。一九九五年、『ニューヨークタイムズ』の投資コラムで、ポートフォリオマネージャーのリチャード・グレイスブルックは「製造機数は減少していますが、マクドネル・ダグラスは減収に先立って、コストの削減に努めています」と説明している。マクドネル・ダグラス株はオッペンハイマーキャピタルのファンドで最も好成績を収めた銘柄で、資産価値は五〇パーセント増加した。

株価は上昇していたが、マクドネル・ダグラスという企業には死期が訪れようとしていた。一九九六年、ストーンサイファーは腹心のマイケル・シアーズに商業機製造の運営を任せ、その将来を精査するよう命じた。マクドネル・ダグラスのマーケットシェアは七パーセントに低下しており、ボーイングとエアバスに追従するには今後一〇年にわたり、一五〇億ドルの資金が必要になるとストーンサイファーに報告した。この年、ペンタゴンは二〇〇〇億ドル相当の統合打撃戦闘機（ＪＳＦ）試作機の開発契約をボーイングとロッキード・マーティンに与え、当面、唯一の戦闘機といえる次世代戦闘機開発競争にもマクドネル・ダグラスは敗れた（ボーイングの参入を指揮していたマネージャーの一人は生意気なデニス・マレンバーグで、テレビのインタビューで、彼はロッキード機の撃墜を夢見ていると語っている）。

ボーイングへの売却

マクドネル・ダグラスの事業が危機に瀕していたことから、ストーンサイファーとマクドネルはマクドネル・ダグラスのボーイングへの売却を真剣に検討する時期が来たと判断した。二人は譲れないことを四項目書き出した。売価、合併後に取締役会に残るマクドネル・ダグラス出身の役員の数、ストーンサイファーの経営者としての職権、合併後の社名である。社名はボーイング・マクドネル・コーポレーションでなくてはならない。

この年の一二月、ストーンサイファーとシュロンツの後継者フィル・コンディットは二人きりでボーイングが長期契約しているシアトルのフォーシーズンズホテルのスイートルームで会い、合意へ向けての協議を開始した。ストーンサイファーによれば、最初は「二匹の猫」のように二人は動き回ったという。二人はアイダホ州のサンバレーでゴルフの腕を競い、ＧＥとボーイングが代わる代わるお互いを観光地に招いた「ラブイン」と呼ばれる毎年恒例の静養で顔を合わせ、何十年にわたって親密な関係を築いていた。

しかし、コンディットは穏やかでプロに徹していたのに対し、ストーンサイファーは苛立ち、ものごとに執着した。何年か前にもボーイングの期待の星であったコンディットと、納入業者の一人にすぎなかったGEのストーンサイファーはソーントン・アーノルド・ウィルソン（通称〝T〟）と夕食をともにしていた。翼の設計に関する長い話し合いの後、ストーンサイファーは「ボーイングは横柄ですよ」と不平を言うと、〝T〟は「そうあるべきだろう！」と一喝した。

コンディットとストーンサイファーには共通点もあった。当時、二人とも誰もが認めるアメリカの産業界の王者ウェルチを崇拝し、羨望していた。ウェルチは電球、ジェットエンジン、洗濯機を製造するトーマス・エジソンの流れを汲む名門企業の輝かしい中興の祖であった。GEはGEキャピタルと呼ぶ金融会社を擁しており、GEキャピタルは多くの銀行よりも規模が大きかった。サブプライムローン危機によりGEキャピタルは大打撃を受けることになるが、当時は産業界の他社が羨むような利益をGEは上げていた。

一九九五年から二〇〇四年にかけてすべての四半期においてGEはウォール街の期待に応えるか、期待以上の働きをした。「収益マネージメント」と婉曲に称される複雑なGEキャピタルの取り引きに重点をおいた手法において、ウェルチは革新者であった。事業部は駐車場の半分を四半期末ごとに売却して利益を計上し、その後にまた買い戻すのであった。GEの社員は会計のルールにしたがって、未完成の蒸気タービン発電機をトラックに乗せて「社外に搬出」し、その後、時期が来ると搬入して、残りの作業を行ない、利益を確定させた（のちに米国証券取引委員会はウェルチの後継者に対し、会計に関する法律を限度を超えて歪曲したとして、五〇〇〇万ドルの罰金を科している）。

GEが所有するケーブルテレビ会社CNBCを含む各テレビ局で増加を続ける経済番組を通じてウェルチの耳障りなニューイングランド訛りが聞こえるようになり、ウェルチは覚えやすい「職級と解雇」というモットーを口にした。ウェルチは勤務成績を問わず、最下級のマネージャーの一〇パーセントを毎年解雇した。もう一つのモットーは「直せ、売れ、手仕舞いしろ」であり、マネージャーに非人情的ともいえるスピードで業務の遂行を指示したウェルチの姿勢が反映されている。GEの時価総額が上昇するにつれ、一九八〇年代初めに断行した一〇万人の人員削減で贈られた「中性子ジャック」というありがたくないニックネームもまた忘れ去られた。

フォーシーズンズでのミーティングでコンディットとストーンサイファーは合併の可能性について話し合い、ストーンサイファーによると、バツの悪さがなくなると、二人は「悪友」のようにふざけたという。コンディットが話し合いをまとめ、「それでは握手をしましょうか」と言った。一週間後に開かれたボーイングの取締役会で同社の役員らはマクドネル・ダグラスの買収に賛成し、株式で一三三億ドルを支払うことに同意した。

ストーンサイファーと彼のボス、ジョン・マクドネルが手に入れることのできなかったものがある。それは社名で、ボーイングはボーイングのままであった。

「ボーイングがマクドネル・ダグラスに買われた」

ウォール街は両社の合併を歓迎した。欧州委員会は大きな懸念を表明し、アメリカのモンスターによりエアバスが叩き潰されるとして、しばらくのあいだは合併を阻止しようと画策した。ボーイングがアメリカの航空会社三社に対する独占販売権を放棄すると発表したことから、欧州委員会も態度を軟化させた。

買収が発表された当日、リーマンブラザーズのアナリスト、ジョセフ・キャンベルは「大変好ましい合併だと思います。ジャック・ウェルチも顔負けですね」とCNNで語っている。

合併の陰でボーイングの古参の役員らは騙されたと不満をつぶやいていた。買収後、ロングビーチのダグラスの機械を詳細に調べたボーイングの社員は、それが第二次世界大戦時と同じものであるとシアトルに報告している。ボーイングの工場では天井クレーンが多く使われていたが、ダグラスではレンタルしたと思われるクレーン車で工員がエンジンを機体に取り付けていた。737の工場長であったウッダードは、かつてのライバルが「土産どころか頭痛の種を持ち込んだ」と人々に漏らし、「我々が成し遂げた、いちばん優れたこと」である〝独占販売権〟を合併の影響で失ったことに腹を立てた。

「我々は（エアバスに）マクドネル・ダグラスをくれてやればよかったんです。でも誰も賛成しませんでした」。のちにロン・ウッダードはそう語った（実際、ストーンサイファーは次にエアバスに声をかけようと考えていた。「ボーイングとの合併が成功しなければ、私たちはロングビーチでエアバス機を製造しようと考えていた」と数年後、ストーンサイファーは述べている）。

それ以外の人々は、マクドネル・ダグラスが弱体化するのを待って軍用機部門だけを投げ売り価格で買収すればよかったと買収価格に疑問を投げかけた。

ボーイングの古参社員らが気に入らなかったのは、敗北したはずのライバルが手にした影響力であった。ジョン・マクドネルとストーンサイファーはボーイングの最大の個人投資家になり、ほかの二人の元マクドネル・ダグラスの取締役とともにボーイングの取締役会の席に収まった。ボーイングの一二人の取締役のうち、マクドネル・ダグラス出身者は四人で、これは意思決定において、大きな勢力であった。

マクドネル・ダグラス出身者の二人の取締役とは、ロナルド・レーガンの首席補佐官であったケン・デュバースタインとTIAA‐CREF投資サービス会社を経営する生粋のセントルイス人のジョン・ブリッグスであった。ウェアーハウザー森林会社のような太平洋岸北西部の企業の経験豊かな経営者などが伝統的に加わっていた取締役会に、元マクドネル・ダグラスの役員は政府と金融業界とのつながりを持ち込んだのであった。

合併後、ボーイングの上級役員であったラリー・クラークソンは本社駐車場でCEO退任後もオフィスを持っていた〝T〟ウィルソンに出くわしたことを覚えている。「ボーイングのお金でボーイングがマクドネル・ダグラスに買われてしまった」。〝T〟は悲しげに声を振り絞った。

この言葉はやがて社内で広く聞かれるようになったが、これがボーイングの伝説的な経営者の口から出たことを知る人は少ない。〝T〟はかつての部下二人にコンディットをトップに育てたのは最大の過ちだったと語っている。

クラークソンはコンディットにストーンサイファーの影響力を心配していると直接具申したが、コンディットはクラークソンをなだめた。そして「ストーンサイファーがうろつくのは一年半くらいだろう。ストーンサイファーは引退する」と言ってクラークソンを安心させた。

第4章　ハンターvsボーイスカウト

「君は僕の部下になるんだよ」

四〇年にもわたり、苦闘を重ね、業界の覇者となったハリー・ストーンサイファーにとって、静かに消え去るのは性に合わなかった。ストーンサイファーと同時にボーイングに移籍した役員も戦乱をくぐり抜けてきたつわもので、マクドネル・ダグラスを襲った「文化大革命」も生き延びてきた。

会社で同僚を出し抜く妖術において、ボーイングの社員の多くは赤子も同然だった。製品は市場を席巻したかもしれないが、設計したのは科学者と技術者で、辣腕経営者ではなかった。社員のワイン同好会は口うるさい左党の集まりで、ワシントン州のランキングでたびたび顔を出すワイナリーを含む一〇か所以上のワイン醸造所を訪れていた。間違いなく削ぎ落とさなければならない贅肉の一つであろう。

ボーイングで働いているのは何人かという質問に、当時CEOであった〝T〟ウィルソンは「半分だな」と答えている。冷水機のそばでの立ち話の話題は、北西部の湖や森の中のハイキングやキャンプのことだった。「合併当時のボーイングは責任の所在が不明確な、慢心して、だらけた組織でした」。勤務歴三〇年の社員はピュージェットサウンド大学のオーラルヒストリーでそう語っている。「マクドネル・ダグラスの男たちはまるでナイフでバターを切るように、会社を一刀両断しました」

合併の契約書は一九九七年八月に交わされた。翌年、ストーンサイファーの部下で、ダグラスのジェット旅客機部門を葬り、マクドネルとの合併後の軍用機事業を率いることになるマイケル・シアーズがあいさつをするというので、ボーイングフィールドの近くの駐車場にジェット戦闘機の開発に携わる二〇〇人のエンジニアが集められた。

上品なボーイングの副社長フランク・スタトクスはシアーズを「ゲスト」と紹介し、エンジニアに話を聞くよう伝えた。「フランク、忘れては困る。君は僕の部下になるんだよ」とシアーズは牽制した。

上空を飛ぶボーイング747の轟音が話を遮ると、シアーズは「空の女王」をも侮辱した。「あれは我々の飛行機ではない」。彼の言葉を借りるなら、747は軍用機チーム（あるいはマクドネル・ダグラス）が製造した機体ではないということであった。遠くから話を聞いていたエンジニアは静かにその場を離れ、シアーズに抗議の意を表した。

ボーイングの役員は、マクドネル・ダグラスから移入された「5‐15ルール」を遵守するよう情報システム部から指示された。これは「メモを読むのに五分以上、書くのに一五分以上かけてはならない」というルールであった。またストーンサイファーには、礼儀知らず、あるいは狂気とも受け取られかねない奇癖があり、メールをすべて大文字で書いた。「そのように書かれると社員は怒鳴られていると思います」。顧客トレーニング業務統括マネージャーのピーター・モートンは礼儀正しくストーンサイファーを諭した。「いいんだ。構わない」。ストーンサイファーは答えた。

「ファミリー」ではなく「チーム」にならなければならない

ストーンサイファーは合併の際にコンディットと同意した事項を三インチ（八センチ）×五インチ（一三センチ）の用紙に記入し、ラミネートしたカードを机のいちばん上の引き出しに入れていると周囲に語った。

合併の年、ストーンサイファーは名目上の上司よりも多額の報酬を得ていた。ストーンサイファーは（与えられた株式にかかる税金を相殺するための二二〇万ドルを含む）三五〇万ドルの現金と一二二〇万ドルの株式を受け取った。コンディットCEOが受け取ったのは一三〇万ドルの現金と二〇万四〇〇〇ドルの株式であった。

ストーンサイファーとジョン・マクドネルは、取締役として、そして大口投資家として、大きな影響力を行使した。航空、防衛、宇宙企業のコンサルティング会社ティールグループのアナリストであるリチャード・アブラフィアは「ディズニーのマイケル・アイズナーCEOでも、これほどの強権を持つことは夢物語だった」と語っている。

両社の研究所、事務所など、重複する施設の整理を検討する数か月に及んだ会議で、マクドネル・ダグラスのチームは、ボーイングのシニアマネージャーであるC・ジェラルド・キングにフタコブラクダが描かれた『エコノミスト』誌の表紙と、企業合併の試練について書かれた「誰が頂点に？」という記事の見出しが入った額を贈った。困り果てたキングは額をクローゼットにしまい込んだ。

ストーンサイファーはマクドネル・ダグラスが計画したエグゼクティブトレーニングセンターの完成と拡張をコンディットに要求した。このトレーニングセンターはGEのクロトンビルセンターをモデルにしており、GEの社内教育施設ではピットと呼ばれる半地下の講堂で、ジャック・ウェルチがエグゼクティブチームに熱弁を振るっていた。

マクドネル・ダグラスはすでに八〇〇万ドルを投資してセントルイス郊外のミシシッピー川沿いの森にフランスの田舎風の大邸宅を購入していた（ボーイングがモートンの指揮下で完成させたのはシアトルの南部、ロングエーカーにあるいくつかの会議室を備えた控えめな建物であった）。ストーンサイファーはクロトンビルセンターの副所長を引き抜き、統合されたトレーニング事業を開始した。セントルイスのトレーニングセンターには一二〇の個室があり、（コックピットと呼ばれた）講堂と教室では、二週間にわたり、シニアマネージャーが交渉のロールプレイングやビジネスケースの分析をした。この研修施設の開所式でスピーチをしたのもストーンサイファーだった。

ストーンサイファーは、ボーイングは「ファミリー」ではなく「チーム」にならなければならないと諭した。「ファミリー」という言葉が使われたのは祖父・父に続いて、息子がボーイングの社員になっていたからである。社員は「ファミリー」は長所と考えていた。７４７の販売が不振で、デスクが三〇フィート（九・一メートル）に積み上げられ、会社があやうく倒産する寸前であった頃を覚えている役員フレッド・ミッチェルによれば、「お互いに死に物狂いで戦いましたよ。でも、いざとなったら、私たちは一つになったのです」と語る。

ストーンサイファーは、個性的な選手が衝突するシカゴ・ブルズ（全米プロバスケットボール協会のチーム）をいかにして フィル・ジャクソンが一つにまとめたかを描いたコンサルタントを招き、講習会を行なった。しかし、参加者が学んだことは、たとえデニス・ロッドマンのようにチームを崩壊させる自己中心的なパワーフォワードであっても、結果を出せば許されるということであった。

低迷するボーイングの株価

やがてストーンサイファーは支配を強める飛び道具を手に入れる。合併の混乱から、前年度に比べて製造工場における問題は悪化した。元販売担当役員で、航空機事業部の責任者となったロン・ウッダードの指揮のもと、ボーイングは景気の回復にともない活発化した市場で、巨額の値引きをして、エアバスの息の根を止めようとした。手間のかかる図面に頼ることを止めて、新たなコンピューターシステムも導入し、製造を倍増させようとした。

これは一九六〇年代のダグラスの販売部が、製造チームや生産能力を顧みることなく、突撃を繰り返したミスと同じものであった。その結果、製造は停止し、二六億ドルの追加費用が生じて、一九九七年の赤字は一億七八〇〇万ドルにのぼった。ボーイングの誰もがこのような無様な敗北を過去五〇年経験したことがなく、また合併による好成績を期待していた株式市場は期待を裏切られ、衝撃を受けた。株価の低迷を防ぐために、製造のつまずきを隠し、またマクドネル・ダグラスとの合併費用を株式で払うため、ボーイングは不正に株価の吊り上げを行なったと株主は集団訴訟を起こした（調停の結果、ボーイングは株主に九二五〇万ドルを支払うことに合意した）。

ストーンサイファーはパームスプリングスのホテルで一九九八年一月に行なわれた毎年恒例のマネージャー研修会に初めて姿を現し、二〇〇〇人の参加者を前にして商業機の製造に携わるマネージャーに起立を求めた。コミットメントを守ることができず、またその結果として全社の財務目標の達成を妨げたとして、「彼らは謝罪しなければなりません」。成功を妨げる脅威は、計画を達成することのできない社内の部署のみにあるとストーンサイファーは公言した。

財務上の成績が大きく低迷したボーイングとGEの業績は対照的だった。この月、ジャック・ウェルチはGEのシニアマネージャーをフロリダ州ボカレイトンに集め、成功を祝った。一九九七年にGEの株価は四八パーセント上昇し、三年連続で株価の上昇は四〇パーセントを超えた。それだけでなくウェルチが率いるGEは過去最高の収入、利益、一株当たりの収益を達成した。GEの指導者の名言を集め、ベストセラーになった『Jack Welch and the GE Way（邦訳『ウェルチ』）』でウェルチの発言は新約聖書でイエス・キリストの声のように太字で記載された。

ボカレイトンでウェルチは参加者に「株価の管理はいままで以上に重要になった。いままで以上だ。株価の大きなプレッシャーに応えるために、生産性は非常に重要だ。資産の価値は増加するのではなく減少する。したがって、資産を効率的に活用し、棚卸資産回転率、売上債権回転率を向上させなければならない」と語っている。

　コンチネンタルのＣＥＯになっていたゴードン・ベスーンがこの春シアトルを訪れ、かつての同僚と旧交を温めた。ベスーンはボーイングのお得意さんになっており、コンチネンタルの再建を題材にした『大逆転！　コンチネンタル航空奇跡の復活』を出版していた。ボーイングはシアトルの航空博物館でベスーンのためにパーティーを開いた。ベスーンは広間に展示された名機の翼の下で、コンディットとウッダードとカクテルを楽しんだ。ベスーンはＧＥからエンジンを調達していた時に、ストーンサイファーと交流があり、ストーンサイファーには一つの〝行動様式〟しかないことを知っていた。それは攻撃である。「まずやつは君を殺すだろう」。ベスーンはウッダードを指差した。そして、コンディットを指差し「次は君だ」と言った。コンディットは苦笑し、首を振った。

　ストーンサイファーとウッダードはすでに反目していた。事情に詳しい人の話によれば、ストーンサイファーはマクドネル・ダグラスを経営していた時に、スカンジナビア航空からの大量注文をボーイングに盗られたとして、ボーイングのセールスマンを決して許そうとはしなかったという。社運を懸けたＭＤ‐95の受注に成功すると、ストーンサイファーは解約にならないよう指示してから、週末の休暇に出かけた。しかし、ウッダードはボーイング機を安価で提供すると言って、マクドネル・ダグラスから注文を奪ったのである。

　公平を期すためにいうと、ストーンサイファーによるウッダードに対する低評価は、ボーイングの多くの社員に共通するものであった。ボーイングの社員によると、ウッダードは部下からの注進に耳を貸さず、増産に失敗し、前年の九桁の損失につながる原因を作ったとされる。

ストーンサイファーによる粛清

八月になってもボーイングの株価は下落していた。コンディットはニューヨークのウォール街のアナリストからの手厳しい批判に耐えなくてはならなかった。ストーンサイファーは人前ではコンディットに敬意を表し、二人は先見の明がある経営者と現実主義の経営者によって構成される素晴らしいチームを築いたと言っていたが、決断力に欠け衝突を回避する性格がコンディットにあったことから、ストーンサイファーは嬉々として自在に振る舞った。「それでは時間ですから」と言えば、コンディットは何でも従ったとストーンサイファーは仕事仲間に自慢している。その月の終わり、ストーンサイファーはコンディットに伝えた。「どうやら、ウッダードを解雇する時がきたようです」

「フィルは腰抜けでした」とストーンサイファーとコンディットの二人と交流のあったボーイングの役員はそう言う。「フィルはハリーに怯えていたようです。ハリーは感情が激しく、野卑でした。フィルが上司であったにもかかわらず、ハリーはフィルをひどい目に遭わせていたのです」

月曜日に行なわれる取締役会のプレゼンテーションの準備を表向きの理由にして、コンディットはウッダードをある土曜日に呼び出した。「誠に遺憾ながら」と前置きした後、コンディットはウッダードに777プロジェクトで尊敬を集めるリーダーとなっていたアラン・ムラーリーが後任になると言い渡し、取締役会後に発表すると告げた。いまだかつてボーイングでこのように人前で上級管理職が解雇されたことはなかった。何人かがウッダードとともに解雇になると言われた。

月曜日に直属の部下が会議室に集まったが、何の発表もなく、その場にいた社員によれば、痺れを切らした一人が本部に電話をかけたという。どうやら忘れられていたようだった。「あー、そうでした」の返事とともに、人事のマネージャーがウッダードの部下の二人、ダン・ハイトとハリー・アーノルドに解雇を伝えた。

ストーンサイファーによる粛清はこれで終わらなかった。ボーイングのオペレーションで中心的な部署となっていた財務部では、六二歳のボイド・ギバンが静かに追放された。生涯をボーイングに捧げてきたギバンはウォール街の株式アナリストの心証が良くなかった。支出と投資に関する情報を求められると、このような要求を拒否し、「心配はいらない」と答えていた。取締役会はストーンサイファーをCFO（最高財務責任者）代行に任命した。ストーンサイファーのやり方はこれまでと同じであった。ボーイングは四五億ドルを投じて、一五パーセントの自社株を購入した。

製造工場の売却

攻撃的に突き進むストーンサイファーであっても、部下と意思疎通を図る能力には限界があることを認めざるを得なかった。「みんなに嫌われているのを承知で入室する時、どんな気分になるかわかるか」とストーンサイファーは信頼のおける友人にそう語っている。

代行職であったCFOを任せるため、ストーンサイファーはゼネラルモーターズから四四歳の女性マネージャー、デボラ・ホプキンスを招き、社内に激震が走った。ホプキンスはユニシス（ITサービスとソリューションを提供する国際的企業）とフォードで、脚光を浴びることのない、さして上級職でもない監査役を務めていたことがあった。株主優先の会社になるため、ボーイングはホプキンスに強い権力を与えた。コンチネンタルのゴードン・ベスーンは「財務屋に飛行機が作れるか」と言って不快感をあらわにした。

一九九九年一月にパームデザートで行なわれたマネジメント研修会で、参加者は恐ろしいメッセージを受け取り、恐怖に怯えた。コンディットは株価が非常に低迷しているため、偉大なボーイングであっても、買収され、分社化される恐れがあると話を始めた。異例なことにコンディットは採用したばかりのホプキンスを演壇に招いた。チャートを駆使して、ホプキンスはRONA（純資産利益率）などストーンサイファーがウェルチのもとで学んだ財務上のベンチマークの重要性を説いた。

この年の五月になると、ホプキンスはマクドネル・ダグラスの株式を上手に運用したオッペンハイマーのファンドマネージャー、リチャード・グレイスブルックを招き、財務部のスタッフを対象に講話が行なわれた。合併に先立って、グレイスブルックはボーイングが国家の支援を受けているエアバスと競合できるかどうか疑問に思い、ボーイング株を売ろうと考えていたが、ハリー・ストーンサイファーと会談し、不詳不承投資を継続していた。グレイスブルックは言う。「ハリーはいい男でした。彼は基本的に財務を重要視する男で、財務、利益、資金繰りを改善したいと思っていました」。オッペンハイマーはボーイングの最大投資家になり、三パーセント以上の株式を保有していた。

合併まではファンドマネジャー、グレイスブルックの本能は正しかった。オッペンハイマーはマクドネル・ダグラスの株を運用して、資産を六倍にし、一〇億以上の利益を得たとグレイスブルックはスタッフとのミーティングで話している。しかし、「ボーイングの株価は底値になっており、給与明細を見た妻もそのことに気づいています。我々の利益も、大きく、大きく損なわれ、その結果、私の給与も下がりました」とグレイスブルックはボーイングで語っている。

グレイスブルックは、ボーイングのような特別な会社は「企業価値の増大」を図る他社に追従し、競合しなければならないと社員に説いた。財務部は筆記されたグレイスブルックの講演を「現場に厳しい状況を知らしめるメッセージを送る取り組み」の一つとして数多くの社員に送った。財務部は無視することのできないグレイスブルックの発言として、ボーイングは一八か月以内に問題を解決しなければ、第三者が問題を解決するだろうという考えも社員に伝えた。グレイスブルックは「企業買収を行なう人がどのような人か、あるいはジャック・ウェルチがどのような人であるか想像できるでしょう」と語っている。

ホプキンスはRONAにもとづいた「価値の採点表」を配り、どの部門が「価値を低減」させているかを測った。採点の方式は収入と資金の使用の割合にもとづいていた。この考えはボカレイトンでウェルチが改善を強調した効率的な資産の運用で、発言はもちろん太字で記載されていた。現実的に数値を向上させる手っ取り早い方法は工場の売却であった。これはウォルマートの方法で、ボーイングは小規模で価値のある下請けから低価格でパーツの提供を受け、下請け企業であれば、労働条件も再交渉するか、無効にすることが可能であった。

古くからの役員の何人かは、売却してしまえば、ボーイングは同じレベルの品質やコミットメントを得ることができなくなると反論した。あるシニアマネージャーは長期にわたり、一つの工場の閉鎖ができないため、資産活用の四半期レポートの目標を達成ができなかった。アーカンソー州にあるマクドネル・ダグラスＤＣ‐８の部品を製造した工場では仕事は少なく、従業員は工場へと続く道にある庭石を塗装することで時間を潰していた。このマネージャーは売却を提案した。するとストーンサイファーから電話がかかってきて、怒鳴られたという。「お前は馬鹿か？ やつらが誰を知っているのかを知っているか？ ビル・クリントンを知っているんだ！ 我々は軍用機を空軍に売ろうとしている。お前はクリントンの地元の工場を閉鎖しようとしている。ほかの工場を売却しろ！」

「我々はボーイングを信頼していない」

数世代にわたり、冷静沈着な男が占めていたポジションを若い女性のホプキンスが引き継いだことを『ウォールストリートジャーナル』や『フォーチュン』のようなマスコミは黙っていなかった。ホプキンスは、ボーイングはウォール街のメッセージを真摯に受け止め、要求に見合う収支を得ることに努力しますと、すべてのマスコミに同じメッセージを送った。

ホプキンスは部下に、私たちは引っ越しを繰り返してきたので、次の引っ越しに備えて、段ボール箱は潰さないでいると伝えていたが、ボーイングで長く勤務することを予期し、ようやく段ボール箱を処分する準備ができた。「箱」は暗喩だったのだろう。常に高く、早く、遠くへ向かう航空機を製造してきたボーイングは利益を考える会社にならなくてはならないとホプキンスはあるインタビューで答えている。「箱（航空機）だけを注目してはいけません」。ホプキンスはブルームバーグにそう語った（二〇年にわたり、利益を優先することになることから、このセリフは不幸の前兆であったといえる）。

「箱はもちろん重要ですが、顧客は箱がすでに高い品質であることを当然と考えています」

箱がすべてであるエンジニアにしてみれば、このような見方に同意することはできなかった。エアバスは勢力を強めつつあり、顧客はボーイングの製品の品質が低下したとして苦情の声を上げていたことから、エンジニアは経営方針を信じられなくなっていた。広く報道されることになる一九九八年の書簡で、ユナイテッドはボーイングが機能不全に陥っている会社であるとし、「我々は貴社を信頼していない」と述べている。

財務上の栄光を求める過程において、ボーイングは顧客サポートの基本を忘れつつあった。モートンが誇りにしたボーイングのパイロットトレーニング事業を、利益を追求する別会社にすることをコンティットは前年に承認した。この別会社はボーイング・フライト・セーフティーと呼ばれ、ウォレン・バフェットが所有するフライト・セーフティー・インターナショナルとのジョイントベンチャー（合弁企業）であった。

当時、ジャック・ウェルチはGEをメーカーから、航空会社に対するエンジンのアフターセールスサポートなどをすることによって収益を上げる「サービス」会社に変革させたとして、ウォール街から称賛の声を浴びていた。イギリス・ウェールズにあったブリティッシュエアウェイズのエンジン修理工場を購入し、GEのエンジンだけでなく、ロールスロイスのような競合他社のエンジンも保守することで利益を上げることをジャック・ウェルチは主たる戦略としていた。

ボーイングの戦略はやはりウェルチのようになることであった。コンディットは当初フライト・セーフティー・インターナショナルを買収しようとした。ニューヨーク州フラッシングにある同社は小型ビジネスジェット機から軍用機まで十数機以上の機種を操縦するパイロットを訓練していた。フライト・セーフティー・インターナショナルの教官の給与はボーイングの教官よりも低かった。この計画の目論みはボーイング機ではなく他社機のパイロットであっても、トレーニングの契約を積極的に得るということであった。ユナイテッドやノースウエストのような巨大航空会社もトレーニングの専門技術を他社に有償提供していた。しかし、バフェットのバークシャー・ハサウェイがボーイングよりも高額の一五億ドルを支払い、フライト・セーフティー・インターナショナルを買収してしまった。そこで、次の選択肢として合弁会社が設立され、一九九七年三月、コンディットの部下はフライト・セーフティーに異動するようパイロットに告げた。

やがて買収・投資ファンドの共同経営者となる、ハーバード大学でMBAを得たウェーク・スミスが新会社ボーイング・フライト・セーフティーの社長になった。ジョイントベンチャーが創設されて二年後、ボーイング・フライト・セーフティーの収入は毎年二〇パーセントずつ増加していた。しかし、この一連の試みで、ボーイングは既存の顧客へのサポートをおざなりにするようになった。

まずこのジョイントベンチャーのエンジニアは、顧客への回答に必要であった図面を得るために必要なボーイングのコンピューターネットワークへアクセスができなかった。コミュニケーションに問題があったことから、航空会社が苦情の声を上げるようになった。オーストラリアのカンタス航空は一九九八年七月にボーイングに対し、ジョイントベンチャーによる訓練資料の提供が「極めてお粗末」であると伝えている。資料提供の遅れから、カンタスは航空機の就役を遅らさざるを得なかった。トレーニングのように取るに足らない理由で、ボーイングの顧客が航空機のデビューを遅らせたのは記憶にあるかぎり、今回が初めてであった。

ボーイングの教官パイロットは、フライトセーフティーに応募する代わりに、労働問題に詳しい弁護士を雇った。ボーイングの愛称「レイジー・B（訳注：最後には技術者が笑うボーイング）」という名の労働組合を教官は結成した。教官はボーイングに籍を残したまま、新会社でトレーニングを行なうことになった。

これは複雑な指揮系統、矛盾する優先事項、そして実際にボーイング機を運航する多くの航空会社を知り尽くした社員の細分化であった。これはスペースシャトル・チャレンジャー号の爆発事故の後、ボーイングではこのようなことはありえないと自信を持って断言したジョー・サッターが批判したNASAの組織そのものであった。

史上最大のホワイトカラーによるストライキ

やがてエンジニアの怒りも爆発し、衝突につながった。一九九九年にエンジニアの組合に対し提示された四年間の契約にボーナスが含まれていなかったことから、エンジニアの多くは会社から軽視されていると感じるようになった。より多くの組合員を擁する機械工の組合員はボーナスを受け取っていたが、会社はマクドネル・ダグラスや買収した企業のように血も涙もない給与体系に統一することで、二五〇万ドルを節約しようとしていた。

この年の八月、ストーンサイファーが癇癪を起こして、「ソッシャーをクビにしろ」と怒鳴るようなメールを送信したことで状況は悪化した。完璧を強調し、かつて製品をスクラップにすると非難された勤続二〇年の物理学者スタン・ソッシャーがグレイスブルックのスピーチやコンディットの社員に対するニュースレターをマスコミに流していることを会社は突き止めた。

ストーンサイファーは所有権のある情報をソッシャーが流出させたことは会社の規則に反すると考えた。ストーンサイファーはソッシャーの上司、技師長のウォルト・ジレットにソッシャーに一撃を加えるよう命じた。「是正措置メモ」がソッシャーに送られ、さらなる違反に際しては、より厳重に処罰すると伝えられた。ソッシャーは全米労働関係委員会に情報に所有権はなく、また労働組合の役員であったことから、メールを送るのは権利であると提訴した（ソッシャーは勝訴し、「是正措置メモ」は撤回された）。

この年の一〇月、組合員はスピーアがＡＦＬ - ＣＩＯ（アメリカ労働総同盟・産業別組合会議）に加盟することに賛成の票を投じ、コンディットやムラーリーのような役員もかつては組合員であった締め付けのないプロ集団組織（スピーア）は真の労働組合へとその姿を大きく変えた。

労働者と経営側の緊張が高まっていると感じたムラーリーはピーター・モートンを商業機グループ人事部門の長に任命し、関係の修復に期待を寄せた。「みな君のことを知っている。みな君に好印象を持っている」。ムラーリーはモートンにそう伝えた。彼自身もパイロットであったモートンは痩せていて、身長は五フィート六インチ（一六八センチ）だった。モートンのバリトンの声を聞くと、誰もがオーディオブックを聴いているような気になり、フライトコントロールの細部を説明する時、彼の話しぶりはしっかりとしていた。モートンには備忘録があった。勇気、決意、忍耐、技術である。「飛行において優れたパイロットは優れた決断をし、優れた技術を必要とする状況を回避する」

モートンは就任後、新しい上司であり、ボーイングの人事チームを率いるバーリントン・ノーザン鉄道出身のジム・ダグノンに面会した。ダグノンはモートンにスピーアはどのような組合であるかを尋ねた。スピーアは組合に準じるような組織に過ぎず、ダグノンが鉄道業界で見てきた組合とは異なると伝え、「ボーイングの美点と価値観を守る集団です」とモートンは答えた。「うーん、なんだか組合のようだな」。ダグノンはそう感想を述べた。

一九九九年の終わりになると、ストライキが避けられないような情勢になった。モートンはダグノンのところに行き、ストライキを回避するのは可能だと話した。モートンは組合が要求しているのは「敬意」と他の社員と同様のボーナスですとダグノンに話した。「いや、それだけじゃないんだ。ハリーは組合を潰したいんだ」。元鉄道会社役員はそう答えた。

スピーアはオープンショップ制の組合であり、非加盟員であってもボーイングで働くことができた。実際に組合費を払っているのはスピーアが代表する社員の半数に過ぎなかった。ストライキが予定されていた二〇〇〇年二月九日の朝、スタン・ソッシャーは一人でワシントン湖の南岸にある737工場の外でストライキの開始を待っていた。ソッシャーのほかにいるものといえば、空を舞う三羽のカモメであった。彼自身のように博士号を持ち、高給取りのプロフェッショナルがストライキをするなんて馬鹿げているだろうか、ソッシャーの頭の中に疑問が湧き起こった。

予定されていた九時になっても、あたりは静かであった。ソッシャーは駐車場でタバコを吸っていた数人の男のところに行き、誰か見たかと聞いた。いや、おれたちだけだよと彼らは答えた。忍耐強く待っていると、九時一〇分になって、数百人のエンジニアが堰を切るように外へ飛び出して来た。組み立てラインの機械工から励ましの声を受け、エンジニアは元気よく声を出し、手を叩きながら、工場の中を行進していたので、屋外に出るのが遅れたのだった。近くのフットボールスタジアムの中に数千人が所狭しと入り、頭脳人間の集団はついに本当の労働組合になった。「〝技術オタク〟なしには、鳥は飛ばない」、エンジニアは大声でシュプレヒコールを上げた。

このストライキはアメリカ史上最大のホワイトカラーによるストライキで、六州に散らばる二万三〇〇〇人の社員が参加した。求めている金額はわずかであり、あるエンジニアの試算によれば、会社が提案している福利厚生費の削減により、彼が追加で支払うことになる医療費は三〇〇ドルに過ぎなかった。ストライキはエンジニアによる国民投票であった。「我々は経営を変えなければ、会社の存続が危ぶまれると思ったのです」。ある勤続二〇年の社員はそう語っている。会社本部の外のピケラインの近くに設置された可搬式トイレに「ハリーの部屋」と殴り書きされた紙が貼られたことからも、エンジニアの怒りが誰に向けられたのかは明らかだった。

戦いは激しいものとなり、エンジニアは航空会社にボーイング機の品質は疑われると手紙を書き始めた。またある手紙によれば、ほかのエンジニアは大学教授に「このようなひどい職場」に学生を送らないでくれと伝えている。実際、有望な若者は退職していった。二八歳で退職したモーリス・プレイザーは一割増しの給料とストックオプションを提供したマイクロソフトに転職し、のちに彼自身のソフトウェア会社を設立した。

三人の連邦政府の調停委員が現場に入り、睨み合いを解消しようとした。一つの調停案が否決されたのち、ある調停委員が合併した会社が存続するかどうか疑問だと述べたことをストライキ中のエンジニア、のちにスピーアの書記長となるシンシア・コールが聞いている。調停委員は中立であるべきだが、落胆した彼は、交渉が行なわれていたホテルで、パートナーシップは破滅する運命にあると胸の内を打ち明けている。この調停委員は、マクドネル・ダグラス出身の役員は「ボーイスカウト」のようなボーイングの役員を赤子の首を捻るように殺す「ハンター、人殺し、暗殺者」であると揶揄した。

組合指導者の鋭い一撃

大口投資家であるオッペンハイマーを含む投資管理会社からの投資アナリストをカリフォルニア州ナパのシルベラドゴルフ&テニスリゾートに招いて行なわれる二月の勉強会で、777プロジェクトリーダーのムラーリーはホストを務めることになった。ストライキは日々激化しており、ボーイングの株価は一〇パーセント下落していた。メリルリンチのアナリスト、バイロン・カランは社員の悲痛の声を広く聞き、また少しでも怒りに触れることができればと思い、労働組合スピーアも勉強会に参加したらどうかと提案した。

スピーアが借りたリゾートのスイートルームはアナリストが集まって組合側のメッセージを聞くサロンになった。ソッシャーはスピーア事務局長のチャールズ・ボッファーディングとともにスイートルームにやって来た。身長六フィート五インチ（一九六センチ）、洋梨型の体型をし、メガネをかけたボッファーディングはゲイリー・ラーソンの漫画、ファーサイドの登場人物に似ていた。ボッファーディングのボーイングでの最初の仕事は、生きたニワトリを集め、風防へ撃ちつけ、強度の試験を行なうことであった。ボッファーディングは優秀な技術から二回社内で表彰されている。ある夕食会で、妻ダイアナを同伴し、タキシードに身を包んだボッファーディングのもとにストーンサイファーがやって来て、「ご主人はそんなに悪い人でもなさそうですね」とダイアナに意見を言った。ダイアナは「ご気分を害するようなことを主人がしていなければいいのですが……。もしお気に障るようなことがありましたら、お電話ください」と返答した。

ナパのスイートルームの花柄をしたカウチの後ろの壁に、ボッファーディングとソッシャーはピケを張る社員を写した写真を掲示し、スピーアのキーメッセージを大きな文字で印刷したプリントアウトも掲げた。「重要なのは社員です」「エアバスのエンジニアは製品を設計している」。ボーイングの成功を測る重要な指標の値が五年前に行なわれた前回の契約からどれだけ迷走したかを表すチャートを載せたスプレッドシートもあった。最も顕著だったのは七〇パーセントあった商業機のシェアが一九四〇年代中盤の数字に縮小していることだった。

最初の朝、ムラーリーはロビーでボッファーディングとソッシャーを見かけると、近づき微笑みながら握手を交わした。組合の指導者二人は挨拶を返し、ボッファーディングは「大人しかったエンジニアは強くなりましたよ」とムラーリーに言った。そして、あるボーイングの社内用語を持ち出して、ムラーリーを狼狽させた。「PCがどうなっても知りませんよ」。PCとは製造証明のことであり、PCを得ることでボーイングは航空機を納入できる。これはFAAに委任された権限で、スピーアの組合員が多くの試験や点検を行なっていた。もし人員が不足したら、財務に直結する能力を失うことになる。その場を離れようとしていたムラーリーは急に体の向きを変え、「いま何をするとおっしゃいました？」と大慌てで尋ねた。これはボーイングの能力に直結する鋭い一撃であった（この時、ボーイングはこのような結果を回避したが、皮肉にも二〇年後に自社のエンジニアに代わりFAAがMAX納入の権限をボーイングから取り上げた）。

ストライキ終了

ボーイングのチームからのブリーフィング、そして食事やカクテルの忙しい一日を過ごした後、午後九時にアナリストたちはスピーアの主張を聞くために姿を現した。アナリストの何人かは労働組合と公式に会うことを好まなかったため、ソッシャーとボッファーディングは個別に会談する機会を設けた。

物理学者であるソッシャーはラザードアセットマネジメントのアナリスト、マリー・ダグラスにストライキは感情的であると伝えたことを覚えている。当時のボーイングは怒りと恐れ、プライドによって支配され、かつて彼女が経験したボーイングとは大きく異なっていた。「本当ですか？　ウォール街での私の毎日はそのようなものですよ」。二八歳のダグラスはそう答えた。

労働組合のチームはモルガンスタンレーのアナリスト、ハイジ・ウッド、リーマンブラザーズのジョー・キャンベルとも話をしている。

そして、オッペンハイマーのリチャード・グレイスブルックが部屋に入って来た。ボッファーディングは、ボーイングは乾いた雑巾を搾るようにしてコストを削減しなければならないメーカーではないことを説明し、航空機の複雑さ、厳しく要求される性能、そして航空機を製造するには高い技術力を持った社員が必要であることを力説した。

そして、ボッファーディングは「高い生産性を誇り、社員がゴールを達成し、価値を生み出す環境か」あるいは「低価格のユニットコストか」とグレイスブルックに回答を求めた。もちろんボッファーディングは後者の選択は無意味で間抜けな答えだというつもりで質問したが、グレイスブルックは真剣な質問と受け止めた。腕を組み、天井を見上げ、ようやく返事をした。「安価なユニットコストでしょう」（グレイスブルックはこの会話を覚えていないが、「この質問にいま答えなくてはならないなら、私は競合他社とくらべて低いコストで生産する優れた実績を持つ企業と答えるでしょう」と述べている）。

会話が続くにつれて、グレイスブルックは具体的な数字が欲しく、じれったい気持ちを抑えきれなくなった。ストーンサイファーとともにグレイスブルックが稼いだ収益は過去のものとなっており、ポートフォリオにボーイングの株が入っていることが、オッペンハイマーがウォール街の競合他社に遅れをとる理由になっていた。

「もう勘弁してください。ストライキを終わらせるには何が必要なのですか？」とグレイスブルックは尋ねた。ボッファーディングは組合が要求する給与と福利厚生、年金の負担額ですと答えた。総額は約七五〇〇万ドルであった。オッペンハイマーの担当者グレイスブルックは驚きを隠せなかった。「それくらいの金額は私が四捨五入する時のミスと同じです」と言い、ノートを閉じると、納得した表情をしたのをソッシャーとボッファーディングは覚えている（グレイスブルックはこのことを覚えていない）。ミーティングは終わり、グレイスブルックはムラーリーに会いに行くだろうとソッシャーは思った。

三日後、スピーアは調停委員から電話を受けた。ボーイングは交渉をする準備ができたという知らせだった。会社は労働組合の要求に応じ、ストライキは終了した。

ソッシャーとボッファーディングは、ストライキを支持した取締役に、次回の取締役会でストライキのコストについて質問をするよう依頼し、ボーイングが七億五〇〇〇万ドルを失ったことを知った。一方、ストーンサイファーは周囲にストライキで発生した損失はなかったと明言していたが、社用機の機内で財務マネージャーがこの金額を明らかにすると、ストーンサイファーは激怒し、マネージャーにクビだと告げたとある人がボッファーディングに伝えている。パイロットは着陸の準備のため、全員に着席してくださいとインターコムでアナウンスした。着陸後、パイロットは私のおかげで財務マネージャーは仕事を失わずに済んだと語った。

ストーンサイファーの影響力

数か月後、勤続四二年に達したモートンは退職した。「家に帰ると、妻に『真っ青な顔をしているわよ』と言われました」。プロが製造ラインの交換可能な部品のように扱われ、ストーンサイファーと彼の部下が傲慢にも労働組合に対決しようとしたことがモートンには許せなかった。「ストーンサイファーと彼の部下がストライキを引き起こし、どう解決していいかがわからなかったのです。私の友人たちはドラム缶の焼却炉で暖をとっていました」

ソッシャーにはもう一つ驚くことがあった。数週間後、分厚い契約書の細目を確認していたところ、あちらこちらで福利厚生が削られていることを発見した。歯周病の検査や指圧の補助の削減など、社員がすぐには気がつかないことだった。職場への復帰に際し、福利厚生はいじらないと会社は約束していた。ソッシャーが会社の担当者に確認したところ、「何かを削減しなければなりません」という回答を得た。

一年もしないうちにコンディットはさらに既得権を奪い、社員を驚かせた。ジェット機事業の将来を冷静に検討するという名目で、コンディットは本社を移転した。

女性マネージャーのデボラ・ホプキンスはまた引っ越し用のダンボール箱が必要になったが、本社の移転とは関係がなかった。ホプキンスは二〇〇〇年四月にルーセント・テクノロジーに転職した（この会社もまた企業価値の創造が広く叫ばれた時代に伝統あるＡＴ＆Ｔから分社化された会社である）。ホプキンスは一年半在籍したボーイングで株式と給与で六〇〇万ドル以上を稼いだ。ホプキンスがルーセントに在籍した期間はさらに短く、会計上のミスから、四半期収入を七億ドル訂正したのちの二〇〇一年五月に退職した。ルーセントの株価は低迷し、やがて売却された。

合併後の航空機メーカーから静かに退職すると思われていたストーンサイファーは、ホプキンスの後任により、その影響力を一層強固なものにした。ストーンサイファーはマクドネル・ダグラスから連れて来た弟分マイケル・シアーズを後任に任命し、ボーイスカウトはすぐに誰がボスかを知ることになった。

第5章　理想は潰えた…

ボーイングの業績改善

ボーイングCEOのコンディットは公の場では、ストライキは貴重な教訓だったと話し、「敬意を持って人と接することを我々は学びました。ストライキが転換点になったと思える日が来ることを願っています」と語った。しかし、非公式には、労働組合スピーアはもはや志を同じにする技術者の自由な集まりではなくなり、相反する方針を掲げる競合プロ組織の一つになったと同僚に伝えている。

コンディットは経営者、学者、コンサルタントが発表する資本主義に関する大胆な意見に惹かれ、アドバイスを求めるようになっていた。ビル・ゲイツの家で開かれたパーティーで、コンディットが『お金のあるところへ滑って行け』という論文を共同執筆したハーバード・ビジネス・スクールのクレイトン・クリステンセン教授に会っていたことをスピーア職員のソッシャーはウォール街のアナリストから聞いた。伝説となったアイスホッケー選手ウェイン・グレツキーがパック（ゴム製の円盤）を超人的な感覚でとらえていたことを例に挙げた論文で、クリステンセンは繁栄する会社は製品と業績を分けて考えていると論じた。論文の中で成功例として上げているのは、一つの時代から次の時代から移る際に柔軟に業務の拡張と縮小を繰り返すＩＢＭだった。興奮したコンディットは「当社も同じことをしなければならない」とアナリストに語った。

もちろん、二〇〇〇年代初期のインターネットバブルの崩壊、9・11同時多発テロ事件、二〇〇八年の経済恐慌など、賢いビジネス界のリーダーであっても、パックがどこに行くのかわからなくなる時があることを認めなくてはならない。もしかしたら、パックはバスケットボールに変わるかもしれない。しかし、メインの賭けとは別の賭けや偶発的なチャンスが結局のところ会社の存続につながったとボーイングの歴史も謙虚に認めている。片手間で開発された７３７は製造の終了が検討されたが、やがてボーイングのベストセラー機になった。現代機への投資は継続しなければならず、「空を飛ぶ技術の革新から目をそらせば、飛行機は飛び去っていく」というビル・ボーイングの格言も最終的には功を奏していた。

クリステンセン教授の考えは時代に即したものであり、ボーイングを立て直さなければならないと考えるコンディットが求めていたものでもあった。ウェルチに限らず、「日々の売買」を信条にして、ニューイングランドの小さなセキュリティーアラーム製造会社を一二〇〇億ドルの価値を持つ複合企業に育て上げたタイコ・インターナショナルのデニス・コズロウスキのような向こう見ずで、自信にあふれ、肩で風を切るＣＥＯが一世を風靡する時代であった。コズロウスキはハーバード・ビジネス・スクールでの講演後、聴衆からスタンディングオベーションを受けたと人々に語っている。

ワシントンの連邦政府であっても資本主義の神々には頭が上がらず、クリントン政権は業績を測定する市場の指標を用いて「政府の再生」に取り組み、政府機関のダウンサイジングを進めていた。二〇〇〇年にシアトル中心部の高層ビルで開かれていた会議でコンディットが所見を述べていると、警察車両のサイレンが彼の発言を遮った。アル・ゴア副大統領の車列が通過していると伝えられると「こっちは忙しいんだと言ってくれ」と不快感をあらわにしたことからも、当時の経済界の強さがうかがえる。

ストライキが終わり、組み立てラインが正常に稼働するようになると、ボーイングの業績も改善した。二〇〇〇年の中盤のある日、『フォーチュン』の記者がコンディットのオフィスを訪れると、近日の終値である五四ドルを記念して、五四本のバラが飾られていた。前年の底値の約二倍である。コンディットは「五を五で」というスローガンを使い、マネージャーの尻を叩いた。五年以内に株価を五倍にするという意味である。

失敗した映画配信事業

ストーンサイファーが効率化を強く求めていた商業機事業は、テクノロジーが円熟しているため、柔軟に「拡張、縮小」できるものと考えられた。主たる目標は新規市場に参入する企業になることであり、コンディットは二〇〇〇年一月にヒューズ・エレクトロニクスの衛星事業を三七億五〇〇〇万ドルで買収し、この事業には大きなポテンシャルがあるとして、多大の資金と人材を投下した（事業には航空交通管理部門が含まれ、担当する技術担当副社長は昇進を続けるデニス・マレンバーグであった）。そして特筆に値するのが、衛星を使ってデジタル化された映画を映画館に配信するプロジェクトであった。

ボーイング・シネマ・コネクションと称されたこのプロジェクトの初期の契約者はAMCエンターテインメントだった。AMCはいまだに現役であったリールに巻かれたフイルムを、五〇ギガバイトのデジタルファイルに置き換え、衛星と地上基地を介して安全に送信しようと考えていた。二〇〇〇年一一月、奇妙な記者会見がボーイングの本社で開かれ、衛星を経由して劇場配信された最初のハリウッド映画『バウンス』の主演俳優ベン・アフレックとの多元中継をストーンサイファーが公開した。この映画は、広告会社のエクゼクティブ（アフレック）が見知らぬ男に航空券を与え、航空券を手にした男が航空機事故で死亡するというストーリーだった。罪悪感にさいなまれた主人公は航空会社の信頼回復キャンペーンに携わり、悲しみに暮れる妻（グウィネス・パルトロー）に勇気を振り絞って罪を告白する。映画の主題は、航空機メーカーにとってはマイナスになりかねなかったが、ボーイングの広報は新規事業を報道するマスコミに対し、この映画を取り上げた理由を簡潔に説明した。「この映画はラブストーリーです」

映画事業は最初から問題が明らかで、三年以内に立ち行かなくなった。ポップコーンと炭酸飲料を高値で販売することで経営が成り立っている映画館は国防総省向けに開発された新技術を導入する費用などなかったのである。しかし、この事業のおかげでボーイングは魅力的な企業イメージを発信することができた。おそらくボーイングからの要請だろう、記者会見で主演のアフレックは映画とは関係のないボーイング・ビジネスジェット（BBJ）の宣伝も行ない、あと少しで豪華なBBJを購入できると報道陣に告げた。

737を世界最大のビジネスジェット機に改造

コンディットと彼の（四番目の）妻ジェイダはボーイングの五〇〇〇万ドルの新型ビジネスジェット機に乗って世界中を旅した。機内には、クイーンサイズベッドのある主寝室、金色でコーディネートされた二つのトイレとシャワー、それにオフィス、ソファーが並んだラウンジがあり、一列に並んだ革製のアームチェアの前には四二インチの液晶テレビが設置されていた。

一九九六年、コンディットとウェルチは容易に改造できる737を世界最大の大きさを持つ最も豪華なビジネスジェット機にすることを思いつき、ニーズがあると確信した。二人の会社（ボーイングとGE）は機体の製造とマーケティングのパートナーシップを結び、組み立てラインを出た最初の二機はこの二社が購入した。中東の王族などの富裕層が顧客になったこのビジネス機は一〇〇機以上が生産された。ボーイングの役員の何人かは、伝統的に控えめな企業イメージを持つボーイングがいつの間にか派手な振る舞いを好むようになったとして、このような行動を陰で非難した。

二〇〇〇年七月、コンディットが搭乗するボーイング・ビジネスジェットがロンドン近郊で開かれていた航空ショーに到着した際の報道発表からは、ボーイングはもはや庶民の旅に重きを置いていないこ

(©Wikimedia Commons)

(©Wikimedia Commons)

ボーイング・ビジネスジェット（BBJ）と豪華なインテリア。

とが明らかだった。「ＢＢＪに搭乗することで、当社の経営陣は機内で食事、睡眠、仕事を済ませ、娯楽も楽しんでいます。世界のどこにいようとも、ＢＢＪに搭乗すれば、ホテルのチェックインやチェックアウト、レストランへの移動、混雑する空港ターミナルでの煩雑な手続きから解放されます」と発表には記されていた。

ＢＢＪに搭載された節水を可能にするアクアジェットシャワーを二五万ドルで開発したパートナー企業の中にも驚きに値する人がいた。シャワーを開発したのはノウレッジ・トレーニングＬＬＣというスタートアップ企業で、公開されている唯一の役員はコンディットの友人で、彼の妻であるジェイダのかつての夫であるグランヴィル・フレーザーだった。フレーザーは一九九七年三月にボーイングを引退しており、引退パーティーの最後に「残念なのは会社を譲れる妻が一人しかいないことです」と冗談を交えて挨拶をした（コンディットと三人目の妻は一九九七年一月に別居し、翌年一二月に離婚が成立した）。フレーザーが多くのボーイング株を手にして引退したのは彼がコンディットの私生活を知っていたせいではないかと一部で噂された。「フレーザーの退職金は高額でした」とコンディットに近いかつてのマネージャーは語る。「フィルはグラニー（グランヴィル）が多くの厄介ごとに精通していることを知っていたのです」

「すべての報酬はすべて私の能力に対して支払われたものであり、誰から何も受け取ってはいない」とフレーザーは噂を否定した。シャワー事業に関しては社内に批判的な声が上がり、やがて静かに撤退が決まった。

シアトルからシカゴへ本社移転

二〇〇〇年夏の終わり、帰宅したコンディットは、妻のジェイダに「基本的に戦略的な理由から本社を移転しなければならない」と打ち明けた（コンディットの話は年々重苦しいものとなり、「基本的に」や「解決法は」などの表現が頻繁に使われるようになった）。

商業機のほかに宇宙・防衛など不規則に拡大した事業をいかにしてコントロールするかを相談するため、コンディットはコンサルティング会社マッキンゼーのテッド・ホールと契約した。壮大な計画を好むコンディットにすれば、このような話し合いは楽しいものであったに違いない。多角化されたGEがその本社を各事業部から離れたコネチカット州フェアフィールドに構えていることはよく知られていた。ホールとの話し合いが進むにつれて、コンディットはGEと同じような組織体系が必要だと確信した。「本社は市場の変化や、市場の中の正しい立ち位置、適切な人材の開発や給与体系など、長期的な計画を立てる場所であり、これらの業務は飛行機のようなものの設計とは大きく異なる」とコンディットはのちにこの時のことを語っている。「日々の業務に深く関わり過ぎると、戦略がおざなりになる。この問題をどう解決するか?」

二〇〇一年三月二一日、コンディットは本社をシカゴ、ダラス・フォートワース、デンバーのうちのどれかに移転すると発表し、ビル・ボーイングが木製水上機を製造したシアトルは言葉を失った。声明文には「スリム化された会社の心臓部は、より投資家の価値に焦点を当てます」と書かれていた。本社移転の情報は固く守られ、シアトル市長ポール・シェルにも知らされなかった。「ジョン、なぜ電話をくれなかったんだ?」。シアトル市長はコンディット直属の部下に嘆いた。コンディットはワシントンにあるロナルド・レーガン記念ビル&国際貿易センターでマスコミの前に姿を現した。

それまでのボーイングのリーダーは自社機に精通していることを誇りにしていた。彼らはまさしく「飛行機のようなものの設計」に深く関わっていたのである。CEOの座をめぐるレースで、コンディットが競り勝った相手はジム・ジョンソンで、ジョンソンは毎回違う製造ラインの社員と話せるよう、毎夜異なるドアから工場を出ることを心がけていた。組立工は週に一度ランチに招かれ、上司に気兼ねすることなくジョンソンと会話していた（ジョンソンはコンディットが次期社長になると発表された一九九三年にボーイングを去っている）。

コンディットは湖畔の家、ハウスボート、森の中の邸宅、会社が契約していたフォーシーズンズホテルのスイートルームなどで二転三転した結婚生活を送り、過去との決別には慣れていた。醜い論争を招いたマグドネル・ダグラスとの合併が行なわれている時、コンディットが騒ぎを嫌うことを知っていたシアトルの本社の役員は「フィルはどこにいる？」と尋ねることを日々控えていた。コンディットは一年のうち七〇日を旅先で過ごしており、主な出張先はワシントンＤＣや豪華なトレーニングセンターのあるセントルイスだった。（やがて事業に影を落とすことにつながる）本社の中央部への移転は出張を楽なものにし、「国際的な視点で機会を捉えることを可能にする」とコンディットは記者に語った。しかし、結局のところ、本社移転は衝突を回避し、劇的な成功がなくともボーイングの再生は可能であるとの目論みが投資家に否定されるかもしれないというコンディットの不安の産物であった。「商業機のそばにいる限り、私たちの視点は商業機メーカーとしてのものに限定されてしまう」とコンディットは語った。

（約二〇年後、もう一つのシアトルの巨大企業アマゾンがファンファーレとともに発表し、論争を巻き起こしたように）候補となった各都市がしのぎを削ったこの光景は、ボーイングがまだ強気でいた証拠である。各都市からの数千万ドルの法人税減免の約束を引き出した七週間後、コンディットは社用機に乗り込み、パイロットに三つのフライトプランを出させ、最後に「シカゴに行く」と告げた。

発射直後のスペースシャトル「チャレンジャー」の爆発につながったOリングを製造し、負のイメージがついたモートン・サイオコール社の社名がかつてのビル名であったシカゴ川の岸辺にある三六階建てのビルにボーイングは入居し、ここがグローバル本社になった。埃っぽいシアトルの南の工業地帯から本社を移転させなければ、コンディットのオフィスから737MAXが試験飛行する飛行場を望むことができたに違いない。

ボーイングの新しく、「スリム化」された本社には一九世紀の敷物が敷かれ、鷲の彫刻が載ったアンティークなフランスの気圧計、ガラスの王笏《おうしゃく》、摂政時代の金箔の鏡などの古美術品が飾られていた。白い柱がある廊下からエクゼクティブスイートに入ると、オークとマホガニーの床材の上には木製と革製の調度品がならび、植民地時代の大邸宅の一室を思わせた（訳注：ボーイングは二〇二二年五月に本社をバージニア州アーリントンへ再度移転した）。

技術者集団から営利を追求する企業へ

物理学者であり、スピーアの役員であるスタン・ソッシャーは、ストライキが終わってしばらくしたのち、ボーイングを退職し、エンジニアの組合でフルタイムで働くようになった。ボーイングの指針が株主優先に転じたことを知ってもらうため、ソッシャーはアナリストと対話を続けた。一人のアナリストが、なぜ（777の開発時に行なわれていたような）調整のミーティングに多くのエンジニアが参加するのか尋ね、「私のいる世界では、調整に続く言葉はコストです」と伝えた。もう一人のウォール街のアナリストはコスト削減が過度に行なわれていると語るソッシャーの発言を遮ると、「あなたが言わんとしていることは、あなた方はほかの人と違うということでしょうか？　誰も自分は違うと思いますが、みな同じです。ランニングシューズ、女性ものの下着、ハードディスクドライブ、携帯電話、集積回路など、あらゆる製品は十分な働きをして人の役に立つ。あなた方も同じメーカーではないのですか？」

ソッシャーはしばらく考えてから、「もしあなたの言うことが正しければ、みな幸せになるでしょう。でも私たちが発表した新型機に故障が続いたとしたら、みなが不幸になります」

ボーイングは人と資金を注ぎ込み、問題を潰していくことで成功を収めてきた。一九九四年に出版された『Build to Last』の共著者ジェームス・コリンズは、ボーイングは「勇敢にも危険を顧みることなく大胆に」問題に取り組み、解決法を勝ち取ってきたと述べている。共著者のジェリー・ポラスはタイトルに見合う「ビジョナリーカンパニー（先見性のある企業）」としてボーイングを一八社の独創的な会社のうちの一社として紹介し、マクドネル・ダグラスはその他の保守的な会社に分類されていた。しかし、二〇〇〇年に『フォーチュン』がコリンズをインタビューした時点で彼は考えを変えていた。「これは逆の買収です。マクドネルの体質がボーイングに浸透しています。ボーイングは平凡な会社になるでしょう。今までのボーイングには優秀な点がありました。彼らは技術者の集団であり、営利を追求する企業ではなかったのです。その使命を忘れたら、ボーイングも平凡な会社になるでしょう」

組合の新しい使命は株主から資金を奪い返すことであり、会社と手を取り合って新製品の開発に臨むことなどはできなくなったとソッシャーは考えるようになった。工場の売却とともに、ボーイングは良い条件を得ようと脆弱な小規模の下請けから利益を搾取するだろう。税金の支払いを免れようと都市を競わせるに違いない。従業員は年金と福利厚生を犠牲にするよう求められる。政府に対する影響力を強め、防衛装備品を受注し、予期せぬ規制には反対する。黒幕の後ろからミステリアスなオズ（魔法使い）がステークホルダー（利害関係者）を揺さぶり、将来を不透明にしようと大きな声で命令する……これがソッシャーの言わんとすることだった。

「我々はナンバー・ツーだ」

大きな試みである787ドリームライナーの開発へとつながった社運をかけた意思決定の場で、ボーイングの魂をめぐる戦いが大きく再燃した。

当初、航空事業部責任者のムラーリーは音速に近い速度で巡航し、飛行時間を最大二〇パーセント短縮できる未来機「ソニッククルーザー」を提案していた。本社の移転からまもない時期であったため、この構想はボーイングの過去の遺物としてとらえられた。エアバスでさえもソニッククルーザーを「紙飛行機」であると言って相手にしなかった（胴体前部の客室には窓がなかったなど、最初のスケッチは最後の仕上げがされたかどうかも怪しかった）。

本社の移転が完了してから一週間後、9・11同時多発テロ事件が発生し、航空機に搭乗する乗客の数は大きく減少した。ムラーリーが率いる商業機部門は、従業員の三分の一を削減しなければならなかった。その一方で、説得力のある話しぶりをするニューヨーカー、ジョン・リーヒーが率いるエアバスのセールスチームは陣地拡大の手を休めなかった。短距離走の使役馬として737を活用し、発展を遂げたサウスウエストをモデルにして急成長を続けてきたジェットブルー航空やイジージェットのようなLCCも、エアバスA320を選択して独自路線を歩んだことから、ボーイングは大きな痛手を受けた。ヨーロッパの航空機メーカー、エアバスは二〇〇三年に三〇五機を販売し、二八一機の販売にとどまったボーイングを追い抜いて、初めて世界最大の商業機メーカーに躍り出た。「我々はナンバー・ツーだ。忘れるな」。ムラーリーは集まった部下に発破をかけた。

ボーイングはムラーリーが提案したソニッククルーザーではなく、より一般的なモデルの開発に力を入れることになった。787ドリームライナーは在来機より早く飛行するわけではないが、軽量で強度のある炭素繊維をフレームに使用するなどの先進技術を巧みに採用して、大幅な経済性の向上を実現しようとしていた。

当時、ボーイングが商業機事業を継続するかどうかは不透明で、防衛装備品がボーイングの中心になりつつあった。二〇〇三年、世界各国に販売した戦闘機、ミサイル、その他の武器の売り上げは、四九〇億ドルの収入のうちの半分以上を占めていた。「ボーイングはマクドネル・ダグラスがたどった道を歩もうとしているのではないか」とメリルリンチの航空宇宙アナリストのバイロン・カランは『ウォールストリートジャーナル』で疑問を呈している。「浅はかなことにダグラスはリスクを嫌い、市場で確固たる地位を失いました」

ボーイングの製造ラインで働く機械工で構成された国際機械工組合は、二〇〇三年に合併の取り消しと商業機事業の売却を行なった際のメリットを調査するようメリルリンチに依頼している。アナリストにより、当時の株価三五ドルのうち、商業機事業は三ドル以下の価値しかないことが判明した（コンディットの「五を五で」のスローガンは棚上げされてから長い月日が過ぎていた）。組合はプライベートエクイティ（PE：未公開企業を対象とした投資ファンド）グループとともに商業機事業の売却先を探したが、目立つことなく提案は拒まれた。

７８７開発コストの大幅削減

二〇〇二年六月、ストーンサイファーは恵まれた条件を手にして、六五歳の定年を迎えたが、ジョン・マクドネルとともに取締役会において影響力を保持した。ビリヤードルーム、ロビーに備え付けられたボールドウィン社製のグランドピアノ、川沿いの散歩道など、まるで豪華なビジネスホテルのようになったセントルイス郊外のリーダーシップセンターにもストーンサイファーの功績は残されていた。ダイニングルームの名前も彼の名誉を讃えて「ハリーズ・プレイス」であった。

リーダーシップセンターは一〇年前にダグラス従業員の雇用継続を左右した「ディスカバリー」プログラムと同様の教育を実施する再教育機関としての役割を担っていた。何千人もの幹部が二週間の教育コースを受講し、事業の経営を模したロールプレイングが教育のハイライトであった。かつては穏やかなボイド・ギバン財務部長が設計に妥協が生じないよう、財務データを第一線のエンジニアの目から遠ざけていたが、それは昔話であった。ボーイングは、ジャック・ウェルチやハリー・ストーンサイファーのように冷静な目でデータを見ることを社員に求める会社になっていた。「(トレーニングプログラムを修了したエンジニアは)学習したことを現場で活用できると考えられていましたが、その後どうなったかはまではわかりません」とクロトンビルで副校長を務め、ボーイングの教育担当副社長になったスティーブ・マーサーは語っている。

ストーンサイファーの右腕マイケル・シアーズはゲストスピーカーとしてこの社内教育機関をたびたび訪れた。いまだに最高財務責任者であったが、コンディットが率いる会長室の一員となり、次期CEOへの階段を登っていた。セントルイスで育ち、パデュー大学で電気工学を学んだシアーズは、マクドネル・ダグラスでF/A-18スーパーホーネットの経費削減のプロセスを記録するシステムを開発して頭角を現した(「機能的であり、細部まで手が込んでいる」とシアーズの元上司はこのシステムを評価している)。

シアーズは「ボーイスカウト」ではなかった。シアーズの会話は短く、ストーンサイファーと同様、醒めた目で製品を見ていたと、ともに働いた人は語っている。シアーズは自身を「数字の男」であり、「飛行機狂い」ではないと分析していた。

787ドリームライナーの話になると、ストーンサイファーとジョン・マクドネルは予算を厳しく精査するよう求め、取締役会の同僚に新型機の開発コストは大成功を収めた前身機777の開発に要した費用の四〇パーセント以下にしなければならないと語っている。さらに二人は組み立てコストを777

の製造において発生した費用の六〇パーセント以下に抑えたいと考えていた。

777が市場に登場して約一〇年が過ぎていたことを考えると、これらの目標はあまりに極端で達成困難であった。唯一要求を満たせる方法はマクドネル・ダグラスが行なったように、デメリットを承知の上で機体の一部を外注することであった。

ソニッククルーザーのように魔術的なマーケティングをしようと、ボーイングは初めて「飛行機に名前を付けよう」というコンテストを開催し、その名称を二〇〇三年六月のパリ航空ショーで発表することにした。オンラインで投票を募り、イーラーナー、グローバルクルーザー、ストラトクライマーなどの名称が集まったが、ドリームライナーが最優秀賞に選ばれた。二年間で三万五〇〇〇人が解雇され、外注をめぐる衝突が繰り返されたことから、社員もいくつかの名前を考えた。メールで交わされた名称には、ボトムライナー（最下位、陰部の意味も持つ）、グローバルスヌーザー（国をまたいでの居眠り）、プラントクロザー（工場の閉鎖）、そしてエンド・オブ・ザ・ライナー（我慢の限界）があった。

南カリフォルニアのボーイングファントムワークスユニットの特別研究員がリーダーシップセンターで発表した論文を反体制派は入手し、この論文が二〇〇一年二月からイントラネットをピンボールのように駆け回ることになった。六〇歳の著者ジョン・ハート＝スミスはこの論文に「利益のアウトソーシング―成功する外注の基本」という題をつけていた。一五ページにわたり、ぎっしりと書かれた論文で、ハート＝スミスはDC‐10の製造において、ダグラスは外注を進め、サプライヤーは利益を得たが、会社は脆弱化したことを自身の経験をもとに解説し、安易に外注してはならないと論文は警告していた。

設計の様式はより正確なものでなくてはならず、書き漏れがあると、弁護士が絡む高価な言い争いになる。製品の仕様が正しいかどうかの確認は誰もが想像しなかった間接費となり、莫大な間接費は発注元の効率を発注先よりも低いものにする。このような負のサイクルはさらなる有害な結果をもたらす。

RONAという財務上のゴールを達成するために資産を売却しても、それは解決にはならないとハート＝スミスは論じる。望ましい行動とは「同じ機械と人員を用いて、新しい製品の開発を行ない、生産を黒字化する」ことである。「この所見は著者のものであり、経営陣によるものではない」とあとがきに記し、「解答を求められたとしても、この明らかな経営方針は必ずしも著者が経営陣に推奨するものではない」と注意を促している。

次期CEO候補の失脚

新製品の将来をめぐる論争は、ストーンサイファーの右腕であるマイケル・シアーズがコックピットで講義をした二〇〇三年初めになっても終わりが見えなかった。コンディットの後任になるため、履歴書に磨きをかけ、ワイリー・パブリッシングから出版する予定の『激動の時代を生き抜く――変化する時代に成功するマネージャーの新しい姿』も執筆していたシアーズは、集まったマネージャーに対し、社内に倫理上の論争を生じさせてはならないと発言した。参加者はなにか不穏当なことについて言及があるのかと身を乗り出し、ダーリーン・ドルヤンの採用に関して説明して欲しいとある幹部が手を挙げた。

米空軍史上、最も有力な調達担当次官であったドルヤンをボーイングは採用し、ミサイル事業部の副部長に任命した。ボーイングは二三〇億ドルをかけた空中給油機一〇〇機の受注をめぐる数年間の戦いで深手を負い、二〇〇一年に景気が後退したことから、この契約が会社の生命線になっていた。ジョン・マケイン上院議員を含む反対派は、ドルヤンの採用は隠された緊急救済措置にほかならず、この天下りはまるで「回転扉《リボルビングドア》」のようだと批判した。ドルヤンは一九九〇年代にマクドネル・ダグラスへの支払いを急ぎ行ない、同社の存続に多大な貢献したことから、自らをC‐17のゴッドマザーと称していた時期があった。ロングビーチ工場にも「ありがとう、ミセス・ドルヤン」と書かれた大きな垂れ幕が掲げられていた。

その日、シアーズはドルヤンの採用に関する質問をまともに取り合わなかったが、夏になるとマクドネル・ダグラスから引き継いだ防衛装備品の取り引きが一線を越えたものであることが明らかになり、汚職・腐敗の様相を呈してきた。最初はロケット発射事業で不釣り合いなシェアを得ようと、競合他社であるロッキード・マーティンが権利を持つ数千ページにわたる書類をマクドネル・ダグラスの役員が盗用し、受注につなげたことが明らかになった。七月に空軍はボーイングと結んだ一〇億ドルの契約を取り消し、政府による刑事捜査が行なわれているあいだは新規の契約を結ばないと発表した。「私は勝つために採用された……勝つためなら、何でもした」。調査に携わった国防総省の捜査官にかつてのマクドネル・ダグラスの役員はそう答えている。

一一月になると国防総省は空中給油機の契約に関する捜査に本腰を入れた。シアーズとドルヤンが一年前にオーランドで密会し、この時にドルヤンのボーイング入社が話し合われたことが明らかになった。シアーズはドルヤンがいまだに空中給油機に関する交渉に公式に参加する立場であることをそこで知った。シアーズはコンディットを含む会長室の同僚にこの「公にできない会合」についてメールを送り、続いて彼女には年間二五万ドルの給与と五万ドルのボーナス、さらには重要な局面では四万ドルの支払いが適当だと提案した。

やがてドルヤンはボーイングからの調達を意図的に優先したと捜査官に自白した。シアーズの手により採用されたドルヤンの娘と義理の息子が二〇〇〇年からボーイングで働いていたことも明らかになった。ドルヤンの娘夫婦は解雇され、背任の有罪判決を受けたシアーズとドルヤンは収監された。ワイリー・パブリッシングはシアーズの著書を処分した。

ボーイング史上初めて主翼の開発を他社に委託

このスキャンダルの結果、取締役を遠くから操ることに満足していたコンディットはついにCEOの座を失った。コンディットは「昨年の混乱と論争が過去のもの」になることを願うと述べて、二〇〇三年一二月一日に辞任した。社外の人間を驚かせたのは、昨年に定年退職したはずのストーンサイファーが現役に復帰して、コンディットの後任になったことであった。古くからのボーイング社員の目には、マクドネル・ダグラスによるボーイングの乗っ取りが完了したかのように映った。

二週間後、『ビジネスウィーク』がコンディットの退任はきれいごとではなかったことをすっぱ抜いた。コンディットは、目標が未達に終わった原因は戦略面の失策であると取締役会が圧力をかけるまで退職する気はなかったのである。取締役の何人かはコンディットの女性関係に問題があると指摘した。かつてのカスタマーリレーションズのマネージャー、ラヴァーン・ホーソーンがコンディットとの関係の終わりとともに違法解雇され、のちに慰謝料を受け取ったことが暴露された。同誌の記事にしては扇情的に「ホーソーンはただちにコンディットのオフィスに行き、彼がした約束を口にし、しっかりと目を見て『この部屋にいる二人のうち一人だけがきんたま（訳者注：度胸という意味も持つ）があるわ。それはあなたじゃないことは確かね』と話した」と書いている。

確かにストーンサイファーには女性関係の問題はなかった。ストーンサイファーは「問題はボーイングがトラブルに見舞われ、その解決法に精通している人物が介入する必要がある。それが私だ」と記者に語っている。

二〇〇四年四月、ストーンサイファーの商業機事業に対する方針に疑問を持っていた人は驚きの声を上げた。全日空が787ドリームライナーを六〇億ドルの価格で発注し、取締役会がプロジェクトの開始を許可したからである。しかしながら、現役復帰したCEOは資金の投入を厳しく制限したため、プロジェクトは最初から重荷を背負うことになった。ドリームライナーの開発費用は、777の半分以下の五八億ドルに抑えることができるとボーイングの社内アナリストは見積もった。ボーイングの歴史上初めて主翼の開発も他社、三菱重工業に委ねられた。

(©Wikimedia Commons)

全日空のB787ドリームライナー初号機（JA801A）

コスト削減に力を入れ過ぎていると主張する人に対し、ストーンサイファーは敵意のある答えをいつもした。「ボーイングの社風を私が変えたという人がいるのであれば、それは意図的なものであり、ボーイングは高度な技術を有する企業ではなく営利企業にその姿を変えなければならない」とストーンサイファーは『シカゴ・トリビューン』に語っている。「当社は技術を誇りにする偉大な企業かもしれません。しかし、人々は収益を求めて会社に投資するのです」

モーガンスタンリーのハイジ・ウッドによる見積りでは、ドリームライナーの開発が本格化した二〇〇五年においても、ボーイングの研究開発予算は商業機事業の売上げの四・八パーセントに抑えられていた。この値はエアバスの同じ予算の半分をやや上回るに過ぎない。ストーンサイファーは大規模な部品製造事業を売却し、これには七二〇〇人が雇用され、七五年にもわたりボーイングを支えてきたウィチタ工場も対象になった（訳者注：この時分社化したスピリット・エアロシステムズ社をボーイングは二〇二四年に買収すると発表した）。RONAの値は向上したかもしれないが、業務は困難なものとなった。急に部品が必要になった時や、プロセスの改善を思いついたとしても、同僚に電話をかければ済むことではなくなり、弁護士や購入担当役員、人事担当社員などとの交渉が必要になった。これはまさにハート＝スミスが論文で警告した間接費にほかならなかった。

その一方、ムラーリーは依然として陽気な姿をしているように公の場では見えたが、彼がシアトルのジェファーソンパークにあるゴルフの練習場で、ゴルフボールを打ち、現実を逃避している姿を数人の役員が頻繁に目にするようになった。ある日、ムラーリーは駐車場で同僚にこう語ったと言われる。「古き良き日は、取締役会にX額の予算を求めるとY額ではどうかと逆提案され、予算額は交渉の結果次第だった。そうやって我々は新型機を開発した。それがいまじゃどうだ、取締役会に行くと『予算はこうだが、これだけ削減する。残りを受け取れ。失敗は許さない』と言われる」

売却された「悪巧みの部屋」

効率化の犠牲になったものの一つはレントンにあるビルで、そこには機内をよく見せるための実物大のモックアップがあった。営業社員はこのビルを「悪巧みの部屋」と冗談交じりに呼んでいた。なぜなら、ここはエアバスが不利になるように作られていたからである。モクアップの中には白い線で描かれた内壁があり、A340の客室は777より狭いことなどエアバス機の短所が強調されていた。

一九九〇年代のある日、実物の座席が設置され、ベニア板とプラスチックで作られたモックアップの中に、ムラーリーの手でブリティッシュエアウェイズ会長のキング男爵が案内された。ムラーリーは肩と腕に手をかけて男爵を席に着かせ、Ａ３４０の頭上荷物棚は低く、席から立つ時は低くかがまなければならないと伝えた。エコノミークラスの客室に行くと、男爵は並んだ座席に目をやり「ほう、ここに乗客は座るのかね」と驚きの言葉を素直に口にした。

モックアップが設置されていたビルは売却されることになった。何度となく顧客をモックアップに案内した白髪のクラウス・ブロイアー販売担当役員は会う人ごとにモックアップの処分は失策になると話した。営業の社員は同情したものの、「本社に続く道を進む社員は例外であった」とブロイアーは語る。数字の奴隷になった社員にしてみれば、多くの時間、誰もいない部屋などは処分したくてたまらなかったに違いない。ブロイアーはボーイング機の機内デザインアドバイザーのティーグ社の副社長ケン・ダウドにモックアップが処分されることを打ち明けた。

ブロイアーの話を聞いたダウドは、ボーイングからモックアップを購入するべきだとティーグの同僚を説得した。ボーイングがモックアップを使用したければ、有償で提供すればいい。小さな会社にとって、このような設備投資は異例であったが、ボーイングの数字を管理する部署に譲渡を申し入れたところ快諾された。

モックアップは解体され、いつも「売り切り」と派手な看板を掲げている小売店が連なるウエスト・バレー・ハイウェイ沿いにある家具店の後ろの倉庫に運び込まれた。世界で最も革新的な現代機になることが約束された機内のモックアップを見学する顧客の第一印象は延々と続く面白味のない郊外の街並みだった。「私に言わせれば、ボーイングは呆れるほど先見の明がなかった」とブロイアーは語る。

ある日曜日、新型機の説明を聞くために、中東の役人の一群がボーイングフィールドに到着した。列を成したリムジンを連邦法執行官が家具店の横の駐車場まで先導した。家具店の外には宣伝のために、シルクハットをかぶり、葉巻を手にした巨大なゴリラのバルーンがあり、このゴリラが彼らの頭上でバタバタと音を立てていた。ブロイアーはバルーンを撃ち落とすよう連邦法執行官に頼んだ。

女性問題で失脚

CEOに就任したストーンサイファーの活躍した期間は誰の予想よりも短かった。二〇〇五年一月、パルムデザートのホテルで開かれたマネジメント研修会のカクテルパーティーの席で、在ワシントン政府担当事務所に勤務する四八歳の役員デブラ・ピーボディとストーンサイファーが熱く、しっかりとしたハグを長々と交わした。二人の親密な様子は誰の目にも明らかだった。みんなに嫌われている者の秘密はすぐに公になる。二人のメールが取締役会へと転送され、二〇〇五年三月、ストーンサイファーは解雇された。五〇年連れ添った妻ジョアン・ストーンサイファーは腕利きの弁護士を雇い、数日以内に離婚の手続きを開始した。

ボーイングに長く勤めている社員は、ふたたび彼らの一員であるムラーリーがCEOになることを夢見た。社員はつねにムラーリーを望んでいた。一九九〇年代、ボーイングの工場を結んでいたシャトルバスのドライバーは、すべての社員がまたムラーリーの時代がやって来ると小声で話していたのを耳にしている。

（©Wikimedia Commons）

ジム・マックナーニ。2005年から15年にかけてCEO。経営戦略は迷走する一方で、自社株の買い戻しと配当に資金を投入する。

ムラーリーはCEOの座を求める働きかけを公に行なったことはなかったが、もう一人の生え抜きのCEO候補、（のちに商業機事業部長に転じる）防衛事業部長のジム・オールバーの登場を求める無神経な動きには辟易していた。空中給油機の導入を働きかけるなどして影響力のあるワシントン州選出のノーム・ディックス下院議員は少なくとも二人の親しい取締役とともに、オールバーを選出するよう画策した。「オールバーのチームはシカゴのオフィスのカーテンの大きさを測っているようだ。私たちはそんなことはしない」。ある時ムラーリーはオールバーについてそう語っている。

予想に反して、二人ともCEOになるチャンスを逃した。取締役会が選んだのはジャック・ウェルチの腹心、当時スリーエム（3M：化学・電気素材メーカー）の経営にあたっていたジェームス（ジム）・マックナーニだった。マックナーニは二〇〇一年からボーイングの社外取締役を務めており、選出に関わった協議に詳しい人物によれば、二〇〇三年にコンディットの後任の選出が検討されていた時も第一候補であったという。この時、非公式に打診を受けたマックナーニは就任を固辞しており、これは3Mにおける任期が三年であり、またボーイングの申し入れを受諾した場合、株式による有利な支払いが受けられなくなることの影響と考えられた。今回、取締役会は入社にあたり必要となるすべてのインセンティブをマックナーニに与えることにした。3Mで失うことになる五二〇〇万ドルを補う包括決定賃金である。これは「ゴールデンハロー」として知られ、経営手腕を発揮する前に報酬を保証することから議論の対象になっている。

「接戦ではありませんでした」。選考を知る元取締役は語る。二人の生え抜き社員の昇進についても十分検討されたが、スキャンダルまみれの会社にとって、マックナーニの採用は成功につながると取締役会は判断した。注目を集めたGEにおけるウェルチの後継者選びで、マックナーニは最終選考に残った三人のうちの一人であり、その時から、マックナーニはアメリカのビジネス界で最も尊敬されているリーダーの一人になっていた。

エグゼクティブを引き抜きするハイドリック&ストラグルズの影響力のあるリクルーター、ゲリー・ロッシュは「マックナーニのようなタイプ」が求められていると語っている。マックナーニが3Mのトップに選出された際、3Mの株価は約二〇パーセントも上昇した。『ビジネスウィーク』は「名前を出すだけで誰もが金持ちになる」と書いた。

ムラーリーがトップの座を逃した理由は、身長一七五センチで、六〇歳になっても少年のような男と評価され、典型的なCEOのタイプではなかったからだと、古くからのボーイング社員は不満を述べた。身長一八八センチのマックナーニはハリウッド映画の俳優のようにハンサムで、ロマンスグレーの髪をしていた。リスクを毛嫌いするボーイングの取締役会にとって、外見も一つの条件であり、株主優先と安定性、そして巨額の資金を必要とする大胆な戦略を追求しない姿勢も重要だった。

かつての取締役は「CEOの外見をし、CEOとして行動できる人はそうはいない。見ただけでNFLのクオーターバックだとわかる人もいる。だが、アラン・ムラーリーはCEOの感じがせず、またその外見でもない。しかし、彼は燃えるような男でエネルギッシュだ。『よし、力を合わせてあの飛行機を作ろう』と声を上げるような男だ」と語る。

ある元幹部社員によれば、取締役会がムラーリーを候補から外したのにはもう一つの理由があった。ムラーリーには三〇年以上連れ添った妻と毎週土曜日に二人きりの夕食をする家庭の男のイメージがあったが、実は彼は女性の部下と不倫をしていたことがあった。このような姿を想像できる人は限られていたが、ストーンサイファーが辞職し、厄介なコンディットの女性関係が暴露されたため、「取締役会は危険を冒すことができなかった。口を閉ざしていられるかが問題だった」という。不倫問題は取締役会の協議で「リスク」と捉えられ、取締役会に詳しい人物は「スコッチとワインを楽しみ、女の子が好きな遊び好きな男がいたことを思い出した。彼が完璧な男であったとしても、このポジションにはマックナーニがふさわしいと私たちは考えた」と語っている（ムラーリーにコメントを求めたが、返事はなかった）。

消えた「エンジニアリングの魂」

ムラーリーはふたたび最高賞を逃し、新しいボスが登場したことで、古手の社員は地団駄を踏むことになった。一年もたたないうちに、マックナーニのチームはGEで彼が行なった「ランク・アンド・ヤンク」（業績の劣る社員を毎年一〇パーセント解雇する経営手法）をマネージャーを対象にして強行した。ムラーリーは抵抗した。「素晴らしいチームを立ち上げ、成績も文句ない。一体全体、なぜ毎年一〇パーセントの社員が追放されなければならないのか」と二〇〇六年に行なわれたある会議でムラーリーは参加者に問いかけている。

ある下請けが木のスツールを高温の試験室に置き忘れ、大切な787ドリームライナーの試作部品が焼失してしまったことを部下のマイク・ベアーがムラーリーに報告した。「キャンプファイヤーをしたとでも思えばいいじゃないか？」。ムラーリーに心酔していたベアーも情熱を失い、報告はひとごとかのように冷淡であった。また、あるミーティングでベアーはムラーリーを含む多くのマネージャーにシステムの開発の進捗を色で表す報告をした。あるチャートはほぼすべてのシステムが緑で、二つのシステムが黄色だった。新型機の産みの苦しみを知る者にとって、すべてが順調であることは、すべてが赤であると同様に悪い知らせだった。どこに問題があるか素直に知らせろと、ムラーリーが怒鳴り出すのを数人のマネージャーが待っていた。しかしムラーリーは言葉を発しなかった。もうどうでもよかったのである。

二〇〇六年九月、ウィリアム・フォード・ジュニアは、ムラーリーが後継者となり、フォードモーターカンパニーの指揮をとると発表した。一族ではない男が象徴的な自動車メーカーの経営にあたることは同社史上初めてであった。発表の翌日、引っ越し業者がムラーリーのオフィスとフレーム入りの雑誌記事と記念品で飾られた会議室から私物を運び出した。低層階の無機質な部屋から始まった三七年にわたるキャリアにムラーリーは終止符を打った。そして、その言葉を体現した男がだれであったか、悲しいほど明らかであった「ワーキング・トゥゲザー」の横幕が廊下の壁から降ろされた。

ムラーリーがボーイングのエンジニアリングの魂であったと考える人にはつらい光景だった。「理想が潰えました」。ムラーリーの部下はそう語った。「もうワーキング・トゥゲザーなど考えても意味がないでしょう。何と言えばいいのか、株主優先でしょうか」

この年の一一月、787ドリームライナーの組み立てに際して作成された複雑な組織図の片隅に記載されているアリゾナ州ツーソンのセキュラプレーンテクノロジーズ社の技術者マイケル・リオンが新型機に搭載予定の二三キロのリチウムイオンバッテリーの一つと格闘していた。もし外部の人間がセキュラプレーンの製造スケジュールを知っていたら、ボーイングが約束した予定表に疑問を持ったはずだ。この下請け業者は七年かけてドリームライナーに搭載されるリチウムイオンバッテリーの開発を行なう予定であったが、最終試験の実施日はドリームライナーが就役する三年以上あとの二〇一〇年もしくは二〇一一年であった。従業員の出入りが激しく、多くの異動も行なわれていた当時のセキュラプレーンは日本で設計されたバッテリーをフランスに送り、フランス企業がボーイングにバッテリーを納入することになっていた。

リオンは不安を上司に訴えたが、試験の実施を命じられ、試験の最中にバッテリーが発火・爆発した。リオンともう一人の社員が消火器を使って消し止めようとしたが、あまりの熱さに耐えことができず、後退りした。消防車が到着した時、室温は六五〇度になっていた。亜鉛引きの鉄板でできた屋根が崩落した。建物は全損だった。燃え盛る炎に目を向けようとした人がいたのであれば、ボーイングの戦略もこのバッテリーとともに燃え尽きたことに気づいたはずだ。

第6章　コスト削減と737MAX

生まれながらのリーダー

ウォルター・ジェームス（ジム）・マックナーニ・ジュニアは典型的な二〇世紀のCEOだった。彫刻のような顎、半ば閉じた瞳、厳しい顔つきからは、人々は注意深く獲物を探す鷹を思い浮かべた。上流階級が住むシカゴの近郊ウィネトカにあるニューティアー町立高校でホッケーチームのセンターを務め、イエール大学では辣腕投手であった彼はCEOになっても学生時代に対戦相手に見せた姿と同じ姿をしていた（ジムはその場を任されることを好んだと三人いる弟の一人であったピーター・マックナーニは語る）。

イエール大学に在籍中、ジムは国内では最古の友愛会の一つであるデルタ・カッパ・エプシロンに入会し、ジョージ・W・ブッシュの手ほどきを受けた。

リーダーシップはジムの身体に脈々と流れる血であったと言ってもいい。ジムの父ウォルター・ジェームス・マックナーニ・シニアはアメリカの大手保険会社ブルークロスを経営しており、一九六五年に制定された高齢者向け公的医療保険制度メディケアの初期からの支持者であった。マックナーニ・シニアはリチャード・ニクソン大統領の医療政策に関するアドバイザーでもあり、貧困層も対象にしたメディケイドの改革を一九七〇年に提言したタスクフォースもマックナーニ・シニアが率いた。「富める社会において、医療サービスに手が届かない人が多数いることは恥ずべき問題で、容認することはできない」。マックナーニ・タスクフォースは報告書でこう述べている。「すべての市民が合理的なヘルスケアを受けられるように、国民は一丸となってさらなる支出に向けた準備を進めなくてはならない」

一九八〇年代にレーガン政権が「政府は解決をもたらすものではなく、むしろ政府こそが問題となっている」と説いていた時に、医療行為の提供とその価格を保険会社が仲介する管理型医療システムの道筋をつけたのも高齢のマックナーニだった。マックナーニ・シニアはノースウェスタン大学のケロッグ経営大学院で医療政策の講座を引き受け、学生を魅了したのちに引退した。「血の滲むような努力、際立った才能、そして献身的な働きがあったからこそ、弱く、困窮している人々が医療保険を手にすることができた」と『モダン・ヘルスケア』はウォルター・マックナーニについて書いている。

家庭ではウォルターとヴァッサー大学を出た妻のシャリーは、四人の息子と一人の娘の優秀な子どもたちを育てた。昨今の問題について議論するように奨励されていた子どもたちは夕食に訪れたウォルターの同僚とも意見を交換した。偉業に取り組み、尊敬を得るためには「何をしようとも、やり遂げる」強い意志が必要だとジムは父から教わった。裕福な家庭で育てられた若者の冒険として、ミシガン湖でセーリングのコーチを務め、またコロラド州の牧場でもひと働きしたのちにジムはロンドンで保険関係の仕事に就いた。ハーバード大のビジネススクールに通って経営の修士号を取り、一九七五年にプロクター&ギャンブル（P&G）のブランドマネージャーになった。三年後、マッキンゼーのマネジメントコンサルタントになり、しばらくそこで働いたのち、一九八二年にジョン・フランシス・ウェルチ（ジャック・ウェルチ）という精力家がCEOになって約一年が過ぎていたGEに入社した。

レーガン大統領の規制緩和

『フォーチュン』が初めて「ダウンサイジング」という言葉を使ったこの年、硬直化し、変化に追いつけない官僚的な社員を上品なイギリス人レジナルド・ジョーンズから受け継いだウェルチはただちに大きく舵をきった。「周りにいる人をよく見ろ」。ウェルチは一九八一年にGEの経営企画会議で発破をかけた。「もう目にすることはない」（十数人を除き、二〇〇人の経営企画社員は職を失った）。『フォーチュン』に掲載されたクラウゼヴィッツに関する記事のどこかに惹かれたのだろう、一九八一年一二月にニューヨークのピエールホテルで開かれたウォール街のアナリストとの最初のミーティングで、ウェルチは『戦争論』を記した一九世紀のプロセイン王国の戦略家の影響を色濃く受けたスピーチをした。「戦略とは変わり続ける状況下において、進化する中心的な考えであり、長々としたアクションプランではありません」。アナリストに向けて、ウェルチはクラウゼヴィッツの言葉を引用した。「もしビジネスの場にいなかったとしたら、いまからビジネス界に身を転じようと思いますか?」。

質問を多くすることで知られていたマネジメントの理論家ピーター・ドラッカーの影響もウェルチは受けていた。

ウェルチは地元経済界とも深いつながりのある数百の事業の概略を述べ、すべての事業部は「スリム化され、全世界において販売が可能な製品を低コストで製造」する業界の覇者になるか、あるいは何かしらのはっきりとした強みのある製品を製造しなければならないという考えを披露している。GEは二六期連続で四半期収益を伸ばし、株価は期待を上回っていたが、ウェルチは「我々にはコミットメントがあり、より成長するポテンシャルがある」とアナリストに保証していた。

「低成長経済の中で急成長する」と題したウェルチの講演は「投資家の価値」を向上させる運動の先駆けになったといわれるが、ウェルチ自身がこの言葉を使ったことはない。彼のCEO就任は、クラウゼヴィッツのように大胆な改革を迅速に実施し、経済界と政治に意志と影響力を行使する傲慢なCEOの登場を意味した。

GEは電球、レントゲン機器、ディーゼル・エレクトリック機関車、冷蔵庫など、生活を大きく改善した機器の開発を主導した社会においてきわめて重要なアメリカ企業であった。川沿いの街や工業都市にある工場や研究所で働く人々は自身を家族の一員と考えていた。ウェルチは投資家に人的あるいは政治的なコストがどれだけかかろうとも、尻込みすることなく、従業員削減の厳しい決断を下すと伝えていた。その言葉どおりに社員の四分の一、一一万八〇〇〇人が五年以内に職場を追われた。大規模な人員削減を断行した「ニュートロン（中性子爆弾）ジャック」の登場であった。

（©Wikimedia Commons）

ジャック・ウェルチ。1981 年から 2001 年までGE の CEO。売上高と株価を大幅に向上させた一方でリストラやダウンサイジングを強行し、グループ内の金融部門へ過度の依存が起きた。

規制緩和、税率の引き下げ、貿易や労働政策など各政策の大幅な転換をして、経済界を勢いづかせた元ＧＥの宣伝マンであるロナルド・レーガンが率いる政権の発足と同じタイミングでウェルチは登場した。レーガンは「技術、研究、製造、そして価格で、我々はより満足できる幸せな生活をお届けします」と自社の長所と顧客への感謝を伝えた日曜夜のＣＢＳドラマ『ＧＥ劇場』のホストを一九五〇年代に務めていた。一三〇の工場を訪れ、二五万人の従業員に話しかけたハリウッドのスターとの契約は八年続き、一九六二年に終了した（偶然にもレーガンはこの年に民主党から共和党に鞍替えしている）。映画俳優組合を率いて三回のストライキを主導したレーガンは、一九八〇年に民主党のジミー・カーターを破って初の組合出身の大統領になった。しかし、労組との対決を厭わない強気の姿勢が彼の政権の大きな特徴であることが、政権交代早々に明らかになった。

ウェルチがピエールホテルにおいてファイナンシャルアナリストへ伝えるビジョンの概要を考えてい

た一週間前、ＡＦＬ-ＣＩＯの役員がホワイトハウスを訪れた。レーガン新大統領によってストライキに参加した組合員一万一三四五人が解雇されたことにアメリカで最も強力なホワイトカラー労組であるプロフェッショナル航空管制官労働組合は衝撃を受けていた。連邦法により、基幹産業従業員のストライキは禁じられていたが、一九七〇年に郵便局職員がストライキをした際にリチャード・ニクソンが歩み寄ったように、多くの大統領は対立よりも妥協を選択したが、レーガンが選んだのは正反対の対応だった。

ストライキが始まって四か月が過ぎると、レーガンが勝利者であることがはっきりとした。管理職と非組合員が組合員の職務を代行し、アメリカの空の交通に変化はほとんどなかった。この日、ＡＦＬ-ＣＩＯの指導者は、ストライキに敗れ、平身低頭する航空交通管制官の職場復帰を許して欲しいとレーガンに伝えた。「軍人がストライキをしてもいいとお考えですか？　破っていい法律とそうでない法律があるとお考えですか？」。数日後、レーガンはストライキに参加した管制官がＦＡＡ（連邦航空局）に復帰することを永久に禁じた。

アメリカにおける労働組合加入者数は、一九七九年、ピークの二一〇〇万人に達した。当時ダウンサイジングを進めていた経済界のリーダーを大胆にしたのは、厳しい姿勢をとったレーガンの功績であるとされている（当時の国務省長官であったジョージ・シュルツはソ連の指導者もレーガンの気概に感銘を受けたと述べている）。自由貿易協定も締結されて、関税率は低下し、アメリカ企業が国外において低コストで生産することが可能になった。「理想を言えば、所有している工場のすべてを艀《はしけ》に載せることが望ましい」。ウェルチは当時の状況をそう表現している。

ウェルチの在任中、GEがストライキに苦しめられることは滅多になかったが、だからといってウェルチが融和的な経営者であったわけではなかった。労組加入者が多い部門は早々に売却の対象になった。一九八八年までの目の回る七年間、労組に加入している従業員の割合は七〇パーセントから三五パーセントに低下した。

規制緩和の火の手は連邦政府機関でも上がり、政権の初期にFAAで点検に従事する職員の数が大幅に削減された。減税がアメリカ史上最大規模の一つになったことを受けて、連邦政府の手によって行なわれていた大学の奨学金やメディケイドなどをはじめとする各種プログラムのサービスも大きく低下した。高所得者への所得税率は七〇パーセントから五〇パーセントに下り（のちには三三パーセントになった）、二年間に連邦政府の歳入は九パーセント低下した。

E・F・ハットン投資銀行の元役員が委員長になっていたSEC（米国証券取引委員会）は一九八二年一一月にルール10b-18の適用を開始したが、マスコミがさして関心を払わなかったこのルールがその後長く続くことになる「富の流れ」を作った。このセーフハーバー（特定の状況や条件を満たした場合に違反や罰金の対象にならないとされる行動の範囲）は、その日の取り引きの二五パーセント以内であれば、株価の操作を問われることなく、企業が自社株を市場で購入することを許していた。

マサチューセッツ大学の経済学者ウィリアム・ラゾニックは「自社株の購入が許されるようになった結果、生産性の向上によってもたらされた富は富裕層へと流れ、製造業は金融業に主要産業の地位を明け渡した」とその後の数十年の流れを記している。ラゾニックの計算によれば、一九八一年から八三年のあいだ、アメリカの大企業が自社株買いに費やした資金は純利益の四パーセントに過ぎなかったが、一九九六年には二七パーセントになり、二〇〇六年には四六パーセントになった。二〇一六年には五〇パーセントに達し、耐えがたい富の不均衡が明らかになった。アメリカの都市にはテスラ社の自動車を運転し、豪華なタワーマンションに住み、アボカドトーストに舌鼓を打つ人たちと、路上にテントを張り、寒さに凍える人たちがいる。

問答無用で3Mを改革

ボーイングの新CEOとなったマックナーニの出世街道は、レーガン革命と時を同じくしていた。一九八〇年代初めの入社後、最初の配属先はメリーランド州ロックビルにあったGEインフォーメーションサービスで、ここで出会った若い役員に監査役のデイヴ・カルフーンがいた。与えられた質問にテキパキと答える様子を見て「マックナーニはその場きっての男だ」だという印象をカルフーンに与えた。インフォーメーションサービスは一〇種類の産業を対象に、コンピューターを販売しようとしていた。マックナーニには購入を促す理路整然とした戦略があり、コスト削減を得意としていた。

GEに好ましい印象を持っていなかった『ウォールストリートジャーナル』の記者が、一九九八年に上梓した『At Any Cost（コストは問わない）』によれば、マックナーニが出世の階段を駆け上がり、GEアジアパシフィック社長に栄転した理由は、ウェルチとは戦略を異にする同僚マネージャーの馘首に成功したからであるという。「アジア・太平洋地域における我々の取り組みは意見が異なるようです」。マックナーニは解雇するマネージャーにそう告げた。「我々はビジネスの開拓ではなく、販売を優先したいのです。誠に残念ですが、あなたのポストは削減の対象になりました」

マックナーニを知るリクルーターは、彼はロボットのように堅苦しい人物であったと言う。個性が許されるビジネスディナーの席でも、マックナーニの姿勢は変わらなかった。「GEが彼を駄目にしたのです。GEにはジャック・ウェルチとその他大勢しかいませんでした。B級の選手はA級にいつも尻を叩かれていました」

二〇〇〇年、マックナーニは（かつてストーンサイファーの縄張りであった）シンシナティの航空機エンジン事業部の責任者で、ウェルチの後継者選びで最後まで残った三人のうちの一人となった。「ジャックは異様なまでに私たち三人に実績を求めました。私たちがしたことは事業を率いることだけで、二年間満足に寝ることもできませんでした」とマックナーニは語る。

『フォーチュン』は、ウェルチを「今世紀のベストマネージャー」と呼び、ウェルチは名声を欲しいがままにした。ウェルチが在任した二〇年のあいだにGEの時価総額は一二〇億ドルから四一〇〇億ドルに上昇し、かつてない資金が投資家と彼自身のもとに環流した。一九九四年から二〇〇四年にかけて、GEは自由になる現金のうちの五六パーセント、七五〇億ドルを自社株の購入と配当に費やしている。契約が満了し、ウェルチは四億一七〇〇ドルの退職金を手にしてGEを去ったが、マンハッタンにあるひと月あたり家賃八万ドルのマンションの一室、ニューヨークキックス（プロバスケットボールチーム）のコートサイド席のチケット、カントリークラブの年会費、ボストンレッドソックスとニューヨークヤンキースの特別観客席、そしていつでも乗ることのできるプライベートジェットなどの特権が退職後も継続して与えられた（彼の人物評を『ハーバードビジネスレビュー』に書いていた編集者との浮気が明らかになったことから、二番目の妻から離婚を突きつけられ、その過程でこれらの特権が明らかになった。大きな非難を浴びたウェルチは対価をGEに支払うことに合意した）。

人材の育成に類まれな才能を発揮したとして拍手喝采を浴びていたウェルチは、七一〇万ドルの前払金が支払われ、二〇〇一年に出版された『ジャック・ウェルチ わが経営』で数ページを割いて、自身の手法を披露している。ウェルチとビル・コナティー人事部長は一緒に腰を下ろし、写真と略歴が載った上級役員の人事資料に目を通し、検討の対象になった役員が「最優秀作戦指揮官」であるか「さらなる成長が必要」かを話し合った。顔写真だけで判断する時もあった。「こいつ半分死んでいるぞ！ こんなんじゃ駄目だ」ときつい冗談を飛ばしたこともあった。目標の未達というたった一つの失敗がキャリアの終わりを意味した。「どう考えても、責務の不履行は容認できない」。ウェルチはそう記している。

アル・ゴア候補が大統領選の無効を申立てた二〇〇〇年、サンクスギビングが終わると、ウェルチはプライベートジェットに乗って、凍える夜のシンシナティ空港に到着した。残念な知らせだが、ジェフリー・イメルトを後継者に選んだとウェルチはマックナーニに告げた。冷静さを失わないマックナーニは、大統領選とは異なり、CEOの座をかけたレースにやり直しがあるとは思わなかった。

後継者選びに敗れた数日後、マックナーニは敗者復活戦を制した。ボーイングとの共通点もあり、畏敬の対象となる創業約一世紀の名門企業3Mの会長兼CEOに就任することになり、マックナーニは三四〇〇万ドルの報酬を手にした。マスキングテープ、シンサレート（高機能中綿素材）、ポストイットを生み出したことからわかるように3Mには技術革新を大切にする文化があった。社員は自身の企画に就業時間の一五パーセントを割くことが許され、「3M主義」により社員の独創的な研究に多くの予算が割り当てられていた。よく知られているポストイットは讃美歌の楽句に印をつけたいと思う社員が試行錯誤の末に発明したものである。

問答無用で3Mの改革に着手したマックナーニは、四年以内に当期利益を倍にし、株価は三〇パーセント上昇した。就任した翌年、マックナーニは資本支出を二二パーセント削減し、二〇〇三年になるとさらに一一パーセント減額して、支出を六億七七〇〇万ドルに抑えた。研究開発費は二〇〇一年から〇五年までのあいだ、一〇億ドル強にとどめられた。社員の一一パーセントにあたる八〇〇〇人が解雇され、一時解雇されたのは高齢の高給取りであった。

「統括部長になれるポテンシャルを秘めた三〇代の社員に投資する」という「リーダーシップへの投資のビジョン」がメールで送信され、雇用機会均等委員会はこの方針が差別であると裁判所に提訴した。研究対象はこれまでとは異なるものになり、収益に貢献できるかどうかが厳しく精査された。三二年間研究員として勤務していたにもかかわらず、二〇〇四年に職を失ったスティーブン・ボイド博士は、商業化の可能性、市場規模、製造上の懸念事項をグラフや表を用いて説明する分厚い資料「レッドブック」の提出を研究開始から二か月以内に求められたと『ビジネスウィーク』に語っている。ポストイットを発明したアート・フライも、マックナーニの組織では独創的な開発はできなかったと批判的な立場をとった。「良き社風がどれだけ早く失われたかは驚きに値します」。フライはそう語る。

全米企業第六位のロビー活動

二〇〇五年に3Mを離れ、ボーイングのトップになったマックナーニは不屈かつ躊躇しないリーダーであるという印象を人々に与えた。コンディット前CEOの在任中に飾られていた調度品や美術品の多くは処分された。空軍との疑わしい取り引きを激しく非難していたジョン・マケイン上院議員も、ボーイングが六億一五〇〇万ドルの追徴金を払い、この追徴金を控除対象の経費に計上しなかったことから、マックナーニを認めざるをえなかった。

翌年、マックナーニは、オーランドで開催されたマネージャーの研修会で、ダグラス・ベイン法務部長に二つの数字をスクリーンに表示するよう指示した。「これは郵便番号ではありません」。これらの数字はシアーズとドルヤンの刑務所における称呼番号ですとベインは告げた。そして「ボーイングには沈黙する社風があるのでしょうか? 汚職が行なわれていた時、経営陣は何をしていたのでしょうか? それは一般社員の問題なのか、それともマネージャーの問題なのでしょうか?」という質問を投げかけてベインはプレゼンテーションを終えた。

その答えはすぐに出た。ベインのスピーチの四日後、テキサス州サンアントニオにあるボーイング整備工場のメカニックであるエドワード・キンタナが、何年にもわたりマネージャーがKC‐135空中給油機の整備費用を空軍に過大請求していることを社内弁護士に通報したのである。キンタナは作業時間記録表、作業指示書、偽りの作業をもとに算出された請求額が記載されたメールを弁護士に見せたが、告発は無視された。そこでキンタナはホイッスルブロアー（内部告発者）になり、不正請求防止法にもとづき、詐欺の疑いがあるとしてボーイングを告発した。ボーイングはキンタナを解雇したが、のちに司法省が裁判に加わり、ボーイングは二〇〇万ドルの追徴金を支払った。

マックナーニがCEOになった年、ボーイングは六六人のロビイスト（陳情者）を駆使して、九二〇万ドルを政治圧力に費やしている。五年後、ボーイングは一八一〇万ドルの資金と一四三人のロビイストを投入して、政治圧力を加える企業の全米第六位となった。「かつてワシントンDCには数人の社員しかいなかったが、今や大帝国になった」とかつての役員は驚きを隠せない。スキャンダルで失注したはずの空軍給油機も再受注に成功し、ボーイングは三五〇億ドルを手に入れた。

もう一つの実入りのいい防衛装備品として、デニス・マレンバーグのもとで開発されていた未来戦闘システムが挙げられる。ボーイングはアメリカ陸軍向けに迫撃砲、火砲、戦闘車両、歩兵を統合する情報通信ネットワークの開発業務を請け負っていた。二〇〇五年九月にメリーランド州のアバディーン試験場で行なわれた実弾射撃デモでマレンバーグは「コスト、スケジュール、求められている性能など、すべての条件を満たしています」と記者に語っている。ところが、約二〇〇億ドルがすでに支出されていたにもかかわらず、四年後にロバート・ゲーツ国防長官がこのプログラムを葬り去った。『ディフェンス・ニュース』によれば、これのプログラムはボーイングとパートナーであるSAIC（サイエンス・アプリケーションズ・インターナショナル）で構成された共同企業体が自社を監督する危険性を孕んだ契約であったという。「このプログラムが採用されていれば、陸軍の軍用車テクノロジーはあやうく一世代前のものになるところでした」と戦略国際問題研究所の防衛アナリスト、トッド・ハリソンは語る。

アウトソーシング戦略の失敗

この未来戦闘システムが陸軍に採用されていたら、マックナーニの時代を象徴する新型機787ドリームライナーの開発にともなう経済的損失を補うことができただろう。その革新的技術に惹かれた数十の航空会社が787を発注した。機体の半分はアルミではなくカーボンファイバーで作られ、軽量化に貢献した。カーボンファイバーの採用により、窓は大型化し、客室の気圧はより快適なものになり、飛行中も鼻や喉の乾きにも悩まされることはなくなることが期待された（カーボンファイバーはアルミのように腐食しないため、機内の湿度を高いものにすることができる）。

787は再充電が可能なリチウムイオンバッテリーを搭載し、類を見ない電力の使用がエンジンのブリードエア（抽出空気）を導くためのダクトを不要にし、さらなる軽量化が可能になると見込まれていた。

787開発プログラムを統括するムラーリーの右腕マイク・ベアーは、777が開発された時、細部まで仕様を定めれば、外注自体には問題はないと熱弁を振るった。事実、777の開発時に電気部品メーカーに送られた仕様書は二五〇〇ページにのぼったが、今回の787は違った。マックナーニがかつてないほどの設計のアウトソーシングを承認した結果、ドリームライナーを開発するために必要な同様の書類はわずか二〇ページだった。

アウトソーシングに反対したハート=スミスが論文で取り上げた問題がすぐに明らかになった。エアバスの分析によれば、787の受注に成功したある大企業にはエンジニアリングを担当する部署すらなかった。二〇〇八年の役員との会議で、あるエンジニアはロシアのチームに設計図を一八回送り返したと不満を口にした。ロシアのエンジニアは煙探知機を電気システムに接続しなければならないことを理解していなかったのである。

経営陣はもう一つの問題についても深く考えなかったようだ。当時、エンジニア労組の委員長であったシンシア・コールによれば、外注先が提出した設計図をもとに、カスタマーサービスが787の使用方法を航空会社と整備担当者に伝えるマニュアルを作成することになっていた。ところがマニュアルの草稿には空欄が多く、「ボーイングが所有権を有します」というスタンプだけが押されていた。ボーイングの社員が新型機の機能を理解していないのであれば、どうやって使用方法をユーザーに伝えることができるのか?

最終的にマックナーニはアウトソーシングの戦略が失敗に終わったことを認めざるを得なくなった。自社での作業と外注先企業の買収を行なった結果、787の完成までに要したコストは五〇〇億ドルにのぼった。これだけ膨大なコストが発生すれば、倒産する企業もあるだろう。

しかし、ボーイングには「プログラムアカウンティング」という寛大な会計基準が適用され、先行投資は何十年にもわたる787の就役期間で平均化することが可能となった。財務に携わるスタッフは試算が非現実的で、法律を犯しているのではないかと不安を募らせた。「ボーイングの社内から『私たちは刑務所に行くことになります』という電話が何度もありました」とリーマンブラザーズのアナリスト、ジョー・キャンベルは語る。「社員は自身を偽るようになり、会社は崩壊していました」（内部告発者の申し立てから米国証券取引委員会はボーイングの試算を中心に調査を行なった。ボーイングはコストを正しく計上していると証言し、処罰は下されなかった）

マックナーニから問題の一掃を命じられた商業機事業部長のジム・オールバーは、後日「今から思うと外注先には私たちが望んだ経験がなかったのです」と語った。オールバーは土曜日も出社し、開発を軌道に乗せるためのミーティングを行ない、ボーイングの伝説の男ジョー・サッターを含むかつての高級技術者を招いた非公式の諮問委員会も開催された。ソニッククルーザーのような独創的な飛行機を思いついたボーイングがなぜドリームライナーのような機体に至ったかを記者に尋ねられたサッターは「大麻を吸っているような人にはこれが最善の努力だったのでしょう」と素っ気なく答えている。

労働組合の影響力低下を目論んだ製造拠点の移転

経営者であるウェルチが許さなかったであろうことがもう一つあった。多くの社員が加入し、強大な力を誇る労働組合である。二〇〇〇年にストを打ったエンジニアは大胆になっていたが、マックナーニを苦しめたのは二〇〇五年と〇八年にストライキを起こした機械工であった。ボーイングの機械工が加盟していたのは国際機械工組合751支部で、この労組は事実上、アメリカの製造業界において影響力を行使できる最後の労働組合であった。

機械工はボーイングの業務を麻痺させるだけの力を持ち、また実際にストライキを敢行したことからも組合の力は明らかだった。エバレットの組合事務所の外にはプラカードを持つ男女、子供を模した銅像があり、何世代にもわたりストライキを繰り返してきた労働者の象徴は破滅の道をたどる会社との関係を示唆していた。銅像はエバレット工場を訪れた顧客が最初に目にするものの一つであり、ボーイングの社員はストライキにより航空機の納入が遅れるという口実をたびたび口にした。

シカゴにいるマックナーニは自身のチームにジャック・ウェルチのもとで学んだ労働組合の対処法を伝えた。「マックナーニは西海岸にいる私たちには考えつかないと思ったのでしょう」。かつてシアトルでジェット機事業に従事していた役員の一人はそう語る。

二〇〇九年、マックナーニはシアトルから遠く離れた地でドリームライナーの一部の組み立てを行なうと発表して従業員を驚かせた。ボーイングは胴体の部品を製造していた外注先のサウスカロライナ工場を買収し、そこでドリームライナーの組み立ての一部を行なうことにしたのである。サウスカロライナ工場で働くことになる工員は買収を成功させるために労組からの脱退を議決した。六年前にボーイングはワシントン州からドリームライナーの製造のために、当時過去最高の三二億ドルの減税措置を引き出したばかりだった。

社内にも慎重な声があったが、のちに製造拠点の移転は政治的な動機から生じていたことが明らかになる。オールバーは取締役会にサウスカロライナへ移転すれば、コストとリスクが増大すると報告した。支出は一五億ドルにのぼり、経験のない社員にはトレーニングを実施しなくてはならず、初期に製造される機体から得られる収益も少ないものになる。しかし、プロジェクト・ジェミニと呼ばれたこの計画が成功すれば、労働組合の影響力は低下し、「地元からの多大な支援」を受けることが可能になる。ボーイングはサウスカロライナ州から八億ドルの減税措置を受け、また二〇一〇年に州知事になった共和党のニッキー・ヘイリーはたびたびハイヒールで労働組合を蹴り上げると言明していた。サウスカロライナの労働者の賃金は一時間あたり一四ドルで、シアトルの労働者には二八ドルが支払われていた。

オバマ政権から横槍が入った際に問題解決にあたる人物からも、ボーイングが太平洋岸で家族が経営する気骨ある会社であったルーツに別れを告げたことは明らかだった。その人物とは、レーガンとジョージ・H・W・ブッシュ政権で連邦高等裁判所の判事を務め、共和党の重要な党員であったテキサス州出身のJ・マイケル・ルティグである。のちに最高裁長官となるジョン・ロバーツはレーガン時代にホワイトハウスの弁護士を務めていたが、彼の結婚式で花婿の付き添い人を務めたのはルティグであった。クラレンス・トーマス、サンドラ・デイ・オコナー、ディビッド・スーターが最高裁判事に指名される際には公聴会の準備をルティグが手伝っている。

ルティグはジョージ・W・ブッシュから最高裁判事の指名を受けることができなかったが、マックナ

(©Wikimedia Commons)

マイケル・ルティグ。連邦高等裁判所の判事からボーイングのCLO（最高法務責任者）となる。

ーニに入社を請われた初期の人物の一人になり、二〇〇六年にボーイングの最高法務責任者（CLO）に就任した。ルティグの採用を働きかけたのは、かつてレーガン大統領の首席補佐官を務め、マクドネル・ダグラスの取締役からボーイングの筆頭取締役になったケネス・デューバースタインであった。ルティグはブッシュに宛てた辞職願いで「裁判官の職を辞して、身を転じてもいいと考えさせるアメリカ企業はボーイングだけでした」と述べている。子供に大学教育を受けさせるためには懐事情が心許ないことも言及していた。

ルティグは法務部をかつて官職に就いていた弁護士で固め、部下には連邦裁判所で彼の助手を務め、のちに最高裁の判事に仕えた弁護士も何人かいた（助手として高い評価を得たのちに政府の各所で活躍する職員になった弁護士を法曹界のウェブマガジンはルティゲイター〔訳者注：米国では法廷弁護士をリティゲーターと呼ぶ〕と命名した）。ルティグはウィリアム・バー、ブレット・カバノー、ケン・スターなどの有力な共和党弁護士が働くシカゴの弁護士事務所カークランド・エリスをアドバイザーにした。

オバマ政権のNLRB（全米労働関係委員会）が二〇一一年に労働組合を認めない工場へ生産を移転することはストライキを起こした労働者に対する不法な報復措置であると裁定したことから、保守派のマスコミがこぞってこの問題を取り上げ、世間の注目を集めた。

共和党が多数派を占める下院監視委員会は「規制下の労働組合：自由企業の上空を待機飛行するNLRB」と題した公聴会を開いた。公聴会でトム・ハーキン上院議員は機械工の賃金が削減されたにもかかわらず、年間三七〇万ドルが弁護士費用として支出されていることに疑問を感じると発言したが、ルティグは質問を軽く一蹴した。前年の五月にルティグと彼の妻は一八〇万ドルを支払って、サウスカロライナ州のキアワアイランドに別荘を購入していた。「私はまだ十分ではないと思っています」。ハーキンの質問に反論するルティグは真面目な顔をして返答するのに努力を要した。

安物製品を販売する企業

一九六〇年代、ジョー・サッターは政治的な理由から747の工場の移転を求めるマネージャーに邪魔をするなと一喝し、神聖な飛行機の誕生を妨害する人を許さなかった。しかし、いまやボーイングはサウスカロライナで製造を開始しようとしていた。新工場の開設は物理学者スタン・ソッシャーが数年前に警告した事態の現実化にほかならなかった。シカゴの新しい皇帝は州と労働者を競わせ、私利をむさぼろうとしている。

ボーイングのインセンティブの基準に照らすと、このような傾向は既定路線であったことがわかる。

マックナーニやルティグ、その他のトップエグゼクティブは、キャッシュフローや純資産利益率などの向上を求められており、従業員や顧客より、株主を重視した。優先すべきステークホルダーの変更はストーンサイファーが経営に携わっていた頃に開始された。一九九九年の時点で役員報酬は事業の収益だけによって決められるものではなく「顧客と従業員の満足度、安全、多様性」などの無形資産よるものでもあった。それが二〇〇七年になると株主総会の資料からも「純資産の有効活用」に重点が置かれるようになったことがわかる。「事業を効率化し、コストを抑え、在庫を減らし、その他の数多くの手法を駆使して目標を達成する」

このような優先事項の変更からも、ボーイングが製品ラインナップの中心になる機種の問題解決に長らく本腰を入れていなかったかがわかる。その機種とは７３７である。一九九〇年代に発表されたＮＧ（ネクストジェネレーション）の人気は長く続き、受注数は七〇〇〇機を超えた。設計と治具の初期費用は回収されており、ＮＧはドル箱商品になった。一機あたりの利益は一二〇〇万ドルにのぼった。しかし、長期にわたる懸案があった。航空機市場において最多かつ最重要な製品にもかかわらず、７３７はもはや主流機ではなく、その座をエアバスのＡ３２０に明け渡していたのである。

そして顧客もそのことを知っていた。７３７をアップルのアイフォーンのように考える人は少なく、むしろ京セラのデュラフォースプロ２と捉えられていた。明らかな特徴は明確な価格差である。

二〇一〇年のある日、オールバーがコンサルタントと会議をしていると、部下が部屋に入ってきて、アイルランドのライアンエアの傲慢なマイケル・オレアリーＣＥＯから電話が入っていると告げた。オールバーは一時間ものあいだ会議を中座した。会議の場に戻ったオールバーは青ざめた顔をしていた。「大丈夫ですか？」とその場にいた人たちが尋ねた。オールバーは「よくわからない」と答えた。オールバーは三〇〇機の購入を持ちかけられたが、要求された価格は製造コストの八〇パーセントに過ぎなかった。オールバーが返事を躊躇していると、オレアリーは「それじゃ、結構です」と言い放ち、電話は切れた。

「まるで西部劇じゃないか。防衛事業部でこんなことはありえない！」。オールバーは語気を強めた。「これじゃ、誰かに何かを買ってもらうには際限なく時間がかかる」（のちにライアンエアは総額一五六億ドルで737NGを一七五機購入することになった。公称八九一〇万ドルの737NGが四〇〇〇万ドルで販売されたとアナリストは推定する）。

アメリカのエンジニアリングの象徴であったボーイングは安物製品を販売する企業になった。ボーイングは裸の機体を販売するようになり、エアバスがスタンダードにしていた装備まで、オプションにするようになっていた。貨物室に取り付けられるバックアップの消火装置も有償だった。これはFAAが要求していないために許されることであった（一次的な装備が機能しなかったことを考え、日本のような国では監督官庁がバックアップの装備を要求していた）。

命に関わるもう一つの事例として、AOAインジケーターがある。ボーイングはこのインジケーターを八万ドルのオプションにしていた。一見それほど重要な計器には思えないが、このインジケーターが装備されていなかったことがライオンエアとエチオピア航空を襲った悲劇の一因と考えられる。

エアバスの販売を三〇年間務めたニューヨーカー、ジョン・リーヒーによれば、顧客がボーイングのオファーは低額であるとエアバスに伝えるため、エアバスの営業社員はボーイング機に何が欠けているかを細部にわたり熱心に説明しなければならなかったという。エアバスの見積りによれば、A320はオプションを付けなくても、737と比較して二五〇万ドルから三〇〇万ドル分の装備が追加で備えられていた。「すべてをオプションにしよう。何も装備しない。追加のトレーニングは行なわない。価格競争に勝利するため、製品を安くしよう」という考え方がボーイングにおけるトラブルの要因になったとリーヒーは語る。

エアバスの改良機登場

787ドリームライナーの納入が予定どおり二〇〇八年に開始されていたら、二〇一〇年には後継機を開発するだけの余裕があったはずだ。事実、二〇〇二年にムラーリーはナショナルパークと呼ばれたプロジェクトの一環として未来機の開発を検討するようチームに指示している。イエロー・ストーン・プロジェクトの「Y1」は新型ナローボディ機で、登場して三〇年が経過していていた737の後継機になることが予定されていた。しかし、ドリームライナーの開発が遅れたため、この計画は棚上げされた。

それに対し、エアバスでは737の競合機であるA320を革新的に改良しようとする動きが強まった。刺激となったのはボーイングの技術革命ではなく、ボンバルディアと呼ばれるカナダの航空機メーカーであった。モントリオールに本社を置き、スキー・デゥのようなスノーモービルの製造から事業を起こしたボンバルディアはビジネス機とコミューター機の市場に参入するようになっていた。ボンバルディアとカナダ政府は一三〇人乗りのCシリーズの開発に数十億ドルを投じた。公の場ではエアバスの役員は軽く受け流していたが、実際はボンバルディアを真の脅威と受け止めていた。受注は限られた数から始まるが、数十年前にA320がボーイング機に忍び寄ったように、やがてボンバルディアは人気を博するようになるとエアバスは判断した。

Cシリーズの操縦はエアバス機のようにサイドスティックによって行なわれ、タッチスクリーンで電子チェックリストを見ることができた。競合機よりも客室の幅は広かった。頭上の大きい荷物棚は手が届きやすいよう手前に降りてきた。北アメリカの国内線におけるマーケットシェアを二大メーカーから奪うには最適な機体であった。搭乗口で（やや大型な）キャリーバッグをゲート係員に奪われるかもしれないという恐怖に怯えることなく、乗客は短距離の飛行ができるようになった。

エアバスの役員は二〇一〇年にA320の改良を検討し始めた。この年の一二月にエアバスは「ニューエンジンオプション」の頭文字を取ったA320neoの受注を開始した。機種名にあるように、新型機は経済性に優れた大型エンジンを装備することになっていた。二〇一〇年代の後半に就役が予定されていたA320neoは737に比べて一五パーセント少ないコストで運航できるとエアバスは予想していた。かつてのエアバスの上級役員によれば、さらに大きなエンジンを搭載し、より優位性のある機体も検討されたという。エアバスが恐れたのはボーイングがエアバス機を飛び越える新型機を発表することだった。「A320neoは『エンジンのバイパス比をある程度に抑え、私たちが望まぬ方向へ競合他社が進むことを回避しよう』とする妥協の産物でした」とこの役員は語る。

エアバスの経営陣の何人かはボーイングの新型機がA320neoの脅威になることを恐れていた。リーヒーは計画どおりにA320neoがボーイング機の市場を奪ったとしても、ボーイングにできることは派生型を対抗馬にすることだけですと言って役員を安心させた。もしボーイングがずば抜けた新型機を発表したら、「私は窮地に追い込まれていたでしょう」とリーヒーは当時の不安を打ち明ける。

彼の嗅覚は正しかった。ドリームライナーのトラブルののち、ボーイングはさらなる投資に手を伸ばさなかった。二〇一一年一月の会議でオールバーは商業機事業部の同僚に、エアバスは予算を上回る開発費をA320neoに投じなくてはならず、その一方で、我々は二〇一〇年代の終わりにより優れた機体を開発することができると告げた。「エアバスが新型機の販売に成功したとしても、翻弄される必要はありません」

しかし、六月に開かれたパリ航空ショーで、エアバスは一〇〇〇機以上の受注に成功した。さらにボーイングにとって不幸なことに、エアバスの役員はA320neoの導入についてアメリカンと話し合いをこの夏に開始した。これは小さな損失ではなかった。ダラス・フォートワース国際空港を拠点とする巨大航空会社のアメリカンは一九九〇年代にボーイングからのみ航空機を調達する契約を結んだ三社のうちの一社であった。マクドネル・ダグラスとの合併に際し、ヨーロッパ当局への譲歩からこの契約は破棄されたが、アメリカンがエアバス機を購入したことはなかった。ボーイングは営業社員をダラス・フォートワース空港に駐在させていたことからも、アメリカンが重要な顧客であったことがわかる。

エアバスのチームはアメリカンのジェラルド・アーピーCEOとトム・ホートン社長に接触し、人目につかのないようダラスのマンション・オン・タートル・クリークというブティックホテルでたびたび昼食をともにした。三七度以上の猛暑日が二週間近く続いた七月、場所をリッツカールトンに移して、アメリカンは数百機の購入に合意した。アーピーはオールバーに電話をかけ、エアバス機の購入をする準備ができたと告げ、「貴社は何かできますか？」と尋ねた。

オールバーはボーイングのオファーをのちほどお伝えすると冷静に告げたが、ダラス・フォートワースの駐在員がまったく情報を収集できなかったことを激怒し、戦略を大きく変更しなくてはならなくなったことに苛立ちを覚えた。

一週間以内にボーイングはより強力なエンジンを装備した737を提案した。あまりにも新しい機種であったので、名前すらなかった。やがてこの派生型が737MAXと呼ばれるようになったことを世界は知る。

コスト削減の象徴——737MAX

初期型の737がそうであったように新型機MAXも作りたかった機種ではなく、仕方なく作った急造機だった。737のエンジンは葉巻型から、下がつぶれた円形、そして炭酸飲料の缶のようなエンジンが翼の前に取り付けられた。MAXでは大きなターボファンエンジンを背の低い機体に取り付けるため、エンジンはさらに翼の前に移動し、ノーズギアは二〇センチ長くされた。コックピットからの景観が変わるだけでなく、機体の重心も移動し、高額な費用を要する追加のトレーニングが必要になるかもしれなかった。しかし、派生機の開発を求める圧力は大きかった。この夏、A320はすべてのセールスキャンペーンで成功を収めているように人々の目に映った。ウォール街のアナリストは737が商品力を失ったと書き始めていた。ライアンエアのオレアリーはボーイングの戦略は「混乱」していると述べている。

ボーイングのチームは、開発の過程で技術面の細部を詰めていくとアメリカンに約束し、A320neo登場の約一年後に新型の737を納入することになった。この提案を受けてアーピーはボーイングに決断を伝え、アメリカンは二社に発注した。

受注に成功したことに変わりはなかったが、ボーイングは「アメリカンは背信行為を行なった」として苛立ちを強めた。ボーイングは、政治、価格、通商協定などありとあらゆる手段を講じて、自社の縄張りと考える南北アメリカ大陸の市場を守ってきた。ささいなことだが、多くを物語る一例がある。全米飛行家協会は権威あるコリアー杯を授与しているが、ある年にエアバスA350が候補機の一つになった。エアバスは中堅技術者を送り込み、A350の設計の一部はアメリカで行なわれているとして、候補の資格があると説明した。ところが、ボーイングのマイケル・ルティグCLOとティム・キーティング政府担当役員で構成される上級役員らが表彰式が行なわれるワシントンDCのホテルに前触れなく現れ、Ａ３５０はコリアー杯の対象となるアメリカ機ではないと長々と演説した（Ａ３５０は受賞しなかった）。

誉れ高いコリアー杯をめぐる争いが火花を散らすものであったら、アメリカンの変節は激しい敵対心をもたらした。弁護士を同伴した六人のボーイングの役員がアメリカンの本社を訪れ、権利が侵害されたとして、契約の履行を求める訴訟も辞さないとアメリカンに警告したとその時の様子を知る二人が証言している。確かに合併後のボーイングがエアバスを不利な立場に追い込まないため、一九九六年に結んだアメリカン航空との独占契約は履行を求めないとボーイングはヨーロッパの規制当局に告げていた。しかし、ヨーロッパとの合意は一〇年間のみ有効であり、のちにアメリカンがサインした覚書によって、価格の交渉は許されるものの、契約はかつてのとおり独占契約になったとボーイングは主張した。

アメリカン航空ＣＥＯのアーピーは自身の高潔さに重きを置くタイプで、同社が破産宣告する直前に引退した際には退職金を固辞したほどだった。清廉潔白なアーピーに対して、ボーイングの主張は一定の効果があったかもしれないが、アーピーの決心は揺るがなかった。この夏、アーピーはマックナーニに電話し、「獰猛な闘犬を呼び戻さない限り、ボーイングに得るものはない」と警告した。

マックナーニは折れた。二〇一一年七月二〇日、アメリカンは三八〇億ドルをかけて四六〇機を調達すると発表した。二〇〇機は再設計された７３７で、二六〇機はＡ３２０ｎｅｏであった。ボーイングが当然のことと考えていた独占契約とはほど遠いものであったが、重要な顧客を完全に失うほどの経済的打撃は回避できた。この月、ボーイングのオールバーはダラス・フォートワース空港のアメリカン・エグゼクティブ・クラブ・ラウンジにエアバスのトム・エンダースCEOとともに微笑みながら入室した。二人はアメリカンの塗装がされた模型を手にしていた。「製品名は何になるか知らないけれど、大した数の受注だ」。オールバーはこの新型エンジンを装備した737の将来に思いを馳せた。

翌月、新型737は公式にMAXと命名され、もう一つの派生型が開発・製造されることになった。ジョー・サッターがハサミを取り出して胴体後部のエンジンを翼の下に移してから四七年が過ぎていた。

ウォール街のアナリストの多くは安堵した。ゼロから後継機を開発するとなるとコストは二〇〇億ドルにのぼるが、MAXの開発コストは二五億ドルに過ぎなかった。しかし少数のアナリストは、この決断により、新型機でエアバスを追い落とす機会をボーイングは逃したと判断した（エアバスのリーヒーも内々では職を失うところだったと述べている）。RBCキャピタルのロバート・スタラードは、この保守的なやり方について「現状維持がせいぜいでしょう」と記している。

二〇一二年二月、マックナーニはジョン・マクドネルのような口ぶりでコストを強調しながら、ボーイングがいかにしてA320neoの脅威に立ち向かったかを株主宛ての手紙に記した。「新型機よりもコストとリスクが軽減された737MAXは確実かつ短い期間で開発することが可能で、顧客が望む性能を顧客が支払える価格で提供します。ナローボディ機の市場においてボーイング機の性能は競合機に勝り、またMAXを選んだことで、わが社は成長するほかの市場に投資することが可能になりました。すべての面における勝利です。次の一〇年も我々のビジネスはリスクを限定したものになります」

　この年の後半に行なわれた取締役会でMAXに関するプレゼンテーションは興味深いキャッチフレーズで締めくくられていた。「目的意識を持ってケチになろう」

　皮肉なことにボーイングに変化を促したマネジメント論者の一人、『お金のあるところへ滑って行け』を著したハーバード大ビジネススクールのクレイトン・クリステンセン教授は資産を温存するために、厳格な財務指標の使用を経営者に求めていたことを再考するようになっていた。利率は歴史的に低く、資金は豊富だった。二〇一四年に発表された『資本主義者のジレンマ』で、クリステンセンは利益が一年ないし二年しか継続せず、また雇用も維持できない「効率化」の革命ではなく、「市場を創造する」革命が企業に求められていると述べている。「資本主義者のジレンマは私たちビジネススクールが生み出したものであることを自責の念とともに認めなくてはならず、これらのビジネススクールには本校も含まれる。かつて我々が提案した計算式は良心的な見方をしても見掛け倒しであり、厳しい目で見れば有害であった」と記している。

　ひたすらコスト削減を強調したマックナーニの手紙で触れられなかったことがある。それは「安全」である。マックナーニは二〇一〇年から一四年にかけて五年間経営にあたったが、この期間中に発表された株主総会資料のどこにも「安全」という言葉は見当たらない。同じ時期に取締役であった一人がこう表現している。「安全とは当たり前のことですから」

第7章　FAAの監督不行き届き

メーカーとFAAの暗黙の了解

後味の悪いボーイングとのミーティングを終えて、リチャード・リードはフォレスト・ガンプになったような気がした。スーツ姿のボーイングの副社長に失礼がないよう、コストコのワイシャツを着たリードはFAAの平技官だった。ボーイングの男たち（毎回男だった）はみな交渉術に長けている。

リードはコックピットのディスプレイシステムに詳しいので、FAAの職員だった。リードは誇りを捨てることを厭わない技官の採用に苦労していた採用担当に同情し、よい決断だとは思えなかったが、FAAに二〇一一年に入局した。そして、多くの人がボーイングに乗っ取られた証しと考えていたFAAボーイング航空安全監督部に配属された。この部署は「ベース」と呼ばれていた。「そうか、ボーイングの安全室で働いているのか？」とリードは人々から質問を受けた。議会で制定された新しい組織図によれば、FAAのマネージャーの顔写真はボーイングの担当者の下に掲載されていた。組織図が何を意味しているかは明らかだった。FAAの監督官は「規制」するのではなく、ボーイングに「仕える」のである。

代理人に任命された千人以上のボーイングのエンジニアが民間機の耐空性を証明するために細部まで定められた連邦航空規制に則って設計を行なっているかどうかを「ベース」は監督することになっていた（この規則の一例が、飛行に際して重要な取り外し可能なネジやボルトは二点止めされていなければならないことである）。

ジェット機の草創期には政府に知見がなかったことから、ジョー・サッターやその他のボーイングのエンジニアがSR422として知られているジェット機の規制文書を書いていた。この時からFAAは代理人に任命した航空機メーカーの社員に安全を委ねるようになり、二〇〇九年になるとさらに多くの安全措置を緩和した。

かつてFAAは技術力のない社員や経営陣と馴れ合いになっている社員を排除して代理人を選び、誰がどのFAAならびにボーイングのマネージャーに隷属するかわかるよう組織図には点線が引かれていた。しかし、いまや代理人はボーイングによって任命され、ボーイングのマネージャーの部下であった。FAAは「リスク」に基づき、効率的に監督業務を行なうはずだったが、存在意義が曖昧な組織になっていた。暗黙の了解が存在することは明らかだった。FAAはアメリカ機の製造と販売を支援し、航空機メーカーを苦しめる役所ではない。

リードは二〇〇七年に入局した典型的な技官であった。まだ五〇代だったので、引退する年齢ではなく、客観的に現場を見る力はあったが、目標の必達を強要する組織を醒めた目で見ていた。リードは多くの航空宇宙製品のメーカーで働いた経験があり、ボーイングでも三年働いたのちに、二〇〇〇年のエンジニアによるストライキをきっかけに退職していた。「ベース」にはほかにもボーイングで働いたことのある職員がいた。ささいなことを問題にして、かつての上司を困らせることを楽しんでいるような職員もいたが、多くの職員はボーイングの社内にあるエンジニアの小部屋で、スプレッドシートの確認に余念がなく、データに忠実で、技術に長けたボーイスカウトのような男たちだった。ボーイングの副社長自身もFAAの技官を少年のように扱い、「基準には適合していますよ」と言って、簡単に説明を切り上げた。

ボーイングとのミーティングを終えたリードは、トム・ハンクスが演じた知的障害者フォレスト・ガンプが新兵教育隊で小銃を数秒で組み立て、「終わりました」と大声で報告したシーンを思い出した。教官になぜそんなに早く組み立てられたのかを問われたガンプは「教官殿のご命令です」と愚直に答えている。議会に呼ばれて、なぜボーイング機の認定を事務的に急ぎ行なったかを尋ねられたら、リードはガンプの声色を真似て「議員殿のご命令です」と答えると同僚に話していた。

メーカーとFAAの勢力の均衡が崩れたのは数十年にわたって争われた権力をめぐる戦いの結果であった。死亡事故が発生しなければ重い腰を上げないように思われていたFAAは「墓石局」と見下されていた。

矛盾するFAAの任務――航空業界の育成と安全の確保

実際、FAAの設立は事故の発生が原因だった。一九五六年六月三〇日、トランス・ワールド航空のL・1049スーパーコンステレーションとユナイテッド航空のDC・7がグランドキャニオンの上空二万一〇〇〇フィート（六四〇〇メートル）で衝突して、一二八人が犠牲になり、残骸が二つの丘に散らばった。いまもハイカーは太陽光を反射するシートベルトのバックルや外板の破片を目にする。当時最大の航空機事故の発生を受けて、議会は商務省に属する一部署を廃し、独立機関であるFAAを一九五八年に創設した（ジョン・F・ケネディが暗殺された一九六三年一一月二二日に新庁舎への移転が始まった）。

新たに発足したFAAは確実な安全と航空路管制を実現するよう義務付けられていたが、商業的な理念からも逸脱することのないように法律が定められ、「民間航空の促進、助成、発展」を目標にしていた。

状況を複雑にしたのは、NTSB（国家運輸安全委員会）として知られる事故調査と安全策の提案を行なう機関が事故調査の結果に基づく改善策を強制できないことであった。是正を命じるのはFAAであり、そのFAAは航空業界の育成と安全の確保という二つの任務を負っていた。コストを理由にFAAは一九七〇年代と八〇年代にNTSBが提案したレーダー、滑走路灯、徐氷規則、貨物室の煙探知機などの安全策の実施を見送っている。面目を失ったNTSBは安全策のうち「最重要リスト」を発表し、声を大にして、その存在を明らかにした（実行に移されていない改善策の一つに迅速な事故調査を可能にするコックピットの動画レコーダーが挙げられる）。

マイク・コリンズはＦＡＡシアトル航空機証明事務所に一九八九年に配属された。ソッシャーが当時のボーイングの上司に抱いていたように、コリンズもＦＡＡの上司は技術面の問題についてとことん突き詰める姿勢をしていたと感じていた。コリンズの上司、そのまた上司も自身が得意とする専門分野のエキスパートであった。ボーイングが提案する設計に問題を発見したら、コリンズは代理人に注意を促し、上司は常にそれを支持してくれた。そしてボーイングは基準を満たせるようＦＡＡと協力して設計にあたった。「知識と信頼に裏付けされたフランクな関係がありました」と二〇一八年に引退したコリンズは語る。

一九九六年七月、トランスワールド航空８００便がロングアイランド沖の大西洋上空で爆発、墜落した。ボーイング７４７の中央燃料タンクで発生した火花が気化した燃料に引火したのではないかという仮説を証明するＮＴＳＢの調査にコリンズも参加した。

燃料タンク内にある唯一の電線を流れる電流の電圧は極めて低いものであったので、火花の発生は考えにくく、ボーイングは二年が経っても爆弾かミサイルによって８００便は墜落したと法廷に提出する文書で訴えていた。

銀行の金庫のように外部から電気が入らないようになっていたエバレット工場の実験室で、エンジニアは７４７型機と同じように三〇メートル以上の電線を配線し、消灯したのちに、リレーのスイッチを入れた。摩耗した電線がショートして火花が散った。事故の状況は再現され、トランスワールド航空８

00便の爆発原因が明らかになった。事故原因の究明を受けて、電線の点検、遮断もしくは分離、センサーもしくはサージ防護機器の設置を数千機の民間機へ取り付ける命令が作成され、コリンズもこの取り組みに関わった。

このような安全に関する試みには進展はあったものの、一九九〇年代に共和党の抵抗を受けながらも政府の改革を三方面から熱心に進めたクリントン政権はFAAに企業と同じ精神で業務にあたるよう指示した。一方の共和党も一九九四年の中間選挙で減税と規制緩和を公約に掲げて大勝利を収め、その五か月後にテレビ中継されていた議会の場で共和党のニュート・ギングリッチ議長はFAAの管制塔でいまだに使われていた空送管（エアシュート）の容器を掲げると、無駄と非効率な業務が行なわれていると民主党政権を糾弾した。

ジョージア州選出のギングリッチは「政府機関の思考、業務の遂行方法、市民の待遇を改善することで、連邦政府を全面的に再生する」と声を上げた。コリンズが所属する証明部の部長トーマス・マクスイニーはメーカーに多くの業務を委託しているFAAの役割について、「考えましたが、結論は出ていません。我々は存在する意味があるのかすら自問しなくてはならないでしょう」と『シアトルタイムズ』の取材に答えている。

クリントン政権も支持したFAA職員の待遇と人事の改革を提唱する交通予算案が議会を通過した。昇給は一九九六年から成績を測定する数多くの指標に紐づけられたものとなった。安全も指標の一つであったが、効率と近代化も条件となっていた。一例を挙げれば、「特別貢献昇給」はマネージャーに

「協働、顧客サービス、組織の成功に貢献した職員の認定」を求めていた。そのため、（収益を上げられるように）メーカーを支援した職員は基礎賃金に加え、最大で一・八パーセントの報奨金を受け取れるようになった。その一方でＦＡＡの予算は一九九〇年代を通じてほぼ同額に保たれ、さらに一九九六年から二〇一二年にかけては、共和党がセクエストレーション（資産差し押さえ）と呼ばれる自動的な予算削減を行なったため、（定数に変更のなかった管制官を除いた）ＦＡＡの職員は四パーセント削減された。

のちにボーイングの政府担当社員になるマクスイーニーはコストのかかる耐空型式証明をいかにして簡素化するか業界からアドバイスを募るようになった。業界団体の一人、ボーイングの技術担当シニアマネージャー、ウエブスター・ヒースは一九九八年一〇月に可及的速やかにメーカーへさらなる権利を移譲する法令を定めて欲しいと求めている。メーカーは自由を欲しているのであり、別の言い方をすればメーカーは業務の代行と自身を監督する権利を要求していた。

業界寄りの航空立法諮問委員会

政府と企業の「影響力をめぐる争い」は、レーガン・ナショナル空港の近くにあるハイヤットリージェンシー・クリスタルシティーの宴会場などでも繰り広げられた。ジョージ・Ｗ・ブッシュが大統領に就任した一か月後の二〇〇一年二月、ここで航空立法諮問委員会の会合があり、その会合の日時は連邦官報を注意深く読んでいれば、誰にでもわかることであった。委員長は航空運輸協会の副会長アルバート・プレストで、彼はその場の雰囲気をなごませようと議長槌について陽気なコメントをしたのち出欠をとった。労働組合の代表は少なく、出席者の多くはボーイング、エアバス、プラット&ホイットニー、国際ヘリコプター協会などの役員であった。そしてトム・オマラが発言した。

「私が本日出席しているのは、一九八九年にアイオワ州スーシティーで発生したDC‐10の大破・炎上事故で唯一の子を失ったからです。この事故では一一一人が犠牲になり、生存者は一八九人でした。当時二四歳だった娘のヘザーはテュレーン大学の法科大学院を卒業後、ニュージャージー州の弁護士団の一員になり、死亡時はコロラド州フォートコリンズで勤務する陸軍大尉で警務管理官を務めていました。彼女の遺体は駐機場で発見されました」

頭髪が薄くなり、丸みを帯びた顎をしていたオマラは用意されたスピーチをしばし中断した。オマラは死亡した乗客と同様に「企業戦士」であり、『ウォールストリートジャーナル』で販売部長を務めていたと語った。しかし、「DC‐10のアキレス腱」という見出しが同紙に躍ったことから、規制当局は血も涙もない費用便益分析をして、安全上の問題の解決を見送っていたのではないかと考えるようになった。「疑うことを知りませんでした。なんてナイーブだったのでしょう……」

オマラが学んだことによれば、オルリー空港を離陸してまもなく突然開いたカーゴドアにより油圧配管を損傷したトルコ航空マクドネル・ダグラスDC‐10は墜落し、同型機の最初の墜落事故になった。規制当局はその時いかに配管が脆弱であるかを認識したはずだった。娘が死亡した事故では爆発したエンジンの破片が三本あったすべての配管を傷つけ、アル・ヘインズ機長が操るDC‐10は操縦不能に陥った。ヘインズは同乗していた非番のデニス・フィッチ機長に残された二発のエンジンの推力を調整するよう依頼し、緊急着陸に備えた。しかし、右翼の翼端が最初に滑走路に接触して、火災が発生し、機体は横転、大破した。当時一万ドルに過ぎなかった安全バルブの取り付けが一五年前に義務付けられていたら、事故機はコントロールを失う事態を免れていた。

遺族として新たな知識を学ぶことは家族を失うのと同様に苦しいことであったとオマラは出席者に訴えた。「事故が最初の災難でした。次の災難は私たちの愛する人たちは事故死する必要がなかったという事実です」

出席者は拍手し、航空交通協会のプレストはオマラに謝意を伝えた。そして、プレストは次のスピーカーとしてインフォーメーション・オーバーロード・コーポレーションのコンサルタントを演壇に招いた。このコンサルタントのプレゼンテーションはその内容からして三度目の災難であった。彼はすぐに前もって準備されていた所見へと話を進め、諮問委員会の決断を左右するのはデータであると述べた。そして業界から資金の援助を受けて行なわれた彼の研究で、客室内の空気の質が良かろうと悪かろうとそれは客室乗務員の健康とは関連が見られないとスピーチをした。

悲しみに暮れる父親の心を揺さぶるスピーチの後に、このようなプレゼンテーションは神経を逆撫でするものであった。「設計を根拠にするのではなく、実績に注目することで、関係者は質と量の数値を参考にし、正確な結論を導き出すことができるようになります。この結果、より創造的で、費用対効果に優れ、計測が可能な行動が実現します」

プレストは最後に客室乗務員組合の代表クリストファー・ヴィトコフスキを壇上に招いた。ヴィトコフスキはためらうことなく一筋縄ではいかない出席者に向けて語りかけた。「我々は議会と市民がこの重要な立法委員会の行動を監視する力を失ったと考えています。委員会は業界の代表に支配されており、彼らの狙いは公益と相反することもあると考えなくてはなりません」

「FAAは企業のように運営されます」

ブッシュ大統領がFAAの運営を任せるべき人は、局の裏表を熟知できる人でなくてはならなかった。マリオン・ブレーキーはかつて社会活動のコンサルタントをしており、彼女の顧客は運輸企業であった。ブレーキーは企業の広報活動の立案と報告書の作成を支援し、市民団体かのように見せかける「アストロターフ（人工芝）」を組織して、企業の主張を民意であるかのように装う運動を展開した。アラバマ州ガズデン出身のブレーキーはジョンズホプキン大学国際関係学校を卒業し、全米人文科学基金、教育省、レーガン政権下のホワイトハウスでコミュニケーションズ・スペシャリストとして働いた経験があった。

ブレーキーFAA局長の最初の重要なスピーチは二〇〇三年二月にワシントンの飛行クラブで行なわれた。彼女は「顧客優先イニシアティブ」を開始すると発表した。これは驚くべき航空行政の転換であった。FAAは顧客の要望に迅速に答えなくてはならない。ブレーキーがいう顧客とは旅客ではなく、メーカーと航空会社であった。ブレーキーはメーカーと航空会社が散々待たされた挙句に辻褄の合わない回答を得ていることに同情すると伝えた。そして、FAAは航空行政を司る官庁から、顧客へのサービスの提供を目的とする民間企業、さらにはコールセンターのように懇切丁寧に顧客に接する組織になると発表した。予算の削減により、FAAが人、物、金に困窮していることへの言及はなかった。

二〇〇三年はライト兄弟が初飛行に成功した百年目にあたり、ブレーキーは自身のスピーチを「一二月一四日のスピリット」と題していた。ブレーキーが説明したとおり、この日は兄弟が一二秒間の初飛行に成功した歴史的な日ではなく、ウィルバーを乗せたフライヤーが失速して砂丘に衝突した三日前の日で、失敗にめげることなく、何度も立ち上がろうとする意気は航空業界の知られざる強みであると述べた。「私はFAAの立て直しにあたり、ウィルバーの打たれ強い精神を見習いたいのです」と述べた。その言葉からはFAAが業界の意向に沿った運営を行なう意図が感じられ、業務停止を求める点検官がいたら報告するよう各社のマネージャーに伝えた。

「認定のどの過程においても、いかなる点検官の決定に対しても、メーカーは再考を求める権利を有しています。報復に怯えることなく、第一線の監督者、出張所マネージャー、地域統括マネージャー、ワシントンの本局に対し、『ちょっと待ってくれ、根拠を説明してくれ』と要望することができます。氏名、職名、電話番号など、再考を求めるにあたって必要な情報はウェブや出張所、地域事務所にわかりやすく掲示します」

ブレーキーは安全の重要性も強調したが、安全に関する取り組みは商業的な成功を後押しする専門用語に隠れて難解であった。「株価とでも言いましょうか、私たちのゴールの一つは可能な限り少ない事故率です。まずこれが最重要です」と述べ、次に目標を達成するために「私たちはダイナミック、かつ結果を重視した計画を立案し、傾向をチェクし、四半期ごとに実績を計測して、リアルタイムで対策を打ち出します。端的に申し上げればFAAは企業のように運営されます」

ブッシュ大統領は一二月に航空関連の予算案に署名し、議会が決定した監督業務の変更は業界に周知された。FAAはこの監督業務の新たな取り組みを「より効率的な認定業務を顧客に対して行なう方策」と表現した。ブレーキーは慣習的な「出願者」という呼び名を廃し、局の職員には「顧客」という言葉を使うことを求めた(顧客からのフィードバックへとつながるリンクが部内メールに表示されるようになった)。

公式なルールは二〇〇五年に制定された。ジェットエンジンの巨大メーカーであり、規制緩和の恩恵を受けることになったGEは業界が求めた「提言の趣旨がFAAによって歪められることがなかったことにとりわけ満足している」とコメントを発表した。

「長期的には安全が失われる」

FAAの変革に反対した人の一人に、初期型ボーイング737のラダーの問題とトランスワールド航空800便の爆発の調査を進めた元NTSB委員長ジム・ホールがいる。「機能する組織が何年にもわたり存在してきたからこそ安全は保たれていたのです。安全に関する最高責任者は政府です。新たなFAAの施策は責任の所在をあやふやなものにします。短期間は機能するかもしれませんが、長期的には安全が失われたことに国民は気づくでしょう」

「顧客優先イニシアティブ」には当然と思える結末があった。ある点検官の積極的な働きを逆恨みしたサウスウエストは新たな政治力を後ろ盾に、点検官の上司に苦情を申し立てた。それに激怒した点検官は「サウスウエストは緊張感を持って安全に取り組む姿勢が欠如している」と連邦政府に訴え、やがて議会の委員会にも話が伝わった。義務付けられた点検を省略する時、見て見ぬふりしてくれる点検官を彼らは望んでいたと、この点検官は記していた。「FAAの上層部と航空会社に脅かされている点検官が業務を遂行する時に頼りにするものは何もありません」

二〇〇八年、サウスウエスト機の点検を監督したボビー・ボウトリスは「職務を果たそうとしていたところ、サウスウエストの経営陣から問題がなかったことにして欲しいと頼まれました。さらに同社の経営陣は私から確認業務を取り上げることができると脅してきました。電話を一本かけるだけで」と証言している。

サウスウエストは必要とされる点検をすることなく、数十機のジェット機を使って数万回の飛行を行なっていた。最終的に点検を行なったところ、数機にヒビが確認され、長さが一〇センチほどあるヒビもあった（一九八八年四月二八日、金属疲労によりアロハ航空のボーイング737‐200は空中で天井部が破壊され、日系人の客室乗務員が犠牲になった）。

議会の調査があったことも影響していたのだろう、二〇〇九年、FAAは一〇二〇万ドルの罰金をサウスウエストに科すことを発議した。航空会社に科された罰金としては当時もっとも多額の罰金であったが、年商一一〇億ドルのサウスウエストにしてみれば一日の売上げの三分の一程度に過ぎなかった。

局長のブレーキーはすでにFAAから退いていた。ブレーキーは二〇〇七年に業界の代表的な圧力団体である航空宇宙産業協会の会長になっており、その後、北米ロールスロイスでキャリアを終えた。ボーイングへの転職を一年半前から考えていたとメールで部下に心境を吐露したマクスイーニーもこの年にFAAを退官した。メールを読んだ何人かは、利益相反行為に該当する可能性があると受け取った。業界誌のインタビューでボーイングの国際安全・規制部長職をなぜ選んだのかと聞かれたマクスイーニーは単刀直入に答えている。ボーイングのほうが報酬がよく、ワシントンを離れる必要がないから。

FAAの監督責任をメーカーに譲り渡す

安全を点検するFAAの責務を航空機メーカーに負わせようとする動きを熱心に支持した一人にアリ・バーラミがいた。彼はボーイングを監督する四〇人規模の「ベース」を組織し、シアトルオフィスの運輸航空機室長を務めていた。FAAの最大、かつ最重要なシアトルオフィス内でも、ボーイングと同様に文化戦争（訳注：価値観をめぐる衝突）が起きていた。

バーラミは、若きエンジニアとしてマクドネル・ダグラスで一〇年働いたのち、FAAに入局し、ロサンゼルスオフィスを経てシアトルオフィスに配属になった。バーラミやドレンダ・ベイカー（航空機証明副部長）のようにFAAの新しい指針に賛同し、ロサンゼルスで勤務したことのある点検官が昇進していったとシアトルオフィスの職員は語る。

取材当時、シアトルオフィスで技官として勤務を続ける職員は「上下を問わず、昇進していったマネージャーは顧客満足の研修を受け、新しい指針で好成績を収めた人たちでした。彼らは顧客満足のことを『ステークホルダーのニーズ』と呼んでいました。要するに、出世するにはさらなる権限の移譲を行なわなくてはならないというプレッシャーがともなうのです」と語る。これは監督責任をメーカーに譲り渡すことにほかならない。

ボーイングが自社のスケジュールに沿って業務を行なっているかどうかによってボーナスが左右されるとバーラミが部下に語っていたことを彼の下で働いていた上級技官が証言している。ほかのオフィスで働く職員も上司には同じような目標があったという。「キャッシュのインセンティブがあると聞いたことがあります」とマサチューセッツ州バーリントンにあるボストン航空機証明オフィスでソフトウェアエンジニアを務めるマーク・ロネルは語る。二〇一二年にこのオフィスのマネージャーは技官の反対を押し切って最後の最後にシコルスキーS‐76Dヘリコプターに型式証明を与えている。ロネルによればこれはインセンティブに目がくらんだマネージャーの判断だという。

局の公式な業務計画によって定められていたマネージャーの目標もこの動きの影響を受けていた。計画では安全が最優先であることに変わりはないとうたわれていたが、その他の優先事項がいつの間にか幅を利かせるようになっていた。メーカーの代理人を活用し、定められた日までに証明することなどが推奨された。二〇〇七会計年度に航空機証明副部長であったドレンダ・ベイカーには「二〇〇七年九月三〇日までにボーイング787に搭載されるＧＥｎｘ1Ｂ（ＧＥ製のエンジン）を認可すること」という目標が与えられた（FAAはコメントできる職員がいないと返答し、インセンティブに関する質問には答えなかった）。

「指定組織権限」と滑稽なほど意味不明な新制度で与えられた権限をボーイングは待っていたとばかりに行使した。ボーイングは監督者の代理人を自社の社員から選べることになり、新卒社員などの下級職に担当させた。下級職は上級職に比べて扱いやすく、自分の考えに固執しないと、ボーイングは考えのだろうとソフトウェアエンジニアのロネルやその他の職員は推察する。「これは事実上、企業に自身の監督を求めたことにほかなりません」

代理人の名称はいつのまにか「指定技術代理人」から「認定代理人」に変更され、さらに「組織構成員」と呼ばれることもあり、どこの人間なのかはっきりしなくなった。一部の人はシンプルに自身のことを「ボーイング認定代理人」と呼んだ。

ある時、ボーイングのマネージャーが人事についてFAAの技官に意見を求めた。FAAの労働組合のレポートによれば、形式的な相談のあと、FAAが最も反対する候補者がそのポストに選ばれたという。FAAが「誠実さに欠け、判断も不合理で、FAAに協力しようとする姿勢が欠如している」と判断した社員をボーイングは昇進させたと、二〇一七年のレポートは記している。

かつてはFAAとボーイングの専門職のあいだで交わされていた会話が、いまや規制担当役員レベルの緊迫した交渉になった。かつてFAAのテストパイロットであったスティーブ・フォスは、会議後に駐車場でボーイングの役員がフォスの上司をつかまえ、飛行機の納入を急ぐあまり無理難題を押し付けていたと証言している。

技術的な問題について技官が発言しようとすると、ボーイング機の安全を保証するシアトルオフィスのバーラミのようなマネージャーから休職を勧められたという。ある上級管理職は新しい仕事の取り組みに反対の声を挙げると、バーラミにボーイングを信頼するようにと諭されたことを覚えている。「ボーイングはシステムに精通している。ルールも知っている」とバーラミは語ったという。このマネージャーが一対一で懸念を伝えると、バーラミは「お力になろうとしているのです」と伝え、マネージャーのキャリアは何事にも協力できるかどうかの姿勢にかかっていると匂わせた。777の開発における協働で、ボーイングに好印象をいだいていたFAAのプログラムマネージャーのケン・シュレーダーは責任が細分化されたことで、誰が誰に何を言ったかわからなくなり、明確な回答を得ることが難しくなったと感じた。失望と落胆が退職理由の一つであったとシュレーダーは述べている。

FAAの隠蔽体質と秘密主義

FAAの技官の一人であったスティーブ・オシロは初期の段階でボーイングのカウンタパートに787ドリームライナーに搭載されるリチウムイオンバッテリーをなぜ格納容器に入れるよう設計しないのかと尋ねている。飛行機にとって、火災は最悪の事態の一つであり、二〇〇六年にアリゾナの試験施設が崩壊したように、リチウムイオンバッテリーは発火が大きな問題になっていた。ボーイング自身も火災は「特殊な事態」であるものの、危険性は否定できないと認めていた。オシロは惨事を回避するため、機外に排気する金属製のボックスを装備したらいいのではないかと考えていたが、心配するには及ばないと告げられ、バッテリーの評価を委ねられた代理人は火災の危険性は極めて低く、格納容器は必要ないと結論づけた。

権限の委譲に関する賛否は分かれ、発信者不明のファックスで告発が行なわれた。二〇一二年、運輸省の監察官は、シアトルオフィス室長のバーラミが手綱をゆるめ過ぎているのではないかとの疑惑から調査に乗り出した。運輸省の調査官は一五人の職員から話を聞き、ボーイングの設計に懸念があると表明した七人は報復を受けたと語った。調査官であるロナルド・エングラーはバーラミとFAA本部は「ボーイングに責任を負わせる努力を怠り、職場の環境を陰湿なものにした」とFAAの監査室に報告書を送付している（のちにバーラミは「大した調査ではなかった」と語っている）。

証明の委任に関する問題のほかにも、バーラミをよく思っていない職員が何人かいた。彼らはバーラミがアシスタントと不倫しているのではないかと疑っていた。彼女はFAAの点検官と結婚していた。アシスタントはバーラミに仕えているあいだに昇進し、二人はある週末にシアトルから遠く離れた保養施設の出入り口で目撃されていた。事情の明るい人によれば、二人の関係に懸念した職員が不適切な関係をジョン・バレット人事部長に報告したという。バレットがFAAの安全を担当するナンバー・ツーのジョン・ヒッキーやほかのマネージャーとこの問題を話し合っていたのを職員の数人が偶然耳にしている。バレットはバーラミとアシスタントに同じ行動をしないよう告げたが、処分は行なわれなかった。バーラミとその妻メアリーは二〇一〇年に離婚し、同じように離婚したアシスタントと再婚した。

アシスタントは現在運輸保安庁で働いている。

「彼の人格と、FAAの隠蔽体質と秘密主義は明らかです」と職員の一人は語る（FAAとバーラミはこの問題に関する質問に回答しなかった）。

防げなかったバッテリー事故

不安定な物質が使われながら、監督官庁の干渉を受けなかった787ドリームライナーに起きた事故はある意味で不可避といえるだろう。二〇一三年一月七日、ボストンローガン国際空港に駐機していた日本航空のドリームライナーのリチウムイオンバッテリーが過熱発火し、消防士によって消し止められた。負傷者はいなかった。数日後、元イリノイ州選出共和党下院議員で、当時はオバマ政権の運輸長官を務めていたレイ・ラフッドは、FAA長官とボーイングの商業機部長を従えて、ワシントンで開かれた記者会見の場に現れた。事故調査は行なうものの、ドリームライナーの安全は保証されていると彼らは述べた。

事故から一週間後の一五日夕方、シカゴ郊外のレイクフォレストにあるフランスの田舎屋敷を模した邸宅の外で、ボーイングのCEOジム・マックナーニは魚釣りに出かけようとしていた。彼の携帯が振動し、再びバッテリーが発火したというショートメールが届いた。羽田行き全日空機の機長がコックピットで煙の匂いがしたとして、高松空港に緊急着陸し、乗客は緊急脱出用スライドを使用して脱出したのだった。混乱した電話が続いたものの、さしたる影響はなかった。

翌朝、衝撃的な事故ではあったものの、FAAとボーイングはドリームライナーの飛行を継続することで合意した。マイケル・フエルタFAA長官は、職員は飛行停止に躊躇しているとレイ・ラフッド運輸長官に告げた。バッテリーによる火災は極めて稀有であるとデータが示しており、事故が短時間に二件起きたのは偶然であるとした。

しかしラフッド運輸長官は自身の直感力を信じた。「マイケル、決めるのは私だよ。肚をくくった」。ラフッドはFAAにドリームライナーの飛行禁止を命じた。ボーイングのジェット機が飛行禁止になったのは初めてであり、このような行政処分は一九七九年に発生したシカゴでの事故を受けて連邦裁判所がマクドネル・ダグラスのDC‐10の飛行を禁じたとき以来であった。

ラフッド長官の電話を受けたマックナーニは反対意見を述べ始めたが、ラフッドは中西部の抑揚のない口調で、「喜ばしいことでないことはわかっている。だが、よく聞いて欲しい。火災が発生し、煙が出ている事実はそれ以上に喜ばしいことではない！」。ドリームライナーの安全が「百パーセント」保証されるようになったら再飛行を許可すると、ラフッド長官はマックナーニに伝えた。

三か月かけて再設計が行なわれ、数年前にFAAの技官が求めたように、リチウムイオンバッテリーは容器に格納されることになった。四月になるとNTSBの公聴会でバーラミとその他のマネージャーが証言し、飛行機の安全を監督するにあたり、FAAはボーイングに頼り切っていることが明らかになった。FAAが信頼していたボーイングの社員はバッテリーの内部でショートする可能性について十分に検証したと考えていたが、それほど複雑な技術的問題ではないリチウムイオンバッテリーの対策をボーイングが講じていないことをＦＡＡの技官は知って驚いた。

これは、危険性が判明したら、ただちに安全策がとれるようなささいな問題であったが、再びボーイングが犯すミスの一つであり、のちの事故はさらに大きな惨事となった。大小を問わず、リチウムイオンバッテリーを内蔵した製品が発火する事象はすでに知られていた。「高度な技術が求められることではないでしょう」とあるＦＡＡの技官は語る。ボーイングの認定代理人はより踏み込んだ試験を要求せず、安易な結論に達したのだろうと、この技官は推測する。「開発の遅れと、重量とコストがかさむ事態は避けなくてはならない。重い格納容器を搭載するよう上司に求めたら、その社員の将来はどうなるのか……」

ＦＡＡに提出された書類によれば、バッテリー事故の確率は一〇〇〇万飛行時間に一度のはずだった。しかし、事故は五万二〇〇〇時間に二回発生した。ＮＴＳＢは、ボーイングは適切な試験を怠り、ＦＡＡも監督が不行き届きであったとして、両者に問題があったと結論づけた。

しかし、議会は寛容だった。六月の下院公聴会で、安全の監督をアウトソーシングする試みを支持する議員は、乗客の安全を強調するのではなく、この火災により監督業務を委任する動きが失速することを恐れていた。

テキサス州選出ロジャー・ウィリアムス共和党議員は通り一遍な質問を二つＦＡＡの職員に投げかけた。

「安心してボーイング７８７に搭乗できますか？」

（はい）

「政府は関与を強めたほうがいいですか？」

（いいえ）

「小さな政府がよい政府です」とウィリアムス議員は結論を述べた。

一〇月の公聴会ではテネシー州選出ジミー・ダンカン共和党議員が航空宇宙産業協会の副会長を含む出席者にＦＡＡには直ちに揺さぶりをかけなくてはならないと述べている。「ＦＡＡはより迅速に証明を行なわなくてはなりません。もっと、もっと速く」

おそらくＦＡＡのマネージャーにインセンティブが与えられていたことをダンカン議員は知らなかったのだろう。「ボーナスを支給すれば、遅滞している業務は迅速に解消されるのではないでしょうか」と述べている。

反対意見はなかった。注目を浴びていたアリ・バーラミは「ＦＡＡの証明業務を効率的に行なおうとする動きに私たちの同僚は多大な関心を寄せています。なぜなら革新的な製品をいかに速く市場に提供できるかはＦＡＡの業務のスピードにかかっているからです」と証言している。

バーラミは政治圧力団体に転職し、三〇万ドルの報酬を受け取ることになったばかりだった。

第8章　止まらないカウントダウン

新型機737MAXの開発

ボーイング737MAXのフライトコントロールの設計に関わるようになったリック・ルットカはかつて黒とオレンジに塗装されたピッツスペシャル複葉機を操り、アクロバット競技会に参加したことがあった。やはりパイロットであったルットカの父親は、息子に古典機が空中で分解したら、いちばん大きな破片を操縦して家に帰ったらいいと冗談まじりにアドバイスしていた。飛行と機械いじりに夢中になったルットカは古典機をリストアする事業を始め、一九九六年にはボーイングに入社して試験飛行機担当メカニックになった。その後ルットカは技術者の道を歩み、コックピットの警告システムで二つの特許を取得した。そして二〇一一年、ボーイングの操縦室設計センターで勤務を始めた。飛行機マニアにしてみれば、夢のような仕事だっただろう。同センターは737MAXから未就役の777Xまでボーイング機のコックピットの開発を担当している。

しかし、ルットカは間違った時代にボーイングで勤務した。マニアは求められておらず、もはや邪魔な存在だったのである。

787ドリームライナーの不具合で非難を浴びたCEOのジム・マックナーニは相変わらず攻撃的で、安全に対する取り組みについては言及したものの、コスト削減については手をゆるめず、さらには謙虚であるべきことなど、学んだはずの教訓を活かそうとはしなかった。マックナーニが進めたのはまったく正反対で、従来の姿勢を強めただけだった。効率化を求める圧力は強まり、追い立てられた社員は怯えながら新型機の開発を行なった。この新型機が737MAXである。

労働組合スピーアの役員となった物理学博士ソッシャーは引き続きアナリストとの対話に力を入れた。アナリストは表現こそは違うものの、同じ質問をした。「なぜボーイングはスピーアを毛嫌いするのか?」。サウスカロライナの巨大工場が完成し、会社は組織化された労働者と対峙する準備が整った。もはやストライキを起こしても、スピーアには会社の息の根を止める力はなかった。大西洋岸北西部から業務を移転すると脅し、またそうすることで会社は力をつけ、受注と収益が増加したにもかかわらず、今度は年金の削減を試みていた。

MAXの開発中にボーイングはピュージェット湾沿岸部から三九〇〇人分の労働力を奪った。737のサポート業務はシアトルからカリフォルニア州南部の旧マクドネル・ダグラスのオフィスへ移され、新たに業務にあたることになった社員が737に精通していなかったことから、航空会社は頭を抱えた。シアトルにあった先端研究組織もボーイングは閉鎖し、労働組合に対して強い姿勢をとるミズーリ州とアラバマ州に移した。一部の業務がフロリダ州やほかの州に移されたため、MAXの飛行を担当するパイロットも会社からの圧力を受けるようになった。「我々は生産性と採算性の向上を目的として、経済的なメリットがある土地に事業所を再配置しているのです」。二〇一三年七月、ボーイングのCFOであるグレッグ・スミスはアナリストに説明している。

労働組合は組合の交渉力を弱めるために会社がこのような動きをしていると解釈した。脅しと新たに手に入れた影響力を行使し、会社は首尾よく機械工と技術者と長期契約を結ぶことに成功した。六五歳を目前にしたマックナーニは、二〇一四年七月に開かれたリモート会議で今年中に引退するかと尋ねられると、「心臓は動いている。社員も震え上がっている」と冗談めかして答えている。

マックナーニの言葉どおり、社員は恐れをなしていた。ボーイングは新たな人事評価システムを導入し、スピーアによれば、経験のある社員は一時解雇される可能性が強まった。エンジニアは四〇代になると一時解雇される確率が二倍に高まった。五〇代の社員においてはその確率は三倍になった（これはマックナーニが3M時代に人員削減に用いた戦略で、一時解雇された四五歳以上の社員数百人が雇用機会均等委員会に提訴し、違法性を指摘された3Mは二〇一一年に三〇〇万ドルの和解金を支払った）。

マックナーニは出身校であるバーバード・ビジネススクールから刊行された出版物（二〇一三年刊）の中で「我々は従業員をいつまでも雇用しようとは考えていない。一九五〇年代のように愛社精神に富み、退職を考えることのない社員がいたとしても、彼らの雇用を継続することはもう不可能だろう」と記している。

六か月にわたる飛行禁止措置が終わり、787ドリームライナーは二〇一三年七月に再飛行し、その後に行なわれた最初のアナリストの取材で、マックナーニはドリームライナーの最新情報を手早く提供し、そこには安全に問題はないとの主張が見え隠れしていた。そして、マックナーニは話題を変え、下請けの締め付けについて熱く語った。「ワークフロー、内部留保、利ざやの改善に取り組み、我々は生産機数を大幅に増やします。我々は強い決意とともに、『多くのものをより安く』提供する社会において企業活動を行なうことをお約束します」

一九九〇年代前半にフィル・コンディットは「ワーキング・トゥゲザー」というモットーを用いて777の開発に成功したが、当時とは明らかに異なる「多くのものをより安く」提供することを目標に、ボーイングは737MAXの開発に乗り出した。はっきりとは言わないまでも、ボーイングの目指す方向は「より優れた性能をより低コストで実現」「航続距離は長いが、燃料消費は少ない」そして「少ない社員により多くの責務を課す」である。数々のリスクを冒したボーイングは、やがて惨事という報復を招くことになる。

シミュレーター訓練の回避

かつてのボーイングは開発中に活発に議論することが奨励された。ボーイングと固い絆で結ばれ製造責任を問われないように努力を重ねていた弁護士事務所のパーキンズ・コーイーの言葉を借りれば、大型旅客機は「多くの妥協を重ね、エキスパートが見識を交換したうえで」開発されるものであった。

一九九〇年代に登場した737NG-600に装備される予定であった燃料タンクは単一障害点（システム全体の機能を損なう単一問題箇所）が存在するかもしれない危険性があったため、製品安全担当役員のポール・ラッセルは同じく設計の変更を求める同僚とともに立ち上がり「シートカバーを汚す血がどれだけ流れればいいのか」と声を大にして反対している（設計は変更された）。

拍手とともに迎えられた737NGのケースと同様、737MAXの開発には世界中に散らばる数千人のボーイングと下請け会社の社員が関わり、各所で多くの決断が個々に下された。ボーイングはDOORというソフトウェアを導入し、変更があった際は世界中の関係者に即時に通知が行くことになっていた。DOORは巨大なエクセルのようなもので、プロジェクトの重要な基準が守られなかった時はセルが赤色に変わった。財務担当者も最新の情報を入手することができた。

ある初期の設計会議で（プログラム管理優秀活動・優秀職務担当部長など多くの肩書きを持つ）商業機事業部の役員ピート・パーソンズは、「（計画は）いままで目にしたものの中でベストである」と言明している。ボーイングの社内ニュースレターにも「明解なコミュニケーションと高いレベルの協力」にとりわけ強い感銘を受けたとパーソンズは記している。しかし、すぐに指揮系統が大混乱に陥り、障害が発生をすることを関係者は予測していなかった。

実のところ、多くの会社で見られるように、関係者はメール、チャット、電話で意思の疎通を図った。さらにMAXのソフトウェアを書いたエンジニアと一緒に仕事をしたことのある人によれば、いちばん大声で怒鳴る人が望むものを手に入れたという。監督官庁もとりあえず満足させればいい関係先の一つに過ぎず、とくに大きな強制力を持っているとは考えられていなかった。FAAの技官に対応する時、エンジニアは「引き出しにぎっしり書類を詰め込む」作戦を思いついた。「過度の情報を与えれば、FAAは尻尾を巻いて逃げ出す」とこの人物は語っている。

二〇一一年一二月、商業機事業部長であったジム・オールバーは「最も簡単な方法で新型エンジンを搭載する。エンジンの載せ替えに関係する部分だけ改良し、ほかはわずかでかまわない」と部下に命じている。

開発プログラム担当のマネージャーたちは全社員にこの命令が行き届いているかを確認し、MAX本部長となったキース・レバークーンがのちに語ったように「一日たりとも無駄にしない」ために会議室にはカウントダウンタイマーが置かれた。MAXの初飛行に向けて達成しなければならない重要な段階までに残された時間をこのタイマーは刻んでいた。

開発プログラムのチーフエンジニアであるマイケル・ティールはレバークーン本部長の部下であったが、MAXの開発に携わる一五〇〇人のエンジニアはティールの直属の部下ではなく、各部長に対して責任を負っていた。このような組織編成をかつてボーイングの力強いリーダーであったジョー・サッターが知ったら面食らったに違いない。

すでに737はボーイングの収益の三分の一を稼ぎ出す製品であったが、相変わらず「祝福を受けることなく誕生した機体」であり、投資の対象ではなかった。かつてボーイングでパイロットを務めたある人物は「(737は)シンプルな旧型機で、化粧しても醜いままの口紅を塗った豚である」と評している。737に割り当てられた予算と人員もこの言葉を裏付けている。チームは二軍であった。また急を要するほかのプロジェクトに関わりながら時間をやりくりしてMAXの開発にあたっているルットカのような社員もいた。「737MAXに関する業務は優先されていませんでした」と、フライトコントロールエンジニアであったピーター・レムは語る。

さらに最大の顧客であるLCCのサウスウエストも大きな改良を望んでいなかった。高いコストとロジスティックの問題の発生を回避し、追加訓練を行なわずに一万人のパイロットが新型機に乗り込むことをサウスウエストは希望していた。

ボーイングのマネージャーも、在来型737のパイロットがMAXに移行するにあたり、シミュレータートレーニングが必要になる状況は何としてでも回避するよう、初期の段階からフライトコントロールチームに命じていた。シミュレーターが必要になれば、二〇一九年に二四六機を発注したサウスウエストに一機あたり一〇〇万ドルを支払うことになる。これは何としても避けたいペナルティーであった。

シミュレーターは技術の結晶である。蜘蛛の足のように屈伸運動する支柱に乗り、地上三メートルで前後左右に動く繭のような奇妙な機械を想像して欲しい。規制条件を満たすために、シミュレーターに乗り込んだパイロットは目の前の湾曲したミラーで実機同様の光景を見て、映画館のサウンドのようにリアルで耳障りなアラームを聞く。シミュレーターの導入には約一五〇〇万ドルの初期投資が必要で、高額な人件費のかかる三人のパイロットがトレーニングに参加し、一時間あたり数百ドルのランニングコストが生じる。評価を受けるパイロットの隣には副操縦士を務めるパイロットが座り、そして教官がいた。訓練が数日にわたる場合は、旅費、宿泊費、食費を支給しなければならず、数千人のパイロットを雇用する航空会社にしてみれば結構な金額になった。

パイロット、整備員、客室乗務員への賃金、そして安全に運航するために必要な訓練は航空会社の予算の二〇パーセントを占め、これらのコストは燃料費よりも高額である。メーカーと航空会社はシミュレータートレーニングを最小限にし、短期的にコストを削減しようとしていた。

採用されなかった電子チェックリスト

MAXの制御装置を設計していたルットカは悪い予感から逃れることができなかった。「MAXはその場しのぎのお粗末な飛行機でした。今日パイロットはオートメーションを頼りにしています。でもMAXには自動操縦の機能が多くありません」。航空機の開発では多くの妥協が生じるが、シミュレータートレーニングを回避するようにという命令は常識の範囲を超えていた。「MAXの開発では不可解なことに意見の対立はありませんでした。プログラムリーダーは熟慮することなく設計チームに指示を伝え、社員は要求を拒むことが時として必要なことを理解していなかったのです」

数百万人のアジア人富裕層が旅行をするようになり、飛行機を使った旅行は大きなブームとなった。また低金利で資金の調達ができるようになったため、航空会社は急ぎ航空機を発注し、航空機メーカーはジェット機時代が到来して以来最大数の受注を得ていた。二〇一〇年から二〇年にかけて航空各社は四兆四二二〇億ドル相当のナローボディ機を受領し、ティールグループのコンサルタント、リチャード・アブラフィアによれば、このような引き渡しは過去半世紀に交わされた取り引きの三六パーセントを占めたという。

嫌々ながらFAAに入局し、ボーイング航空安全監視室に配属になった技官のリチャード・リードは、二〇一二年のミーティングでボーイングのマネージャーに、なぜMAXのコックピットを大幅に改良しないのか質問している。これでは737MAXはボーイングが三〇年前に757と767で先鞭をつけた技術、電子乗務員警告システムを装備しない最後の大型旅客機になってしまう。「聞いてください。737のコックピットを現代的なものにするいいチャンスじゃないですか」

さらにリードは、737とともに成長した多くの年配パイロットは引退しつつあることを指摘した。業界に入った若いパイロットが最初に操縦するのはブラジル製のエンブラエル機やカナダ製のボンバルディア機などのコミューター機であることが多く、これらの機種には最先端のコックピットが備えられていた。軍用機であっても最新型にはタッチスクリーンに表示されるチェックリストがあった。もし油圧ポンプが故障したら、スクリーンにはパイロットがとるべき具体的な行動が表示される。737では「油圧低下」の警告灯は点灯するものの、そのあとの説明はなかった。パイロットは記憶に頼るか、ハンドブックを見なければならない。

ボーイングのマネージャーは「トレーニングの問題です」とリードに返事し、変更を拒んだ。ゼロからの新型機であれば、電子チェックリストは必須の装備になるはずだった。しかし、ボーイングのマネ

(©Wikimedia Commons)

B737MAX８ボーイング自社機

ージャーは一九六七年に最初の型式証明が交付された737の改良型としてMAXを扱い、型式証明は追記のみにとどめ、検査では例外措置を認めてもらおうと考えていた。

MAXは実に一三回目の改良であり、公式な申請書によれば、737‐100、737‐200、737‐200C、737‐300、737‐400、737‐500、737‐600、737‐700、737‐700C、737‐800、737‐900、737‐900ERが737の改良型であった。

型式名も限界に達していた。「737‐1000」を望む人がいるとは考えづらく、最新型は737‐800の従兄弟であったため、737‐8と公称され、マーケティングの観点からボーイングは737MAX8という呼称を選んだ。MAXという名称にはボーイングと航空会社の経験を最大限活用するという思いがあった。

マイケル・ティールに率いられたチームは、電子チェックリストを採用すると、ほかのシステムに次から次へと影響が及ぶため、規制が適応されないことを絶対視し、「コストの低減策」をのちの二年間に模索した。そして、FAAの業務を代行する社員の懐柔も必要だと書かれたメモが回された。

ボーイングはFAAに提出した提案書で、一〇〇億ドルを投資して電子チェックリストを搭載しても、安全性の向上は微々たるものであると婉曲に述べている。FAAのマネージャーは同意した。ボーイングはFAAとの馴れ合いを最大限に利用した。

風洞試験で明らかになった欠陥

737MAXは初期の試験で運命を左右する重大な欠陥を露呈した。鷲ほどの大きさの模型を使用した風洞試験で、高速で急旋回すると機首が上がる（ピッチアップ）傾向がMAXにあることにエンジニアたちは気づいた。それは翼の下ではなく前方に大型エンジンを装備した結果であった。MAXのチーフパイロットであったレイ・クレイグはシミュレーターを使って運動特性をつぶさに調べた。ピッチアップは飛行領域の限界すれすれで生じるものであり、商業機が危険を冒してまで試す運動ではなかった。しかし、理論上はありうることで、突然の乱気流や、その他の危険な状況が差し迫った際にはパイロットはこのような操縦をするかもしれなかった。もし問題が解決できなければ、ピッチアップはストール（失速）につながる。

ボーイングのエンジニアは小型の補助翼を主翼上に設置することで空力特性を変えようと試みたが、

満足できる効果を得ることができなかった。もう一つの解決策は、７０７の空力上の難題を解決するためテストパイロットのテックス・ジョンソンがエンジニアに申し入れた数十年前の改善策の一つである尾翼の改良であった。しかし、このような改良はコストがかかり、機体のほかの部分に影響することが回避できないため、開発の遅延という極めて重大な問題を招きかねなかった。

　このため、このような事態が発生したら、ソフトウェアがエレベーターを動かし、機首を自動的に下げることで関係者は合意した。ボーイングはすでに空軍向けに開発している給油機の設計でこのようなソフトウェアを作成した経験があった。給油機向けのソフトウェアは機動特性強化システムもしくはＭＣＡＳ《エムキャス》と呼ばれた。ボーイングはＭＡＸにも同じ名称のソフトウェアを実装することにした。

　事情を知るエンジニアの多くに異論はなかった。Ｇ力を測定する加速度計と機首に装備されたＡＯＡベーンの二つの計器が発する警告を受けてＭＣＡＳは動作するため、冗長性は確保されていると考えられた。

　チーフパイロットのクレイグはこの解決策を良しとしなかった。ハードウェアの改良を望んでいたのである。しかしソフトウェアのメリットは誰の目にも明らかで、コストがかからない。ＭＡＸプログラムはすでにコスト削減のプレッシャーを受けており、新装備に安全面のメリットがあったとしても、採算性に優れていなければ採用されない。これは安全に関する改善策であってもコストが優先されることを意味した。

　財務革命が猛威を振るう前に開発された在来型７３７では、テストパイロットは評価に費やした時間を記録する必要はなかったが、ＭＡＸではマネージャーが詳細な記録を要求した。テストパイロットが業務に従事すると、一時間あたり二一六ドルのコストが発生し、これは上級管理職と同等の人件費であった。試験飛行が始まっていないにもかかわらず、二〇一二年の予算会議でマネージャーは試験飛行の時間を三〇〇〇時間削減し、エンジニアリングフライトシミュレーターの使用時間は八〇〇〇時間短縮するよう求めた。これは「番狂わせに備えよ」というジョー・サッターの原則の対極に位置する考え方であった。

ソフトウェアは簡単であったが、ＦＡＡに新機能と判断されることを恐れ、社員は「プログラム指示」とこの機能を呼び、シミュレータートレーニングは必要ないとした。ＭＡＸプログラム本部長キース・レバークーンはトレーニングの問題をいくつかの「リスク」の一つとして絶えずモニターし、定期的に最新の情報を上司に報告した。

ボーイングのエンジニアはＭＣＡＳの存在に言及したほうがいいかどうか迷っていたが、二〇一三年六月、ボーイングはＭＣＡＳの呼称は内部だけで使うようにし、外部に対しては既存の電子飛行制御装置の微調整と説明して、質問から逃れようとした。

この月の討議をまとめた議事録によれば、関係社員は「ＭＣＡＳを新機能として強調すると、証明やトレーニングに大きな影響を与えるおそれがある」と論じていた。ＭＣＡＳを採用すればボーイングの業務量も減らすこともできる。議事録が力説するとおり、ＭＣＡＳを既存のシステムの一部であることに関係者が合意すれば、トレーニングやマニュアルを更新する必要はない。

却下された安全対策

ＭＡＸの計画にはもう一つの懸念があった。ボーイングは最安値で落札した実績のない下請け会社にシミュレーターの製造を委託したが、シミュレーターの完成はＭＡＸの就役に間に合いそうもなかった。シミュレータートレーニングのコストを最小化しなければならないだけでなく、もしＦＡＡがパイロットは新型機を飛行する前にシミュレータートレーニングを受けなければならないと決定した場合、シミュレーターの遅れは開発プログラムの致命的な遅れにつながる。

シミュレーターの遅れは一つの障害にすぎなかったが、大きな危険をはらんでいた。それでも反対の声は出なかった。ＦＡＡの代理人はソフトウェアによる失速防止策を承認した。

ルットカと飛行制御エンジニアはＭＡＸの旧型警告システムの近代化をあきらめようとはしなかった。その一人にエンブリー・リドル航空大学を卒業後、ボーイングに入社して数年ほどの二〇代のカーティス・ユーバンクがいた。ユーバンクは黒いあごひげを蓄え、まるで昔話から出て来たきこりのような風貌をしていたが、外見とは異なり、ボーイングのボーイスカウトの一員であることに喜びを見いだしていた。エンブリー・リドル航空大学時代、ユーバンクが開発を手伝い、ＮＡＳＡの施設から打ち上げられたロケットは高度一九万九五八〇フィート（約六一キロ）に到達し、二〇〇七年に学生が製造したロケットの最高高度記録を樹立している。

二〇一四年、ユーバンクはフライトコントロールのエキスパートで構成されたグループの一員として、センサーが誤った情報を伝達すると、ＭＡＸの安全が脅かされる問題を指摘した。ＡＯＡベーンや対気速度を測定するピトー管は機体の外部にあり、バードストライクや搭乗ブリッジによる損傷などに対して脆弱である。FAAの記録によれば、AOAベーンだけでも二〇〇四年以降二〇〇件以上の不具合があり、コックピットの警告灯が点灯した例もあった。

ユーバンクやその他のエンジニアは787ドリームライナーですでに実現している全センサーからの情報を比較するシステム、「人工対気速度」をバックアップとして採用するよう求めた。このシステムがあれば、MCASソフトウェアにリンクされたAOAベーンのようなセンサーから筋の通らないデータが伝達されても、システムが値を無効にする。

マネージャーは安全策を却下するにあたり、「コストと（パイロットに対する）トレーニングに影響が出る」と二回にわたり説明している。そして、「犠牲者が出なければボーイングは変わらない」とユーバンクらに告げた。

ユーバンクたちはMAXのチーフエンジニア、マイケル・ティールとの会議で三度目の説得を試みたが、やはりティールは反対意見を述べ、提案を葬り去った。ティールの上司であり、MAXプログラムの本部長キース・レバークーンはのちに何の話も聞いていなかったと語っている。

真実を話してはならない

航空機の開発には多数の部署が携わり、飛行機の中で数多くの職人が腕を振るっている情景が目に浮かぶ。あるチームはフラップとスラットを担当し、別のチームは推進機といった具合である。注意しなければならないのはある部署で変更が発生すると、ほかの部署にも影響が出ることである。築百年の屋敷の地下室を想像して欲しい。ヘビのように碍子《がいし》引き配線が梁《はり》に取り付けられ、鉛や銅製の水道管が壁を這っている。これは数十年にわたる妥協の産物である。ボーイングの737も同様であった。違いと言えば737には六万点の部品が使われていることだった。

運航乗務員オペレーションと呼ばれたルットカのグループは、操縦室内に着席したパイロットが円滑に業務を行なえるように開発を行なっていた。MAXの開発が始まった時には三〇人の社員が在籍していたが、最終的に担当者の数は一五人になった。一時解雇された社員もいたし、早期退職に応じた社員もいた。より良い条件の仕事を見つけて、去って行った社員もいた。ルットカの同僚のユーバンクもマネージャーが安易な解決策を強要することに嫌気がさして二〇一五年に退職した。

退職者の多くはヒューマンファクターのエキスパートであり、エンジニアが見逃すかもしれない機械と人の相互作用の問題点を発見できるよう経験を積んでいた（この分野の専門家は「犬はノミにやられる。エンジニアはヒューマンファクターにやられる」と冗談を言った）。

退職者の一人は博士号を持っており、ルットカによれば「失ってはならない能力を持つ人材」だった。「会社は豊富な経験を持ち、高額報酬のエンジニアを狙い撃ちしました」。これはマックナーニが強行した経費削減によって3Mが開発力を失ったことと同様に、利潤だけを追求した粛清であった。

二〇一五年、ボーイングは多くの航空機を製造したが、社員数は七パーセント減少していた。MAXの開発を支援する飛行試験グループのマーク・ラビンによれば、マネージャーに抵抗する社員は歓迎されなかったという。ボーイングに一七年務めたラビンも会社を追われた。「残酷な一時解雇は終わりを知らず、虐げられた社員の大幅な士気の低下は明らかでした。石橋を叩いて渡り、口は災いの元であることを忘れてはなりませんでした」

役員はゴルフクラブで豪華なディナーに舌鼓を打ち、エンジニアは間に合せの食事をしているとラビンは冗談を言ったことがある。上司はラビンを呼ぶと、角が立つような発言をするなと命じた。社員を集めたある会議である役員が延々と話したのちに、若い女性エンジニアのプレゼンテーションが始まった。「いい加減、目を覚ましてください！」と彼女は冒頭に発言した。しばらくすると、彼女は一時解雇の通知を受け取った。彼女が馘首されたのはこの役員の心証を悪くしたからだと廊下に出たエンジニアはひそひそ声で話した。

何人かのエンジニアは目立たぬようインドのＨＣＬ社から派遣された若いプログラマーが働くフロアに目をやった。Ｈ‐１Ｂビザを取得して働く派遣社員はボーイングのエンジニアの半分の給与で働いていた。インド国内ではさらに給与は低く、時給は九ドルであった（インド人プログラマーが開発していたのは飛行試験確認ソフトウェアで、ＭＣＡＳではなかった）。

ドリームライナーの生産をサウスカロライナ州に移したことにも難点があった。同州の賃金はシアトルの半分であったが、ボーイングが採用した労働者は航空機生産の経験が乏しかった。サウスカロライナ工場の品質担当マネージャーのウィリアム・ホベックは不良箇所を上司に報告したところ、解雇されたとして、連邦裁判所に提訴している。裁判では「ビル（ウィリアム）、問題をすべて洗い出すのは無理なことを君もわかっているだろう」と上司が返答したことが明らかになった。

ホベックは点検担当者を呼び、四〇か所の問題が発見された。その他の社員も製造に問題があると訴え、機内には工具だけでなく、ハシゴが残されていたケースがあったという。それでも真実を話してはならないという強い圧力があった。二〇一四年、中東の衛星テレビ局アル・ジャジーラが隠しカメラを工場に設置したところ、不適切な作業で製造された機体には乗りたくないと従業員が発言しているのが記録されている。

巨額な役員の成功報酬

この年の五月、シアトル・フェアモント・オリンピック・ホテルで開かれた定期株主総会で、マックナーニは彼が育てた後継者デニス・マレンバーグ副会長がCEOに昇格すると発表した。この席でマックナーニは「多くのものをより安くする世界」では、707のような「ヒット作」や（結果として欠陥を露呈した）787ドリームライナーのような野心的プロジェクトはもはや必要ないと公言した。学生時代に世界一の航空機技術者になることを夢見たマレンバーグも感動を新たにした。「かつて私たちは新技術に取り組んでいると言ったかもしれませんが、いまは革新的な再利用に注力する時です」

この戦略は利益を生み出し、二〇一五年に役員の成功報酬を定めるためにまとめられた過去三年の業績の概算によれば、ボーイングは五七億ドルの目標に対し、累計八三億ドルの「経済利益」を計上したことになった。この結果、予想額の二倍に匹敵する最高額のボーナスが幹部に支払われた。平社員はそこまで恵まれていなかった。月給制の一般職に支払われた二〇一四年の賞与の平均額は四五〇〇ドルに過ぎなかった。

マックナーニは、二〇〇一年から一六年にかけて二億三一〇〇万ドルの報酬を受け取り、ウェルチほどではなかったが、引退に際しても少なくとも五八五〇万ドルの退職金を得た。マレンバーグも二〇一一年から一八年にかけて、一億六〇〇〇万ドルを稼いでいる。

エンジニアに経費の削減を求める一方で、ボーイングは株主を太らせ、二〇一三年から一八年にかけて余剰資金の約八〇パーセント、四一五億ドルを自社株買いに費やしている。これだけの資金を投じれば、数機種の新型機をゼロから開発できるはずだった。

一部の人間だけが豊かになっていくことに懸念を抱いた人もいた。ティールグループのアナリスト、リチャード・アブラフィアは二〇一五年に『フォーブス』に寄稿した記事で、商業機生産事業の運営は一般企業のそれとは異なるものでありながらも、ハリー・ストーンサイファーと彼に続いた経営陣は投資家の優先する戦略を目指していたと書いている。利益の根源は学習を怠ることを知らない深い知識を有した社員の汗と涙であったことを経営陣は忘れているようだった。

数年後、アブラフィアの記事は予言であったことが明らかになった。「航空機事業を他業種と同様に捉えるマックナーニの過ちから、ボーイングは高い代償を支払うことになる」

マレンバーグCEO

月曜日の午前六時三〇分、出張がなければデニス・マレンバーグは数人の同僚と聖書の勉強をした。彼自身が二〇〇九年から一三年にかけて指揮したセントルイスの防衛事業部の社内にあるカフェテリアの硬い椅子に腰掛け、コピーされた『市場の神』や『良書からビジネスを学ぶ』などのビジネス書や聖書の抜粋を交代で読んだ。カリキュラムは聖書ビジネストレーニングと呼ばれるグループによって作成されており、目的は聖書を学ぶことで職場の問題を解決することだった。どうすればきついことや信頼を失うようなことを言わずに済むのか？　信仰が自身をどう強くするか？　聖パウロはなぜ神の武具を身につける時、最初に真理の帯を締めることが重要だと説いたのか？

多くのボーイングの先輩役員と同様にマレンバーグは中西部の出身で、いまだに一八〇〇年代のオランダの雰囲気が残るカルバン派信者の町、アイオワ州スーセンターで育った。商店にはオランダ語で書かれた看板があり、街角には改革派の教会が並んでいた。マレンバーグの父ドウェインはカルバン派の伝統を重んじ、すべてを信仰に捧げた男で、子どものために昼食時に聖書を読み、夕方には子どもに聖書の物語を読み聞かせたとスーセンターのメモリアル斎場が出した死亡告示に書かれている。家族は農場でとうもろこしや大豆、アルファルファを栽培し、牛や豚などを育てていた。四人兄弟の一人であるデニスは毎朝家族のために乳搾りをした。

アイオワ州北西部のこの地域は全米でも一、二を争う保守派の票田である。一九八〇年にロナルド・レーガンはスー郡で七六パーセントの得票を集め、二〇二〇年にはドナルド・トランプが八一パーセントの票を得ている。デニスの兄弟ハーランが経理部長を務めるスーセンターのドルト大学で一五〇〇人に演説した時、トランプは「五番街の真ん中で誰かを撃ったとしても、ここで票を失うことはないだろう」と心の中でつぶやいている。

スーセンター高校でマレンバーグは異彩を放つ学生であり、それは数学の成績が良かっただけではなかった。彼を受け持った教師のテッド・デ・ホーホによれば、マレンバーグは教え子の中でも最も優れたアーチストだったという。鉛筆を使ったスケッチでマレンバーグは光、影、質感を上手に表現した。デニスが正面から描いた学び舎のイラストが卒業式で渡される小冊子の表紙を何年にもわたり飾った。デ・ホーホに提出した作品は試作に過ぎず、スペインの超現実主義画家のダリのように癖のあるタッチで、トースターから飛び出るトーストを掴み取る手をマレンバーグは巧みに描写している。別の作品ではキリスト教の物語であるダニエルとライオンの穴を主題にした、ライオンが舌舐めずりしている様子を描いた。

一九八〇年代の初めにアイオワ州立大学で航空宇宙工学を専攻していたマレンバーグは友人とスライド映写機を使用してグラフやフローチャートを壁に投影する方法を編み出し、ルームメートのスティーブ・ヘイブマンを驚かせている。それは原始的なパワーポイントであった。マレンバーグとその友人はマウントされたスライドからフイルムを取り出し、代わりに透明のプラ板に極細のペンで文字を書いたものをマウントに入れたのである。明確な目標に向かって自信満々に歩みを進め、ボーイングのような一流企業からインターンシップのオファーを取り付けたマレンバーグを数歳年下のヘイブマンは尊敬の眼差しで見ていた。一〇代後半から二〇代前半の彼らが一緒に住んでいたのは普通のアパートで、夜一〇時からテニスを始めるなど奔放な暮らしを楽しんでいた。

ボーイングの夏のインターンシップに参加するため、一九八二年式のモンテカルロを運転してシアトルに到着したマレンバーグは初めて海を見た。当時のCEOは無愛想な〝T〟ウィルソンだった。ボーイングの社員による不適切な修理から、一九八五年八月に747が御巣鷹山に墜落し、ウィルソンが口にした謝罪の言葉は世間の注目を集めた。

(©Wikimedia Commons)

デニス・マレンバーグ。2015 年から 19 年にかけて CEO。前任マックナーニ CEO の路線を踏襲し、自社株の買い戻しと配当に資金を投入。在任中に 737MAX の墜落事故が連続発生する。

一九八六年、アイオワ州立大学を卒業後、マレンバーグはボーイングに就職した。会社の体育館で若い社員らとバスケットボールに興じ、獣医師と結婚し、シアトルにあるワシントン大学で航空宇宙航行学の修士号を得た。栄転にともないワシントンDCに引っ越した際は、妻のベッキーと力を合わせ、幼い息子を連れて、三匹の犬と四匹の猫とともに大陸を横断してい

る。

高速旅客機の研究に参加したことはあったものの、マレンバーグが主として担当したのは軍用機であった。F‐22戦闘機、E‐767早期警戒管制機、747空中発射レーザー搭載機、EX監視プラットフォーム、先進戦術戦闘機や「会社が所有権を有するいくつかの製品」の開発に携わったと彼の履歴書に書かれている。軍用機プロジェクトは（収入を含めて）予想が可能なプログラムで、マクドネル・ダグラスとの合併後、ボーイングのDNAの一部となったミスター・マックと彼の弟子が常に好む事業であった。望む結果を得るには優れた技術と同じくらい陳情や政治力、ならびに閉ざされた扉の向こうでの策略が必要だった。

マレンバーグが経験した最初の要職は先進戦術戦闘機の武器システム部長で、在任中にボーイングは二〇〇〇億ドルの契約を逃し、ロッキード・マーティンが勝利を収めている。PBS（公共放送サービス）が二〇〇三年に節度あるドキュメンタリー番組『ノバ』で両社の競争を紹介した際に、マレンバーグは野心を隠そうとしなかった。「白昼夢にふけると、私にはホバリングしている戦闘機が見える。飛行場から離陸する。艦船の近くを飛行している。そして私は提案しているボーイング機がロッキード機を撃ち落としている姿さえ見ることができる」

「製品に問題はない。次に進め！」

「スター社員の部屋」と呼ばれるシカゴ本社の会議室の壁には前途有望な役員の顔写真が貼り出され、二〇〇〇年代の半ばになると、マレンバーグの写真も掲げられるようになった。グローバルサービス、そしてボーイング防衛宇宙安全部を指揮したあと、マレンバーグはマックナーニの見習いとして副会長を一年務め、７３７ＭＡＸの開発が中盤を迎えた二〇一五年七月、ＣＥＯになった。

短く整えた金髪、青灰色の目、スリムな体型、ある新聞が人物紹介で表現したとおり、マレンバーグからは一九六〇年代の宇宙飛行士の雰囲気が感じられた。生涯をボーイングに捧げ、経験豊かな航空エンジニアであったマレンバーグはどこまでもボーイスカウトであった。しかし、ＣＥＯになって彼は変わった。マックナーニが手をつけた効率の追求を推し進め、マックナーニが一五パーセント削減した下請けへの支払いをさらに一〇パーセント削減した。かつてボーイングは「レイジー・Ｂ」という愛称で呼ばれ、最後に技術者が勝利する会社だった。それが今やどうしたら遅れることなく、マレンバーグの行動についていけるかと社員は冗談を言い合った。

セントルイスの社屋の一階で会議を終えると、マレンバーグは階段を駆け上がって八階に戻ろうと参加者を募った。熱狂的なサイクリストであるマレンバーグは、各事業所を訪問するたびに事業所のサイクリストを率いて遠乗りに出かけた。毎週一〇〇マイル以上走ったと誇らしげに語るマレンバーグを人々は「マシン」と呼んだ。一気に飲み干す一日、六本のダイエットマウンテンデューが彼の燃料らしかった。

多くの社員もマシンになったような気がした。技術的見地から価格の算出ができないにもかかわらず、四年後に納入予定の飛行機を営業チームは販売しており、コスト削減のプレッシャーは計り知れなかったと、７３７燃料システムの元マネージャーであったアダム・ディクソンは語る。「どれくらい顧客にへつらったらいいんだい?」」。ボーイングのマネージャーはテストの継続を望むエンジニアにたびたび質問した。マネージャーが言わんとすることは明らかだった。「製品に問題はない。次に進め!」である。

二〇一六年、ボーイングは時間短縮とコスト削減の具体的な指標をマネージャーの人事評価に取り入れ、二〇一八年にはディクソンも上司から目標が未達であれば、報酬が危うくなると「きつい言葉で脅かされました。犠牲にしなければならないのは技術でした」と語る。

「アイデアはもたらした経済的メリットで評価され、さらにそのメリットは金額で評価される」と、マネジャーはエンジニアの人事考課に記している。

さらに悪質なことはディクソンの目にはFAAも共謀しているように映った。航空機はますます「IOU(訳注:借りはいつか返すよ)」となり、遅延を防ぐために、意見の相違があったとしても、技術面の話し合いは先送りにするという暗黙の了解がボーイングとFAAのあいだにはあったとディクソンは断罪する。「新しい文化です。それも有害な。法令の遵守よりも利益が優先されるのです」

入局後に上司の知識に感銘を受けたFAAの技官コリンズも変化に気づいていた。二〇一五年半ば、ボーイングが737MAXの初号機を組み立てていた時、技官がラダーのケーブルに被膜がないのは欠陥ではないかと疑問の声を上げ、一三人の技官とパイロット一人、それに少なくとも四人のマネージャーが同調した。一九八九年にスーシティーで発生したDC‐10の墜落事故を受けて、たとえエンジンの爆発があっても、ケーブルが損傷しないよう、設計の変更を求めたのだ。しかし、局の上層部は彼らの提案を採用せず、さらにボーイングの役員は彼らの提案は非実用的と反論し、設計の変更は無理だと否定した。Ａ３２０ｎｅｏの開発で同じ問題に直面したエアバスは設計を修正している。

トランスワールド航空８００便の教訓を無駄にすることがないよう、苦心して書き上げた燃料タンクの安全ルールが適用されず、ＦＡＡのマネージャーがＭＡＸの燃料ポンプの電気系統に高速度遮断器を組み込む必要はないとボーイングに告げたと聞き、コリンズは虚しさを覚えた。不可解なことにヨーロッパの競合他社であるエアバスにはこの安全装備の設置が義務付けられている。

翌年、ボーイングはＦＡＡの代理人に対して調査を行ない、ディクソンが恐れた「不適切な影響力」が行使される状況に一〇人のうち四人が遭遇したと語っている。

カウントダウンタイマーは止まらない。

第9章　737MAXの欠陥

パイロットの序列

737MAXの開発を通じて、マーク・フォークナーが最も知られるボーイングのパイロットになるとは誰も想像しなかった。誰もが暗黙のうちに了解していたパイロットの序列で、フォークナーのグループは間違いなく最下位に位置していた。

革製のボンバージャケット姿でマスコミの前に現れ、大胆な飛行の話をしたアルヴィン〝テックス〟ジョンストンやチャック・イェーガーのようなテストパイロットがパイロットの筆頭だった。彼らは失速につながるような超低速で飛行したり、「最低離陸速度」を定めるために、あえてのろのろと走って離陸した。テストパイロットの多くは近在のルイス・マコード統合基地で空軍の任務に従事したことがあったため、「マコード・マフィア」として知られていた。

階層の次に来るのはプロダクションパイロットで、彼らは製造ラインから出てきた機体の試験を行なった。次は航空会社のパイロットとともに飛行訓練やシミュレータートレーニングをする教官であった。

そして最後が飛行安全技術として知られるフォークナーのグループであり、彼らの仕事はマニュアルの作成だった。ボーイングは二〇年前に顧客へのトレーニングを営利事業としたため、フォークナーのグループはテストパイロットとは別の部署に属していた。彼のグループは、二〇一六年にマレンバーグCEOから一〇年内に収入を一五〇億ドルから五〇〇億ドルにするよう強欲な目標を与えられたテキサス州プレイノにあるボーインググローバルサービスに所属していた。

低い地位に甘んじていたが、厳密に言えば、フォークナーも「マコード・マフィア」であった。フォークナーは空軍のC‐17輸送機の元パイロットで、アラスカ航空に勤務後、FAAの航空交通管制部で短期間勤務した経験があった。彼の妻も海外の空港を監督するFAAの部署でマネージャーとして働いていた。一三〇万ドルの価値があるプール付きの自宅はシアトル郊外のサマミッシュ高原にあり、そこはフィル・コンデイットがマネージャーを招き、会社の魂について考えさせた森と同じ雰囲気があった。

フォークナーは秘密結社の重要人物の雰囲気がする古き良き時代の男だった。ボーイングのパイロットの何人かは第一次世界大戦までさかのぼる女人禁制の秘密結社「沈黙の鳥（QB）」のメンバーであると噂されていた（QBについて語ってはならないとQBの最初の掟は定めていた）。この友愛会は誇り高く交尾を好むと言い放ったアルヴィン〝テックス〟ジョンストンが活躍していた頃とは大きく変わっていないようだった。「飛行機、フットボール、女、ウオッカ。順番は関係ない」とフォークナーはメールに書いている。

フォークナーは勤勉で献身的、時には癇癪を起こす男と同僚の目には映った。空軍で一緒に働いた一人はフォークナーを「ピケットの突撃の兵士」と呼んでおり、この名は南軍のロバート・E・リー将軍が命じ、大敗に終わったゲティスバーグでの歩兵戦を意味した。のちに議会へ提出された書類から、午前零時やそれ以降の時間になっても、フォークナーは感情に身を任せたメールをたびたび送っていたことが明らかになった（フランス産のグレイグースウオッカを飲みながら書いていたことも彼が口を滑らせた一因だろう）。

フォークナーはシアトル・シーホークスのジャージを職場でよく着ていた。シーホークスがスーパーボールに出場した時は、二回とも観戦し、ホームゲームのほとんどと対戦チームのスタジアムで行なわれたプレイオフにも足を運んだ。シーホークスがドラフトで獲得したラインマンのイーサン・ポシックを空港で見かけた時、フォークナーは軍人に戻った。「君の任務は一つだ。ラッセル・ウィルソンを守れ。わかったか？」「承知しました」。身長二メートルのポシックは従順に返答した。これ以降、テレビ中継された試合でポシックを見た同僚は「お前の兵士だ」とフォークナーをからかった。

パイロット訓練の外部委託

７３７ＭＡＸの開発が開始されたころボーイングは、脚光を浴びないものの、非常に重要であった顧客に対するトレーニングを営利事業に転換する大がかりな取り組みを進めていた。この過程でボーイングは社外パイロットへの業務委託を進め、このことを快く思っていなかったパイロットは会社との軋轢を感じていた。いつもであれば労働組合を快く思わない一匹狼のパイロットも、この時ばかりはエンジニアの労組であるスピーアに加盟することを検討し、投票が行なわれた。この試みは必ずしも全員に支持されていたわけではなく、フォークナーは組合を否定する運動に加わっている。

パイロットとの緊張は、ボーイングがウォーレン・バフェットが所有するフライトセーフティーと共同でトレーニング事業を開始した一九九七年にさかのぼる。二〇〇二年にボーイングはこの会社を完全子会社化し、一部のパイロットがまるで医療サービス会社のような社名だとぼやいたアルテオンという名前の会社になった。二〇〇九年、社名はボーイングトレーニング＆フライトサービスに改められた。

のちに中国ボーイングの社長になるアルテオンの社長シェリー・カーバーリーは多数の新型機が顧客に引き渡され、未熟なパイロットが業界に殺到していた状況を見て、多くの業界関係者と同様に薄ら寒い思いをしていた。訓練時間の短縮とコストの削減が求められているにもかかわらず、品質向上も実現するという現実にはありえない対応が求められていたとカーバーリーは語る。同社は航空会社のマイレージのように、ポイントを付与する仕組みを採用し、限られたクルーを対象にした高コストのシミュレータートレーニングに代わり、パイロット、整備技術者、客室乗務員のトレーニングのすべてに使えるポイントを提供した。カーバーリーは二〇〇七年に業界紙『フライトグローバル』で「ポイント制はフライドポテトをボイルドポテトに交換するようなものです」と述べている。

一部のパイロットによそよそしい印象を与えたカーバーリーはパイロットではなかった。カフェテリアでパイロットとともに食卓を囲むことは滅多になく、エレベーターではアイコンタクトを避けた。毎週木曜日のミーティングで、カーバーリーはパイロットから良い知らせを求め、悪い知らせを拒んだ。彼女の姿勢はかつてムラーリーの「問題を隠すな」というルールの対極に位置した。

航空業界の急成長はパイロットの採用と訓練を行なう業界の能力を超えようとしていた。ボーイングの一部のパイロットは、顧客パイロットの中には基本的なスキルさえない運航乗務員がいることに不安を禁じ得なかった。自分が操縦桿を握らないのであれば、ロシアのS7社は搭乗を拒否したいほど危険な運航をしているとボーイングの教官の一部は考えていた。ある教官はアフリカの出張から帰ると報告書に「操縦するべきではない」と端的に記している。教官の多くはコンピューターが指示を出す現代機に慣れた若いパイロットには737は手に負えない機種であると非公式に認めている。あるボーイングの上級役員は、アジアで飛行機に乗らなければならないのであれば、エアバス機を選ぶと周囲に伝えていた。

ボーイングの教官はより充実したトレーニングを行ないたいと考えていたが、会社からはほかにも優先することがあると告げられていた。「訓練を手っ取り早く行なおうとするため、品質が犠牲になっていました。航空会社も判で押したようにトレーニングを早く終え、可能な限り短期間で、費用をかけることなくパイロットを実戦に投入しようとしていました」と元ボーイングの教官であるチャーリー・クレイトンは語る。別の教官のマイク・コーカーも「研修生が多すぎます」と上司に伝え、適切な訓練を行なうことが困難になっていると報告した。

ボーイングの社員に代わって、業務委託をした元航空会社のパイロットが研修生とともに飛行する初期の飛行計画が立案され、社内の緊張は高まった。

二〇一二年に教官とマニュアル作成者の八〇パーセントが賛成票を投じ、スピーアへの加盟が議決され、労働組合に加盟するパイロットの数は増加した。一方、マネージャーは労組への加入は昇進に差し障り、とくに高い職位で高収入を得ているテストパイロット職への登用に大きな影響が出ると明言した。チーフテストパイロットの一人も「この部署に組合加盟者は必要ない」とあるミーティングで述べている。パイロットの集団が労組に「感染」しないことを望むと話したパイロットもいた。

ボーイングのシミュレーターは777の登場に合わせてオーケストラの演奏とともにピーター・モートンが開所したシアトル近郊のロングエーカーのビル内にあったが、翌年、数十人のパイロットと契約の更新を行なっている最中に、会社はこのシミュレーターをマイアミに移設すると突如発表し、このニュースは驚きを持って迎えられた。移転は顧客が望んでいることだとボーイングは移転の理由を述べた。前例をみない大規模受注にともない、マイアミ、そしてシンガポールやロンドンのような都市ではボーイングは「外注サービスパイロット（PSP）」を頼みの綱にするようになった（ボーイングで長年働いてきたパイロットはPSPをDBC〔ウジ虫契約者〕と呼んだ）。フリーランスに委託することで、トレーニングは統一性を欠いたものになった。元アメリカンのパイロットは自身が受けた教育を基に指導し、元ユナイテッドのパイロットのトレーニングスタイルもまた異なった様式だっただろう。

ボーイングの顧客はマイアミでのトレーニングを喜ばなかった。ＰＳＰの指導を拒み、ボーイングのベテランパイロットからの指導を求めた。マイアミのビルは老朽化しており、ある部屋は空調装置がうるさいため、教官は怒鳴り声を上げなくてはならなかった。調子の悪いシミュレーターをパイロットはスティーブン・キングのホラー映画の登場人物になぞらえて「クリスティーン」と呼んだ。エアバスもマイアミの近くにトレーニングセンターを設けていたが、そこはボーイングよりも快適で、素晴らしいダイニングルームと開放感のあるモダンなロビーが設けられていた。ボーイングのトレーニングセンターにあるのはスナックとコーヒーの自販機だけだった。

会社は混乱し、社内は分断

これらの問題は一九九〇年代にピーター・モートンが警鐘を鳴らしたことそのものであったが、二〇〇〇年代にトレーニング事業に利潤を求めたことからしてみれば当然の結果だった。航空産業においてトレーニングは大きな収益を上げられる事業であり、二〇一四年には三五億ドルの市場価値があった。利潤を求めてボーイングは間接費を削減し、トレーニングの無償提供を極力避けるようになっていた。創業して間もないライオンエアのような航空会社もコストを削減するため、低価格で機体の導入を望んでいた。

二五年にもわたる飛行経験を有し、十数年前にボーイングに入社したパイロットは、崇拝していた会社の実態を目にして落胆した。このパイロットはキャリアの最後に航空産業の頂点に達し、もう履歴書を書くことはないだろうと考えたことを覚えている。しかし、このパイロットとフォークナーが働く、フライトテクニカル&セーフティーの社員は疲れ果て、多くのパイロットは希望を失って職場を後にしていた。操縦桿を握るのではなく、彼らはオフィスでメールに返答し、非現実的な業務スケジュールに追われ、(非組合員によって構成されていた)テストパイロット職への昇進もおぼつかなかった。かつて航空会社で勤務していたこのパイロットも数年後に退職した。彼が所属していた部署は人員が三五人から一八人に削減された。この部署では八人が事故調査の支援にあたっていたが、最終的にこの業務に携わる社員は二人になった。

フォークナーの上司であるカール・デイビスを含むボーイングのマネージャーたちは、フルタイム社員によって人員の補充をするのではなく、マン島にあるパイロットの転職エージェント、ケンブリッジコミュニケーションズから「ウジ虫契約者」を採用して、人員の埋め合わせをした。ボーイングは健康保険や年金を支払うことを回避し、マネージャーが繰り返し話した「間接費」の軽減にも成功した。

この元エアラインパイロットは「どう見てもメーカーではありませんでした。烏合の衆です」と語る。

事実、会社は混乱し、社内は分断されていた。教官は異常事態にパイロットがどう反応するかをコックピットの改良を担当する社員に情報を伝えるよい教師であったが、社内につながりがなくなったことから、意思の疎通は難しくなった。

「ラングエーカーでシミュレーターが下層階にあった時、私たちはよく話しました」と元教官のコーカーは語る。マニュアルの作成者やエンジニアは「シミュレータートレーニングに同席し、パイロットの行動を観察することで、どこに問題があるのかを発見することが可能でした。マイアミまで行かなくてはならなくなり、あるいは電話で情報を交換しなければならなくなったことにより、このような場を設けることは困難になりました」

かつてオーケストラが「ザ・ミラクル」の第一楽章を演奏し、シミュレーターが設置されていた大きな空間の新たな使い道が決まり、ボーイングの警備部が探知犬の訓練に使用することになった。

主導権はボーイングにあった

フォークナーは操縦席の設計に携わるルットカやほかのエンジニアとともにたびたび737のトレーニングの必要条件を監督するFAAのステイシー・クラインをボーイングフィールドの近くにあるシステムス統合研究所のエンジニアリングシミュレーターに招いた。長くて殺風景な研究所の廊下は病院を思い起こさせた。「737MAX CAB」と書かれた特徴のないドアを開けると、大きな部屋の中心にイーキャブと呼ばれていたエンジニアリングフライトデッキシミュレーターが鎮座していた。奇妙な仕掛けはマッチボックス（訳注：玩具のブランド）の金属製のおもちゃを半分にしたような姿をしていた。イーキャブはプラットフォームの上に据えられ、その下にはケーブルとワイヤが這っていた。イーキャブにはMAXのコックピットが忠実に再現され、前部の湾曲したミラーと高解像度のスクリーンを通じてパイロットは実機同様の光景を目にした。MAXプログラムマネージャーのキース・レバークーンは二〇一五年に録画されたビデオで、細心の注意を払って再現された状況をもとにMAXは試験され、「初飛行時には完成された」機体になっていると語っている。

FAAのトレーニング担当官クラインはエンジニアリングの経験が浅かった。彼女はスカイウェイエアラインズと呼ばれるリージョナル航空会社で六年間教官パイロットを務めていたが、ボーイングの社員には職務遂行能力がないと軽く見られていた。「経験がないのだから、袋叩きにして、いいなりにさせればいい」と、あるボーイングの社員は会議の前にそう記している。

MAXの開発完了が目前に迫り、ボーイングのチームはシミュレータートレーニングは不要であると繰り返しクラインに伝えた。二〇一五年五月のプレゼンテーションは難解で、参加していたFAAの職員はまるで「テレビを観ている犬」のようだったとフォークナーは語っている。フォークナー自身もよく説明を理解できなかったと同僚に告白している。「カーブ、スロープ、グラフ等々……。エンジニアでない出席者やテストパイロットにはMAXとNGが同じように飛行することを示す線以外は何も理解できなかったはずだ」

信じられないことにセールスチームは公式には何も認められていないにもかかわらず、MAXにはシミュレータートレーニングが必要ないと航空会社に伝え始めていた。ある人がクラインに航空機評価グループ（AEG）からボーイングにシミュレータートレーニングが本当に不要なのかと尋ねるよう書面で依頼したところ、AEGはそのようなことはまだ決まっていないと返答した。ボーイングとAEGのあいだで大きな論争があり、コンピューターを使用したトレーニングだけでは「不十分」であると疑うだけの根拠があるとＡＥＧは見解を述べている。

クラインが手の内を明かさないので、フォークナーは不安になり、話し合いがこう着状態に陥っていることをチーフエンジニアのマイケル・ティールに打ち明けた。ティールはクラインの上司である「ベース」のマネージャー、ジョン・ピッコラに相談し、全員の立ち位置が同じであることを確実にして欲しいと申し入れた。ティールはピッコラから誰であっても「既存の規制の解釈は変更しない」という合意を引き出した。

やはり主導権はボーイングにあった。ＦＡＡのフォレスト・ガンプは言われたことをすればいい。

７３７ＭＡＸの初飛行

モックアップではなく完成した７３７ＭＡＸの試験を行なう時がきた。二〇一六年一月、雲で覆われたある金曜日、シアトル郊外の７３７の工場の外で、数千人の社員がＭＡＸの初飛行を見守った。さらに数千人がデスクでライブ映像に釘付けになっていた。ボーイングのエーステストパイロットがコックピットにいた。そのうちの一人はクレイグ・ボンベンで、海軍出身の彼はＮＡＳＡで実験機を飛ばした経験があった。もう一人はかつて空軍の戦闘機乗りであったエド・ウィルソンだった。パイロットがエンジンを始動すると、ＭＡＸは数メートル動いた。パーキングブレーキをかけるのを忘れていたのである。大した出来事もなく、歓声に見守られて着陸したあと、二人はプリフライトチェックリストの一つを忘れたことに冗談を言った。

(©Wikimedia Commons)

エアカナダのB737MAX。エンジンが高い位置に懸架されているのがよくわかる。

事情に明るいパイロットにしてみれば、二人がほかのパイロットと違うことは明らかだった。ボーイングのチーフテストパイロットであったボンベンはトップガン（海軍戦闘機兵器学校）の卒業生であった。彼は「ＦＯＸニュース」のホスト、ビル・オライリーのファンで「オライリー様、安全保障に関するあなたの説得力のある論点はわたしが目にしてきたジャーナリズムの中で久しぶりに異彩を放つものでした」と手紙にしたためている。ボーイング入社前、ボンベンはカリフォルニア州エドワーズにあるＮＡＳＡドライデン飛行研究センターで改造されたＦ・15戦闘機を操縦して研究に携わったことがある。二〇〇六年の試験飛行で、機首が急に上がったことがあった。これは機体の上下動をコントロールする小さな翼、エレベーターの故障を意味した。「パイロットにとって嬉しい知らせではなかった」とボンベンは『ポピュラーメカニック』で語る。「コンピューターの故障、アクチュエータの引っかかり、テールパイプへのミサイル命中など、エレベーターを失う原因はいくつかあるが、エレベーターを失うということは運が尽きたということだ。帰路につくことはできない」。しかし、同誌が説明するように、これは試験であった。０・１２５秒以内にドライデン飛行研究センターが開発した機上ニュートラルネットワークがこの不具合を検知したのである。

部下であった多くのパイロットと異なり、ボンベンは航空会社で働いたことがなかった。ボンベンは物理的限界まで飛行機を試したが、それが日常だった。航空会社に勤務しているパイロットは己の限界を知っているからこそ、チェックリストに「パーキングブレーキをかけること」という項目があるのだ。ある時、ボーイングの教官が調整して、アラスカ航空のパイロットが操縦する機体にボンベンが同乗した。その飛行は数度の離着陸があるものの、通常の数時間のフライトであった。「帰ってくるなり、彼は『いやー、これは大仕事だ』」と感想を言ったことをこの教官は覚えている。

ボンベンをからかうのはこれくらいにしておこう。ＭＡＸの初飛行が成功し、マネージャーは安堵の息をつくことができた。この年はボーイングの創業百周年の年で、商業機事業部長のレイ・コナーは「技術革新に満ちた新たな百年に私たちは踏み出す」と祝辞で述べている。高い天井の展示ホールに吊るされた展示機を見ようと、ビル・ボーイングが初号機を飛行した湖の湖畔にある歴史産業博物館を多くの社員が訪れ、シアトルが生み出した最古かつ神秘的な会社の奇跡に触れると、彼らは感動を新たにした。

初飛行の一か月後、ＭＡＸプログラムのチーフエンジニアのマイケル・ティールは、かつてマクドネル・ダグラスのエンジニアで、いまはエンジニアリング担当副社長になっていたマイク・デラニーから祝福の電話を受けた。「おめでとう」。デラニーは成功を祝った。初飛行という重要な一里塚に到達したことを労われ、ティールは追加で譲渡制限付株式を受け取ることになった。ティールのオフィスの近くにある会議室に置かれていたカウントダウンタイマーはついにゼロになった。

失速試験で明らかになった欠陥

ボンベンとウィルソンに率いられたテストパイロットの手によって、静寂が戻ったボーイングフィールドからMAXは日々飛び立った。失速、上昇、旋回が試された。客室に数人のエンジニアが腰を下ろし、数多くのコンピューター試験装置が搭載され、水で満たされた大きな容器が座席のある場所に置かれた。繰り返し行なわれた飛行で、水は満たされたり、抜かれたりしてさまざまな搭載量が試された。容器は満員の乗客の代わりであった。ティールに祝福の電話がかかってきた一か月後、パイロットは報告しなければならないことがあるのに気づいた。

高速飛行中にピッチアップする癖をごまかそうとMCASが採用されたが、失速試験を通じて低速で飛行している際も時としてこの事象が生じることが明らかになった。通常、失速が近づくと操縦桿の抵抗は大きくなり、パイロットは危険な兆候を察知するようになっていたが、MAXの操縦桿は軽くなり、反応が鈍くなるのであった。パイロットはティールにこのままでは証明を受けることはできないと報告した。これではFAAの検査に合格しない。

三月の終わりに、エンジニアとテストパイロットは結論に達した。開発がこの段階まで進んでしまった以上、答えはソフトウェアしかない。ＭＣＡＳは低速でも作動するように変更された。もちろん利点もあった。この解決策は安価である。「変更は最小限であり、悪影響も少ない。よって追加の飛行試験も必要ない」とある記録には書かれていた。

この日、ＭＡＸプログラムマネージャーのレバークーンとＭＡＸチーフエンジニアのティールは計画を承認し、フォークナーはＦＡＡのトレーニング担当官クラインにＭＣＡＳは「通常の飛行領域から大きく外れたところでなければ作動しない」ため、フライトマニュアルから削除しても構わないかと尋ねている。トレーニングを最小限にとどめることに力を入れていたフォークナーはソフトウェアに変更があったことをこの時、知らなかった可能性がある。もちろん何も知らないクラインは同意した。

開発が進み、初期に設計に携わったエンジニアの多くはほかのプロジェクトへ異動していった。ユーバンクやほかのヒューマンファクターの専門家はもはやいなかった。年収九万ドルのテストパイロットであっても、ワシントン大学の卒業生と簡単に交換できると会社は考えていることをチームに残る社員も知っていた。「シートカバーが血で汚れる」と声を大にして反対するだけの力は彼らになかった。チーフエンジニアであるティールは少人数のチームに変更を命じた。上司のレバークーンには一般的な不具合を意味する「フライトスコーク」という社内用語を用いて説明した。

かつては関係する社員も相談を受けたであろうが、新しいソフトウェアを作成していた社員は連鎖反応が生じることを知らず、初期の段階では大きな問題があるとは考えられていなかった。しかし、低い速度で車を運転する際に大きくハンドルを切る必要があるように、低速で飛行するジェット機の上下動を変化させるにはエレベーターを大きく動かす必要がある。かつてエレベーターの動きは最大で〇・六度であったが、ティールのチームは低速で飛行している際にはMCASが二・五度まで動かせるように再度プログラミングした。

さらなる欠陥

決定的に異なることがもう一つあった。高速飛行時にはG力を計測する加速度計が第二のセンサーになり、冗長性が確保されるようになっていたのだが、低速ではこのセンサーのデータが使えない。離陸と着陸の二つの脆弱な状態にも、MCASはどちらか片方のAOAベーンのみを頼って作動することになる。誰もヒューマンファクターを理解していなかった。パイロットが多忙を極め、危険なほど低空を飛行する状態で単一センサーの不具合が機体を危うくする。

クレイグ・ボンベンのようなテストパイロットは故障した機体を操縦することが仕事だった。ボンベンはシミュレーターに乗り組み、AOAベーンの故障と、もう一つのベーンの喪失から生じるエレベーターの暴走を試験することになった。MAXの完成を目前に控え、エンジニアはもし何らかの理由でMCASが誤作動したら、両パイロットのあいだにあるトリムホイールを動かせばいいと考えた。黒のトリムホイールには白のストライプが入り、動く際にはカタカタと音がする。トリムホイールが動けば、パイロットは気づくはずであり、カットアウトスイッチを切って、エレベーターのモーターを停止すればいい。テストパイロットは四秒でこのタスクを終え、問題はなかった。しかし、テストパイロットは実情に即した状況でシミュレーションを行なわなかった。異常事態が発生すると、コックピットには耳をつんざく警告音が鳴り響き、パイロットが握る操縦桿は振動を繰り返すスティックシェイカー（操縦桿加振装置〔失速が近いと警告〕）になる。

あるエンジニアが同僚に「迎角や速度が誤っていた時はどうなるのか？」とメールで尋ねた。AOAベーンの故障や信頼できない対気速度が計測された場合である。同僚は「誤った数値が伝達された場合、MCASは直ちに停止する」と返答した。

この答えは正しくなく、やがてそれは明らかになった。簡単に説明すれば、MCASは古い玩具のブザーのようなもので、高い迎角をベーンが検知すると、一〇秒間作動し、リセットされる。（AOAベーンが故障した際には大いにあり得ることだが）状況が継続するようであれば、MCASは再び作動する。

故障が発生したというシナリオに基づいた試験は継続され、六月になるとテストパイロットも問題に気がつくようになった。MCASが繰り返し作動すると機体は勝手にトリムを取ろうとするのだった。「これは安全上の問題なのだろうか？　証明を受けることができなくなるのではないだろうか？」あるエンジニアは疑問を抱き、自信が持てなくなった。同僚は「ノー」と答えた。「MCASの働きに逆ってパイロットがトリムを取ることに大きく失敗しなければ、安全上の問題はないと思う」

開発に時間をかけ、懸念事項を解消しなければ、そこには薄氷を渡るような危うい致命的欠陥が待ち受けている。しかし、ボーイングはパイロットが冷静に必要な処置を講じると考えていた。

プログラムマネージャーのレバークーンも細部まで調査しなかった。のちに上司である商業機事業部長レイ・コーナーに宛てた簡潔な文書で「試験飛行中に問題が発見されましたが、答えは用意されています」と述べている。

「会社は誤った方向に進んでいる」

上司には伝えなかったものの、生涯をボーイングに捧げてきた社員の一部は会社が誤った方向に進んでいるのではないかと不安の声を口にし始めた。パイロットトレーニング事業部のマネージャー、スティーブ・テイラーは、777のような双発機の開発に先鞭をつけた有名なエンジニアであり、またテストパイロットでもあったディック・テイラーの息子であった。シアトル歴史産業博物館は、二〇一六年の百周年記念展示の一環として若いテイラーにインタビューをしている。彼は一九八六年に入社したが、会社の変化に失望していると口にした。「もはや私たちは技術革新を武器に市場を牽引するリーダーではありません」。そして「人々を魅了した稀有なリーダー」であったアラン・ムラーリーを失ったことは大きな痛手だったと述べている。「優秀な技術はフォードに持って行かれました」

この年の五月、夏に博物館でエンドレスに再生されるインタビューに、もう一人のトレーニング担当マネージャー、スザンナ・ダーシー＝ヘンネマンが答えている。ダーシー＝ヘンネマンはボーイングの幸せを運ぶ夢の飛行機、777をシアトルからバンコクに最短時間で届け、世界記録を樹立していた。ダーシー＝ヘンネマンは社内政治についても臆することなく言及したが、記念展示が終了して長期間経過しなければ公表されないという条件のもと、彼女は複雑な胸の内を吐露した。「ＯＫ、ショーン。この部分は二〇一七年七月まで公表しないでください」。彼女はマクドネル・ダグラスとの合併、コストへの執着、財務との戦いを語った。会社は操縦桿を倒しすぎ、反対側へ戻さなければならなくなったパイロットのようだと発言した。

「収支決算がすべてであり、私たちは歯車に過ぎません。社員はどうでもいいのです。かつて私が配属されていた部署では社員が大切にされていました。プロダクションフライトテスト、実験飛行、トレーニングチーム。ところが、いまや的確な事業の運営を理解しているとは思えない財務がすべてを取り仕切ろうとしています」

「誰も残っちゃいない」

山火事の煙に覆われていなければ、太平洋岸北西部の夏は光り輝くばかりに美しい。穏やかな気候、心地よい海風、高速道路やオフィスビル、あるいは飛行機から見える冠雪したレーニア山。山が見える時、シアトルっ子は山が「出た」と言う。

二〇一六年八月、シアトル郊外の会員制ゴルフクラブＴＰＣスノコルミー・リッジで開催されたボーイングクラシック大韓航空プロアメリカゴルフトーナメントに、ＭＡＸプログラムマネージャーのキース・レバークーン、彼のチーフエンジニアのマイケル・ティール、ティールに株を与えたマイク・デラニーらが参戦した。ドイツ出身のベルンハルト・ランガーがこの戦いを制し、クリスタル製のトロフィーを受け取り、伝統的に授与される茶色の革製フライトジャケットに袖を通した。

その一方で、ボーイング一家はこの月、喪に服していた。担当する部品が機体全体に影響を及ぼすことをチーム全員に理解させることで最大の貢献をした747のジョー・サッター元チーフエンジニアが九五歳で死去したのだ。ボーイングの商業機事業部長であったレイ・コナーは、サッターは社内のみならず、航空宇宙業界全体の「インスピレーション」であったと述べた。

二〇一六年八月一五日、「ブラックレーベル」と呼ばれる最新版のMCASが737MAXの飛行制御コンピューターに実装され、MAXの製造を開始する準備が整った。最終的にMAXはボーイングあるいはFAAのパイロットにより、二九七回の試験飛行を行なった。失速や失速に近い状態での飛行も実験され、さまざまなシステムの故障をシミュレートして、機体やパイロットの反応を確認した。MCASが作動する機体を大きく傾けた旋回も試し、エレベーターを最大角度二・五度まで動かす試験もした。

不具合はなかった。

翌日、マーク・フォークナーを通じてボーイングが求めていた訓練方法をFAAは承認する意向であるとトレーニング担当官のクラインが述べた。NG機を操縦した経験のあるパイロットはアイパッド（iPad）を使用した教育を数時間受けて、MAXに移行するという計画である。パイロットがタブレットで学習している光景がマーケティングの資料に掲載された。あるセールスマンはフォークナーと彼のチームを祝い、「とことん飲んでください。足が必要だったら、いつでも呼んでください」とメールしている。
そして、二〇一六年一一月にボーイングのエンジニアはMCASソフトウェアのシステム安全評価をFAAに提出した。文書にエレベーターの新しい角度やMCASの最終版「ブラックレーベル」に関する記述はなかった。この評価は改訂版Eとして知られることになる。FAAの技官であるリチャード・リードは以前のC版に基づいた分析を目にしていた。あるエンジニアがFAAの技官を追い返すために考案した「引き出しにぎっしり書類を詰め込む」作戦の「引き出し」ですら誤ったものだった。
3月、MAXは公式に型式証明を受けたが、フライトコントロールシステムエンジニアのリック・ルットカがお祭り騒ぎに加わることはなかった。すでにルットカは解雇されていた。「私の報酬は高すぎたのです」とルットカは語る。MAXが組み立てラインを出るようになった四月になっても、社員はマニュアルのバグを潰していた。のちに捜査官が発見したメールには「ボーイングのエンジニアが新型機を開発したら、もっと良くなると思うよ。だが待てよ、誰が残っているんだ?」という質問が記されていた。その返信には「誰も残っちゃいないよ」と書かれていた。

そして何かが壊れる……

やがてもう一つのミスが明らかになった。二つのAOAベーンの値が異なる際に点灯するはずの警告灯が多くの完成機で点灯しなかったのである。警告灯は迎角のローデータを計測するオプションの計器に誤って接続されており、(サウスウエストやライオンエアを含む)多くの航空会社はこのオプションを選択していなかった。ボーイングのエンジニアは修正を延期し、二〇二〇年に行なわれる次のアップデートでこの不具合を解決することにした。

MAXのマニュアル作成責任者のフォークナーは二〇一六年の秋に任務を終えて、FAAに勤務する古くからの友人に手紙を書くだけの余裕ができた。「飛行機の証明が終わり、少なくともしばらくは落ち着いているだろう」。残されたのはMAXのシミュレーターを効果的なものにすることと、いくつかの出張だけだ。「ジェダイ・マインド・トリックを使って監督者を丸め込む。FAAの承認は受けている」

一一月、フォークナーは安全な機体であると考えていたMAXに問題があることに気づいた。マイアミのホテルの一室で、グレイグースをあおりながら、シミュレーターでMAXがひどい動きをしたと、フォークナーは部下のパトリック・グスタフソン元ライアンエアのパイロットに怒りをぶつけた。高速飛行時の失速を防止するために開発されたMCASが、毎時一五〇マイルの低速であっても作動することを誰もフォークナーに教えていなかったのである。「四〇〇〇フィート（一二二〇メートル）を二三〇ノット（四二六キロ）で飛行中、MAXはトリムを取ろうとして乱暴な動きをする。何なんだあれは？」

「えーっと」と答えたグスタフソンの最初の反応はうんざりしたのそれだった。それでもマニュアルの記述をアップデートしなければならないことをグスタフソンは理解した。フォークナーにはより深い懸念があるようだった。のちにエレベーターの制御を奪い、パイロットを混乱させるシステムについて「悪気はなかったものの、虚偽の情報」を規制当局に提供したとフォークナーは記している。

「なんでいまごろになってわかるんだ?」。フォークナーが詰問する。

「なぜなのでしょう? なぜテストパイロットは私たちを蚊帳の外に置いたのでしょうか?」。グスタフソンは答える。

「テストパイロットはくそ忙しい。プレッシャーも受けている」。フォークナーが苛立ちを強めてグスタフソンに言い放った。

この時、二年後に737MAX二機が墜落し、計三四六人が犠牲になる致命的な欠陥を二人は気づいたのだった。

胸騒ぎがしたが、「ピケットの突撃の兵士」であるフォークナーは最後まで任務に忠実だった。この月の終わりにFAAのクラインと電話した時、フォークナーは不安を口にしなかった。のちにフォークナーはクラインにマニュアルにMCASを記載しなかったのは合意の上であるとも伝えている。翌年にMAXの受領を予定しているライオンエアがシミュレータートレーニングの実施を求めた際も突っぱねている。「馬鹿か」。シミュレータートレーニングが不要であると説得するために数日にわたって行なわれる電話会議を調整する前にフォークナーはそう書き記している。のちにライオンエアとのやりとりを同僚に詳しく伝えた際、フォークナーは「多額の経費を削減した」と伝えている。

開発と営業の段階でMAXは重荷を背負わされていた。それは限度を超えていたと言っていい。そして何かが壊れる……。

第10章　ライオンエア機の墜落

急成長のライオンエア

バヴィヤ・スネジャ機長は風邪をひいていた。ハルヴィノ副操縦士は午前四時に叩き起こされ、突然737MAXに乗務することを告げられた。二人の体調と関係なく、乗客は列をなしてMAXに乗り込み、手荷物を収納した。二〇一八年一〇月二九日、スネジャとハルヴィノは現代的な姿をした最新鋭機に乗務できることに満足していた。二人が長らく操縦してきた従来型737に比べ、MAXの機内は静かで、大型エンジンを暖機している五分間も騒音は聞こえなかった。操縦席もクッションが効いていた。

スネジャとハルヴィノの目の前に並んだ四つのカラーディスプレイからは高度や速度を容易に確認することができた。これはボーイングの設計者が「蒸気メーター」と呼んだ旧式のアナログ計とは大きく異なっていた。

この朝、スネジャ機長は咳が止まらなかった。彼はもともと陽気で、パーティーの場を盛り上げる男だった。友人のためにピザを焼いたり、ビリヤーニ（スパイスを利かせた米と魚または肉のインド料理）を作ったりすることを好んだ。〝機械オタク〟であり、旅行をする際には常にドライバーを買って出た。

スネジャはジャカルタからニューデリーに帰り、結婚二年目の妻ガリマとネパール国境近くの高原をドライブすることを楽しみにしていた。彼の母親はマネージャーとしてエアインディアで勤務し、妹はパイロットになることを志していた。スネジャの家族はエアライン一家だった。ボーイング史上最大の契約、二二〇億ドル相当のMAXをライオンエアが発注し、創業者ルスディ・キラナがオバマ大統領と握手を交わして契約が締結された二〇一一年にスネジャはカリフォルニアのフライトスクールを出てライオンエアに入社した。

キラナの立身もまた驚きに値した。キラナはブラザーのタイプライターの卸売りをしたのちに兄とともにジャカルタに旅行代理店を起業し、スカルノ・ハッタ空港で到着客の名前を掲げて、顧客を出迎えた。九〇万ドルの資金を用意すると、旧式の737‐200や同機のロシア製競合機、お粗末なヤコブレフYak‐42をリースした。二〇〇〇年にライオンエアはつつましく誕生した。

二〇一五年になると、キラナは億万長者になった。漆黒の髪をして、黒い口髭を整え、ジーンズを履き、シャツの裾を出したキラナは五二歳になっても若々しい容姿をしていた。巨額の富を築いたものの、彼は自身の職業を後悔しているようだった。しばし考え込んだのちに「愚か者」だけが航空会社を創業するとキラナは発言したことがある。「お金があればプランテーション、鉱山、不動産、レストランを買うだろう」

ライオンエアはMAXに加えて、エアバスから数百機のA320neoを発注することになる。国内線の半分を運航していたが、東西四九〇〇キロ、一万七〇〇〇の島々に暮らす二億五〇〇〇万人の民の多くはまだ飛行機に乗ったことはなかった。ライオンエアのような航空会社がいまだかつてない潜在的なマーケットを欲しいがままにできるようになったことから、この年にボーイングのCEOになったマレンバーグが航空宇宙産業は新しい時代を迎えたと発言したことも的を射ていた。

ライオンエアの成長がサウスウエストと同様のものであったとしても、両者の安全の記録には隔たりがあった。二〇一八年六月までの約一〇年間、整備と訓練に不安があるとして欧州連合はライオンエアとインドネシアの航空会社の多くのヨーロッパ乗り入れを禁止した。ライオンエアの一機は二〇〇四年にインドネシアのソロ空港で滑走路をオーバーシュートし、二五人が犠牲になった。二〇一三年にはバリ島で滑走路の手前の洋上に一機が着水し、乗客乗員一〇八人全員は奇跡的に脱出したものの、機体は散乱した。

ライオンエアと二〇一四年に契約を締結したエアバスはボーイングと異なるアプローチでトレーニングに臨んだ。フルタイムの教官をライオンエアに駐在させて訓練を実施し、ジャカルタにあるライオンエアとの合弁企業アンカサ航空アカデミーにはシミュレーターもあった。ライオンエアのハンガーで勤務するエアバス社員もいた。「エアバスは当社の発展に大きく寄与しました」。キラナはそう語る。

しかし、ボーイングからの支援は当てにできなかった。ボーイングも一九七〇年代と八〇年代当時は整備ハンガーに社員を駐在させ、自社が製造した航空機をどう扱っているかを監督し、助言をしていたと、かつてユナイテッドとUSエアーでメカニックを務め、一九九五年から二〇〇四年にかけてはNTSBの委員であったジョン・ゴリアは語る。それが近年になると、多忙なフィールドサービス担当が複数の航空会社を担当し、数千マイルを移動しながら、アフターサポートを行なうようになった。「気がつかないうちにボーイングの社員は消えました。どこかにはいるのでしょうが、呼ばなければ来てくれません」

問題山積のシミュレーター開発

MAXのマニュアル作成責任者のフォークナーや彼の同僚が画策した政治圧力のおかげで、スネジャやハルヴィノのように737NGを操縦したことのあるパイロットはシミュレーターで訓練する必要がなかった（トレーニングにより失われる人件費は「ゼロ」であるとあるボーイングの社員はメールに書いている）。

しかし、MAXから737を担当することになったパイロットにはシミュレータートレーニングが必要であり、ボーイングはシミュレーターの開発を支援しなければならなかった。ボーイングは、開発は順調に推移していると各国の規制当局に保証していたが、MAXが就役し、一年が経過しても、フライトテクニカル&セーフティーの社員はシミュレーターのバグを潰していた。「嘘だ。いまいましい嘘だ。明らかな嘘にもとづいて」。パイロットが証明書類に署名をするよう求められていると希望を失った社員はそう記している。

コストの削減を狙って安値で応札したサウスカロライナ州グースクリークにあるテックストロンの子会社TRUシミュレーション+トレーニング社にボーイングはシミュレーターを発注したが、開発中のシミュレーターはオーディオとソフトウェアに問題があり、データも古く、空圧配管からは空気が漏れていた。のちに議会の調査委員会で明らかになったチャットには「FAAがこのくそったれを承認したら、驚きものだ」と書かれていた。

多方面で問題が発生したことから、規制当局はふたたび回答を求めた。ある社員はシミュレーターの完成を急いだことを後悔し、「去年、私が隠蔽工作に関与したことを神はお許しにならないでしょう」と述べている。別のチャットではある社員が「おれには無理だが、このシミュレーターでトレーニングを受けたパイロットが操縦するMAXに家族を乗せられるか?」と質問している。帰って来た返事は「ノー」だった。MAXは数十機がすでに運航され、毎月数十機が就役し、ボーイングは月産の製造ペースを上げていた。

開発に大きく関与し、その後に転職した人物がいる。MAXのマニュアル作成者であり、パイロットのマーク・フォークナーである。フォークナーはMAXの受領を開始したサウスウエストに転職し、MAXの飛行やシミュレータートレーニングに関して誰よりも習熟していると自負していた。フォークナーはサウスウエストで副操縦士になり、同社の本拠地ダラスに家族とともに転居した。当時四〇代後半であったフォークナーは、かつては航空業界の頂点であったボーイングで定年まで勤められるかどうかわからなかったと友人に打ち明けている。

その他のボーイング社員も悪夢にうなされていた。「誰もがスケジュールに間に合わせることを最優先にしていた。なぜなら上層部がそう求めていたからである」と、あるマネージャーは記している。彼は「Ｇｏ／Ｎｏミーティング」に参加していたが、社内ではこのミーティングは「Ｇｏ／Ｇｏミーティング」として知られていた。「ノー」という選択肢はなかったからである。「私たちはＴＲＵ社が必要条件を満たしているかどうかですら確認しませんでした。予算だけを考え、最もランクが低く、実績のない下請けに発注したこと」を後悔していると、このマネージャーは述べている。

そして彼は何年にもわたり、あるいは数十年にわたり蓄積され、やがて人命と信頼を失うことになる「圧力」について指摘する。「システムです。文化です。上層部は事業を理解しようとしなかったにもかかわらず、私たちには目標を押し付けてきました。社内で密接に協働する、あるいは責任を負うグループなどはありませんでした。あえて大失敗させれば、会社もその責任がどこにあるか理解できるでしょう」

限界を超える生産機数

ワシントン湖のほとりにある７３７ＭＡＸの工場で見た光景はまさにエドワード・ピアソンが恐れていたものだった。ピアソンは三〇年にわたり海軍に奉職し、二〇〇八年にボーイングに入社する前は飛行隊の指揮官であった。ピアソンは試験飛行を担当する部署でボンベンの部下を務めたのちに７３７の組み立てを監督するシニアマネージャーになった。月産機数が二〇一八年六月に四七機から五二機へ引き上げられ、従業員が慌てふためいてマレンバーグの指示に従う姿を見て、ピアソンは愕然とした（二〇一九年にはさらに増産が指示され、月産五七機となる）。完成していない機体が組立工場に並び、さらには湖畔のターマックや滑走路につながる橋の上の上にもＭＡＸが駐機していた。残業時間は倍となり、作業の遅れは通常の一〇倍に急増した。

スローダウンするどころか、マネージャーはさらに強く圧力をかけた。（経営陣が従業員と対話する）タウンホールミーティングで、一〇〇人以上の同僚の視線が注がれるなか、マネージャーは生産の遅れについて部下を問いただした。

ボーイングは品質の問題をデータベースで管理しており、ピアソンは故障した設備、実施されなかった点検、誤ったパーツの取り付けなどの問題の報告が三〇パーセント増加していることに気づいた。

ピアソンは直属の上司を飛び越えて上申することにした。ピアソンは737工場のジェネラルマネージャー、スコット・キャンベルに「率直に申し上げます。悪い予感がします。僭越ながら、家族をボーイング機に乗せることに躊躇します」と伝えた。キャンベルは安全と品質が最優先されるとピアソンに保証した。翌月、状況はさらに悪化し、ピアソンはキャンベルとの面会を求めた。ピアソンは品質が犠牲になっている証拠を列挙し、ラインの停止を求めた。「そんなことできるはずがないだろう」。キャンベルは答えた。ピアソンは軍では些細なことであっても安全に問題がある場合はオペレーションを中止すると述べた。「軍は営利団体ではないからな」。キャンベルはそっけなく答えた。

記録的な収益

増益に関して、ボーイングは優等生になった。マグドネル・ダグラス出身で合併後CEOを務めたハリー・ストーンサイファーが、誇り高きエンジニアを「経営を理解しない趣味愛好家」と罵ってから二〇年、ボーイングはウォール街が溺愛する銘柄になっていた。

二〇一七年に収益は前年度の四九億ドルから八二億ドルへと一気に六七パーセント増加し、利益率はかつて不可能と考えられていた一一パーセントに達した。株価も業績を反映し、マレンバーグがCEOであった三年間に三倍になった。二〇一八年初めに株価は三〇〇ドルを超え、長らくGEの陰に隠れていたボーイングにしてみれば、これは驚きに値する画期的な出来事であった。

ウォール街のコンディットに対する懐疑心とストーンサイファーに向けられた蔑視、そしてマックナーニの失策を乗り越えて、ボーイングは他社を抑えてついに業界の巨人となった。GEでは同社の手法が失敗に終わり、経済危機で社内の銀行（GEキャピタル）の欠点があらわになっていた。暴落したGEの株価はこの年に一〇ドルを切った。

ボーイングが二〇一七年に記録的な収益、キャッシュフロー、商業機の納入を達成してからしばらくして、ボーイングの財務社員はシカゴのアダムストリートにあるJWマリオットに集まり、年次会合を開いた。グレッグ・スミスCFOは効率化を進め、現金を配当と自社株買いに費やせば、株価が八〇〇ドル、あるいは九〇〇ドルになることも夢ではないと大風呂敷を広げた。

社員が足を引きずり、活気を失っていた会社はその姿を一変した。インタビューでマレンバーグは、ボーイングはかつてGEがそうであったように、収益に優れた会社のモデルになると野心的な考えを明らかにしている。「我々の抱負は航空宇宙業界で最も優秀な企業になることだけではありません。当社はグローバルカンパニーの覇者になります」。マレンバーグはある報道機関にそう伝えている。

アジアでは毎年一〇〇万人の乗客が初めて飛行機に搭乗していることから、旅行者の増減は過去のものになったと悲観的な社員にマレンバーグは明るい未来を約束した。ケーブルテレビCNBC、ワシントン経済クラブ、株主総会で、おそらく練習を重ねたのだろう、マレンバーグの言動は生き生きとしていた。観衆はジョン・グレン宇宙飛行士に容姿が似たマレンバーグが未来の宇宙飛行を語る姿に酔いしれた。五〇代初めであったマレンバーグは、アメリカはボーイングのロケットを使って一〇年以内に火星に人を送り、自身は引き続き経営にあたると約束した。

権限を失ったFAA

傲慢な会社はその経営者が愛するエクストリームスポーツでその姿を現す。経営破綻する直前、（エネルギー・IT企業である）エンロンのジェフ・スキリングCEOはマウンテンバイクの一台か二台を壊さなければ、バケーションにはならないと記者に豪語している。

二〇一八年春、マレンバーグは事業所を訪問する際にサイクリングウェアを従業員に配り、自身が走る週一四〇マイル（二二五キロ）の一部だけでも一緒にペダルを漕がないかと社員を誘った。経済クラブのインタビューで「あなたより速い人はいましたか？」と聞かれたマレンバーグは「私に勝とうと試みる人はいます」と答えている。

ウォール街、ＦＡＡ、新たに発足したトランプ政権が味方となり、マレンバーグのチームはかつてないほどの追い風を受けることになった。ＦＡＡの安全担当副長官になったのは、ほかでもないシアトルで「ベース」を発足させ、ボーイングとの密接な関係から部下の恨みを買ったアリ・バーラミだった。彼は圧力団体に身を転じたが、収入が減ることを承知で二〇一七年七月にＦＡＡに復職していた。

バーラミはワシントンＤＣ近郊で翌月に開かれた貨物航空会社との会議で、業界と対決するのではなく、業界とともに安全問題に取り組めるようになったことを喜んでいると語っている。過去二年間、強制措置は七〇パーセント減少したことを誇らしげに話した。「かつて私たちは憤怒に満ちた郵便物がどれだけ高く積み上がったかによって成績を測っていましたが、もはやそのようなことはありません」。マレンバーグもアナリストとの電話で当局の「規制緩和」の重点的な取り組みを歓迎し、証明プロセスが「簡素化」されたことでＭＡＸの販売に弾みがつくと賛辞を述べている。

ボーイングと他社からの陳情を受けて、本来監督官庁であるはずのＦＡＡは製品の証明が適切に行なわれているかどうかを判断する権限などを失い、前例を見ない規模でメーカーに権限を移譲することが翌年度の予算措置の一部として法制化された。これにはボーイングのようなメーカーが自社製品を証明する能力を有しているかの判断などの基本的な権限が含まれていた。新法により、民間企業への権限の移譲は基本的な政策となった。一例を挙げれば、７８７ドリームライナーのバッテリーやＭＡＸのフライトコントロールなど規制当局が疑いを抱く事例が発生しても、メーカーから証明業務を取り戻すためにはＦＡＡは公式な手続きを踏まなくてはならなくなった。

黙従を強いられていた誇り高きＦＡＡの技官は、もはやリチャード・リードが自虐的に自称したフォレスト・ガンプでもなかった。彼らは拳銃に弾を込めず、胸のポケットに一発だけ弾を入れることを許された（テレビ番組アンディー・グリフス・ショーに登場する）弱き副保安官バーニー・ファイフであった。

新法により、主として業界の役員で構成されたワーキンググループがＦＡＡの給与体系に関与するようになり、被監督者が監督者であるはずのＦＡＡ職員の報酬を左右することになった。元ＦＡＡ航空安全副長官であったペギー・ギリガンはそれでも法は各職員の給与額にまで口出しすることを許す法案から一歩後退したものであったと『ニューヨークタイムズ』に伝えている。「方法はともあれ、業界は各職員の給与にまで踏み込みたかったのです。業界の力に対しては給与ですら、ＦＡＡの職員は無力であることを知らしめたかったのでしょう」

ＦＡＡは考えることなくハンコをつく役所になった。かつてはボーイングの社内でＦＡＡに任命された代理人がＦＡＡのマネージャーに隷属していた。それが多くの場面で逆になった。政府の官僚がボーイングに対して責任を負うことになった。顔写真が掲載された組織図でＦＡＡのマネージャーはボーイングのカウンターパートの下に記載されており、この組織図は実態を表していた。ヘリコプターの設計の証明を遅滞なく進めたマネージャーにはボーナスが支給されると聞いた証明担当職員マーク・ロネルにしてみれば、権限委譲は完了したように思えた。「基本的にこれは規制に関する決断を、規制を受ける側が手に入れたことにほかなりません」

失敗に終わったボンバルディア吸収

当初はぎこちなさがあったものの、マレンバーグCEOとトランプ大統領は気心知れた仲間となった。この矛盾に満ちた思いも寄らない関係は、共通の利益を追求するのであれば、道徳やキリスト教の教えに反した大統領とであっても、手を組むことを躊躇しないという姿勢の現れであった。下品で派手な大統領と聖書を学ぶビジネスマンは、規制と税制だけでなく、先端技術を盛り込んだカナダのボンバルディアをアメリカの市場から追放する貿易戦争においても共通の動機があった。

トランプは二〇一六年に747「エアフォースワン（大統領専用機）」の製造コストが収拾のつかない状態になっているとして、ボーイングに怒りの矛先を向けた。数時間もしないうちにマレンバーグは電話をかけ、新型エアフォースワンの仕様について説明した。交渉力に長けていると自画自賛するトランプをマレンバーグは褒め称え、砂漠で保管されていたジャンボを大統領機に改造することで、値引きをすると記者に発表した。

トランプはボーイングを、自身のリアリティー番組『アプレンティス（見習い）』の最終回に登場した起業家ビル・ランシックを思い起こす素晴らしい会社であると称賛した。トランプは二〇一七年に東京で開かれた経済界のリーダーの会議で「ボーイングは来ているか？」と大きな声で質問し、出席者がボーイングジャパンの社長に注目すると「友人よ、立ってくれ。君は一流の人物だ。素晴らしい仕事ぶりだ。F‐18も惚れ惚れする戦闘機だ」と大きな声で語っている。

就任から一か月もしないうちに、トランプは最初の企業訪問の一つとして、保守的なマスコミから注目を集めていたサウスカロライナ州のボーイング工場を訪れた。ホワイトハウスではサウリ・ニーニスト・フィンランド大統領との共同記者会見でフィンランドはセントルイス工場で製造されたF／A‐18を購入することに同意したと言って、トランプはニーニストを驚かせた。ニーニストはトランプの発表をフィンランド語で冗談を意味する「カモ」と言った。まだ結論は出ていなかったのである。トランプはボーイングが競合するF‐35戦闘機に関するロッキード・マーティンとの電話をマレンバーグに聞かせ、ボーイングの元役員パット・シャナハンを調達担当国防副長官に任命した。

商業機の市場では国際競争が激しくなり、一因としては予期せぬ危険なライバル、カナダのメーカーから競合機の出現があった。ボーイングは連邦政府との関係を最大限に活用して窮地を脱しようとした。ボーイングは長らくモントリオールのボンバルディアCシリーズが737の市場を奪うのではないかと危惧していた。ボーイングの懸念には理由があった。アメリカの主要航空会社デルタが二〇一六年に七五機のCシリーズを発注したのである。しかし、Cシリーズの開発費用が莫大になったことから、ボンバルディアの財政事情は苦しいものになり、同社は航空機事業の売却先を探すことになった。

ある役員の証言によると、自身を戦略の大家と考えるマイケル・ルティグCLOは有利な条件でボンバルディアを飲み込もうと戦略を立てた。まず737の競合機を製造するボンバルディアからある程度の妥協を引き出し、次にCシリーズの開発において補助金を出したカナダ政府にも不服を申し立てる。

アメリカ市場からボンバルディア機を駆逐すれば、ボーイングはさらに妥協を引き出すことが可能になり、最終的には無償でボンバルディアの商業機部門を手に入れ、甘い蜜を吸うことができる。

数週間にわたる交渉は順調に推移しているとカナダ側は見ていたが、ルティグの部下「ルティゲイター」が二〇一七年八月の土曜日に駐米カナダ大使に電話したことで、会話は突然中断した。トランプ政権の商務省はボーイングのボンバルディアに関する申し立てを公式に受理し、約三〇〇パーセントにのぼる関税を課すと思われた。ルティグは三次元チェスのゲームで勝利を収めるように見えた。

当時の事情に詳しい役員によると、一〇月にルティグが取締役会に戦略の進捗状況を伝えていたところ、携帯電話が鳴り、衝撃的な知らせが入ったという。エアバスがボンバルディア株の過半数を取得したのである。アメリカの関税を回避するため、新会社はカナダではなく、アラバマ州のモービルで航空機を製造するという。

敗北は続いた。米国国際貿易委員会は四対〇でボーイングの訴えを退けた。デルタは追加発注をしたが、これは一〇〇機のエアバス機であって、MAXではなかった。カナダ政府は五〇億ドルにのぼるボーイングF／A‐18（F／A‐18EおよびFスーパーホーネット）戦闘攻撃機の発注を取り消した。傲慢なボーイングが自身の思い上がりに気づくいい機会であったが、ボーイングはもう一つの小型機メーカー、ブラジルのエンブラエルと交渉を開始し、エンブラエル商業機部の株式の八〇パーセントを三八億ドルで手に入れたうえで、合弁企業の設立を画策した（訳注：コロナ禍の影響でボーイングはこの計画を二〇二〇年に断念している）。

トランプ大統領との蜜月

二〇一八年八月、マレンバーグとかつて共和党下院議員の秘書としてレーガンの告別式の計画に携わった対政府業務担当副社長ジェニファー・ロウは、ニュージャージー州ベッドミンスターにあるトランプナショナルゴルフクラブにいた。彼らはトランプと彼の妻メラニアの隣の特等席に着席し、ビジネス界のリーダーとともに夕食を楽しんだ。「トランプ政権のおかげで、私たちは記録的な数の航空機を今年製造します」。マレンバーグはそう述べた。トランプは会話を遮り、「ボーイングは好調だ。ボーイングは私に恋しているんじゃないか？　そうだろ？　君はよくやっている。正直なところ、この部屋にいるみんなが私に惚れている。そうしておこう」と述べた。

翌月、マレンバーグは再び壇上にいた。かつてマレンバーグはセントルイス郊外のエドワードズビルにある敷地面積二エーカー（〇・八ヘクタール）のゲート付き豪邸に居住していたが、この日彼がいたのは旧居のそばにあるファーストバプテスト教会の「リーダーシップランチ」の場であった。「この業界では驚くことが多くあります」。マレンバーグは出世を続けるあいだ数年にわたり同じ教会の会衆であった聴衆に語りかけた。私は失敗から学んだとマレンバーグは話し、そのうちの一つは忘れ去られた航空管制事業からの撤退だと実例を挙げた。司会が信仰を失うことなく、なぜそんなに働けるのかと尋ねた。「会社にいようと、家庭にいようと、同じ人、同じリーダー、同じ男でいなければなりません」。マレンバーグはそう答えた。「私の信仰は当社の業務を遂行する上で、欠かすことのできない信念です」

九月二四日、カフェテリアで行なわれた早朝の聖書勉強会のカリキュラムの作成に影響を与えたセントルイスの非営利団体、聖書ビジネルトレーニングの活動をマレンバーグは大きく褒め称えた（支部のリーダーはボーイングのトレーニング担当役員で、この役員はマレンバーグがこの団体の評議員長になることを後押しした）。この団体は働く神の子に神の力を授けることを目標にしていた。

この日にマレンバーグが配ったのは「神に与えられた務め」という文書で、ルカの福音書12：48から彼の文章は始まっていた。「聖書には『多く与えられた者は多く求められ、多く任された者はさらに多く要求される』と書かれている。職場のリーダーの資質が問題になっている」ことから、少人数で行なわれる信仰の集いは重要になっている。「我々は聖書が日々の生活に関わっていることを理解しなければならない」とマレンバーグは記している。

翌月にマレンバーグは再びトランプと席をともにし、アリゾナ州グレンデールにあるルーク空軍基地でカメラの前にいた。今回は軍事産業の会合であり、かつてシカゴ本社にスター社員として顔写真が飾られていたかつての元ボーイング社役員、当時は国防副長官になっていたパトリック・シャナハンもその場にいた。シャナハンはマレンバーグがＣＥＯになっていなければ、彼がボーイングのＣＥＯになっていたと考えられた人物である。シャナハンはペンタゴンが求める装備品を調達する賢いバイヤーであるとトランプは述べ、マレンバーグに意見を求めた。「デニス、どう思う？　彼は優秀か？」。マレンバーグはすぐに「副長官はタフです。手強い相手です」と返答した。

航空宇宙産業と教育への投資に関する堅苦しい会話が数分続き、マレンバーグは「税制改革と規制緩和に関する政策」を実施したトランプに感謝した。ところが、トランプはマレンバーグとの会話を切り上げ、報道陣に向かって「何が起きているか、君たちは理解していない」と話しかけた。「ホンジュラス、グアテマラ、エルサルバドルから五〇〇〇人が来ている。彼らの中にはとんでもない犯罪者がいる。残忍な犯罪者だ」

二〇一八年の中間選挙は一か月後だった。トランプは誤った情報をツイッターに流し、FOXニュースは中南米出身の移民のデモ行進の映像を亡命を求めてアメリカに向かうキャラバンの映像だとして放映した。「犯罪者はグアテマラに侵入した。悪者だ。赤ん坊ではない。やがてボーイングで働くことになる幼い天使ではない」。記者がこれらの人々が犯罪者である証拠を求めると、トランプの口調は嘲笑的なものとなった。「ベイビー、よく聞いてくれ」（記者は女性だった）。修士号を持ち、データを信奉するエンジニアであったマレンバーグとシャナハンは沈黙を守った。

一〇月二二日、ボーイングは、787ドリームライナーのバッテリー火災を調査したNTSBの女性委員長から、安全面でのリーダーシップを讃えるロバート・W・キャンベル賞を授与された。

インドネシア機事故直前の一〇月二四日、ボーイングは第3四半期のキャッシュフローが三七パーセント上昇し、四一億ドルになったことを報告し、アナリストの予想を倍以上超えたことから、株価も三パーセント上昇した。「キャッシュはキャッシュです。否定できません」。投資会社カナコード・ジェニュイティのアナリスト、ケン・ハーバートはそう述べている。

手抜きの整備

小さなほころびは急転直下、緊急事態へとその姿を変えた。誰もが悲鳴を上げ、神に祈った。しかし、これは死へのフライトではなく、幸運なフライトであった。

一〇月二八日（日曜日）午後九時過ぎ、737MAXはバリ島を出発してジャカルタへ向かった。ボーイングが規制当局に圧力をかけて、マニュアルから削除したソフトウェアが作動した。機体は一〇分間にわたり、上下動を繰り返すなか、二列目に座っていたスルプリアント・スダルトは客室乗務員とパイロットが辞書のようなものを持ってコックピットを出入りしている様子を目にしていた。「マニュアルか何かだろう」とスダルトは考えた。少なくとも一人の乗客が嘔吐した。

パイロットには知る由もなかったが、バリ駐在のメカニックが、新造機の不調なAOAベーンをフロリダ州で修理された再生品と取り替えていた。機首の両側に設置されたベーンは鼻のような形をしており、前方からの気流に対し、どれだけの角度で自機が飛行しているのかを計測する。外部に突き出ているベーンの部品は気流と同じ角度になるよう回転し、歯車のように見える内部機器リゾルバーに接続されている。リゾルバーは小型変圧器で、静止状態の基準と比較した角度を機体のコンピューターに伝達する。リゾルバーの調整が適切に行なわれているかは取り付けの前に確認することになっている。しかし、バリの整備員は誰一人としてこの機のAOAベーンのリゾルバーが二一度ずれていることを気づいていなかった。手抜きの整備であった。

航空機事故はミスが連続して発生するといわれるが、悲劇が明らかになるのは事故後である。しかし、その杜撰さは、初期の設計で妥協し、開発の最終段階までほころびに気がつかなかったボーイングで始まっていた。MCASは飛行するたびに左右別々のセンサーから情報を得るが、単一センサーから情報を得ていることに変わりはなかった。不具合を抱えたセンサーは機長側にあったため、離陸後に高度、対気速度が警告され、そして危険をはらんだ機首下げを知らせるスティックシェイカー（操縦桿加振装置）を作動させたのであった。

しかし、このクルーには数時間後に同じ機体に搭乗することになるスネジャとハルヴィノにはなかった幸運に恵まれていた。バリ発の便には非番のパイロットがコックピット内のジャンプシートに着席していた。混乱の中、非番のパイロットはトリムホイールが勝手に動いていることに気づき、多くのハンドブックから正しいチェックリストを参照しようと試みた。ボーイングのエンジニアが「パイロットはそうするであろう」と考えたように機長はエレベーターのモーターのスイッチを切った。二一世紀の大型商業機のパイロットにしてみれば非常に原始的な操縦方法であったが、残りの飛行時間、機長はトリムホイールを操作し続けた。操縦桿は震動を続けたが、データが誤ったものであっても、MAX機にはスティックシェイカーを止める機能はなかった。クルーは九〇分後に無事ジャカルタのスカルノ・ハッタ国際空港に着陸することができた。

地上で機長は何が起きたかをログブックに記し、ライオンエアの整備士は次のフライトへの準備を行なった。機長は「ALT DISAGREE、IAS DISAGREE、FEEL DIFF PRESS」と記した。「信頼できない高度、対気速度、油圧」という意味である。機長と整備士は問題の発生源を正確に判定できなかった。なぜならライオンエアは「AOA　DISAGREE（左右のAOAベーンから得るデータの不一致）」を知らせるインジケーターを購入しなかったからである。ライオンエアは標準装備のみを搭載したMAXを購入しており、標準装備にAOAインジケーターは含まれていなかった。さらに、この計器がないことで生じかねない問題について、ボーイングは顧客に伝えていなかった。

ライオンエアの整備士チームは不具合が発生したAOAベーンを交換しなければならないということを知る由もなかった。彼らは電源を落とし、ほかの警告への対処を終え、この機体が翌朝に飛行できない理由は何もなくなった。電源が落とされたのち、ソフトウェアは気まぐれに機首の左にあるセンサーから制御装置に情報を送り込むことにした。スネジャとハルヴィノに対し、人体実験が行なわれることになった。死へのフライトを免れた三人目のパイロットはスネジャとハルヴィノには与えられなかったのである。

ソフトウェアの欠陥

二〇一八年一〇月二九日午前八時、ミーティングに向かっていた（インドネシアでは一般的な苗字のない）フェンリックスがコーヒーを飲もうと車を止めると、旧友からショートメールが届いた。ライオンエア機がジャワ海に墜落したと記されていた。フェンリックスは三一歳の兄、ヴェリアンがこのフライトに搭乗し、プロの自転車レーサーであったイタリア人アンドレア・マンフレディとともに、故郷へ向かっているのを知っていた。ヴェリアンは自転車店を経営し、マンフレディは仕入れ先であった。

「兄さん?」とフェンリクスはすぐにメールを送信した。

墜落後、数時間もしないうちに、インドネシア潜水救助隊が海に潜り、散乱した携帯電話、IDカード、バッグや写真の回収を始めた。ウインチが大型の残骸を揚収し、ダイバーがフライトデータレコーダーやコックピットボイスレコーダーの捜索を開始した。スネジャ機長の父も東ジャカルタにあるクラマトジャティ警察病院に行き、DNA鑑定のため、男性看護師によって口腔上皮を採取された。捜索時にもう一人の名前が犠牲者のリストに加わった。四八歳のシャフルル・アント潜水士が溺死したのだった。

シアトルではボーイング商業機技術担当副社長のジョン・ハミルトンがパイロットとフライトコントロールのエキスパートを集め、何が起きたのかを話し合った。ほぼ新造機と言っていい機体による衝撃的な事故で、この日の株価は七パーセント下がっていた。話し合いは長く続かなかったとハミルトンはのちに議会の調査委員に語っている。「私たちはMCASの作動が事故の背景ではなかったかとすぐに気がつきました。そしてフライトデータレコーダーが週の終わりに回収されると、私たちは直ちにソフトウェアのアップデートを開始しました」

安全性に問題があるとたびたび指摘されてきたライオンエアに非難が集中した。事故の翌週、悲しみに沈む遺族らは、インドネシア運輸大臣が開催する会合に参加しようと蒸し暑い公会堂に集まった。ライオンエアの創業者がその場にいることに気づいた遺族は事故の当事者であることを明かすようキラナに求めた。キラナは立ち上がり、頭を下げた。その姿を家族は懺悔と羞恥と受け取った。

シアトルにあるＦＡＡのボーイング航空安全監督室では問題となっているソフトウェアに関する書類を技官が注意深く確認し、ボーイングで安全を監督しているはずの代理人から出された書類が不完全かつ不正確であることを発見した。ＭＣＡＳに関する安全評価はＭＡＸが公式に証明されるわずか五か月前に提出されており、書類の多さから考えると、急ぎ決裁されたことが疑われた。ソフトウェアの内容を調査した代理人はソフトウェアが与える障害は限定されたものであると述べていた。しかし提出された書類はソフトウェアの古いバージョンであるリビジョンＣについてのものであり、試験飛行の後半に改訂されたより強い力を発揮するリビジョンＥではなかった。

ＭＣＡＳはエレベーターを通じて機体の上昇・下降を四回にわたり〇・六度調整することになっていた。ところが、最終版ではその四倍の角度を加えられるようになっていた。「ボーイングがソフトウェアを変更した際にＭＣＡＳが及ぼす危険性は大幅に増大したのです。そしてボーイングは規制を遵守しているかを確認するＦＡＡの技官にそれを伝えなかった。ＦＡＡの技官は存在すら知らなかったのです」。あるＦＡＡの技官はそう語る。

事故防止を目的とし、急ぎ調査にあたるパイロットとエンジニアの公式な会合「ボーイング安全調査委員会」がライオンエア機事故の話し合いを一一月初めに行なった。彼ら自身もソフトウェアの欠陥をすぐに認識した。「パイロットは混乱する警告を解析し、エレベーターのスイッチを切るだろう」という期待は裏切られた。

ボーイング社内にも犯罪を隠そうとする動きがあり、今回も同じ働きをした。これは自らを守ろうとする考えから生じていた。もし誰かが公に欠陥について記したら、メーカーは事前に問題を把握していたとして、より多くの責任を負わなくてはならない。一九九〇年代にラダーの調査をめぐる二件の訴訟で、捜査官は「問題がある」と題したメモを見つけ、二件目の事故が発生する前からラダーバルブが動かなくなる可能性をエンジニアが認識していたことが明らかになった。この記録について説明を求められた同僚の苦悶を知るパイロットは記録を残すことに慎重になった。

踏み込んだ調査をボーイングが求められなかった理由がもう一つある。それはコストではなく、人種であった。ボーイングのパイロットは自身と同じ容姿をしたパイロットには同情したかもしれないが、スネジャとハルヴィノに対しては憐れみを感じなかった。ボーイングでは操縦を命じられたハルヴィノが親指で機体のトリムを取れなかったことに非難が集中した。年配の白人男性が多数を占めていたボーイングのパイロットは「海外では737と書くこともできないパイロットが操縦している」と長らくタチの悪い冗談を言っていた。ある教官は「パイロットの名前が〝チャン、フォー、フー〟だったら、決められたプロシージャ（処置）などできっこない」とたびたび口にした。

「勝手に墜落する危険性」

「ボーイング安全調査委員会」はこのような事態が発生したら、バリ島発の幸運なライオンエア機が成功したように暴走するエレベーターを停止する正しいチェックリストをパイロットが参照できるようにすると調査結果をまとめた。FAAもボーイングの方針に同意し、一一月七日に「メーカーの分析により」必要になったとして、緊急耐空性改善命令を出した。AOAセンサーから誤った情報が入力された場合、「エレベーターが繰り返し機首を下げる働きをする可能性」があり、「地上に接触する恐れがある」とブリティン（航空整備技術通報）はこの危険性について緊張感に欠ける専門用語を使って説明していた。その時点でも不具合を生じさせるMCASについては触れられていなかった。

平たく言えば、FAAの通報は最新技術の結晶であるはずのボーイングの最新型機は小さな一つのセンサーから誤った情報が入力されると、勝手に墜落する危険性があるということであった。単一障害点の存在は商業機にあってはならないことである。非公式にボーイングが航空会社にMCASの働きについて詳細な説明を開始すると、パイロットのあいだで噂が駆けめぐった。

エアバスと一線を画すとされてきた数十年にわたるボーイングの哲学がMCASによって覆されたことにパイロットは強い警戒心を抱いた。「ボーイングでなければ飛行しない」と機体のコントロールがコンピューターによって奪われないことをパイロットは誇りにしてきた。しかし、ボーイングはその期待を裏切ったことをさりげなく告げたのであった。

ボーイングは物理的な欠陥をMCASによって解決したことにし、ソフトウェアはパイロットに多くの対処を求めたのである。パイロットはエレベーターが暴走していることに気づいたら、ロボットのように効率的にチェックリストに沿って問題を解決しなければならない。『クイックリファレンスハンドブック』は（千ページ以上にわたる運航乗務員オペレーションマニュアルから抜粋された）非常事態への対処を指南する一センチほどの厚みのあるガイドブックである。医師が人体を分析するように、パイロットは機体の不具合を分析する。フラップの不調一つをとっても、症状は異なり、一〇以上もの対処方法が『クイックリファレンスハンドブック』に記されている。

機首が下がると、パイロットは自然に操縦桿を引こうとするが、これがMCASによるものであれば、困ったことに機体は反応しない。ソフトウェアに力が与えられているのであり、パイロットは無力である。飛行制御にMCASが追加されたため、親指で操作するスイッチも変更となったが、MAXの操縦を早期から担当したパイロットのうち、限られた者しかその変化に気づいていなかった。旧型機には二つのスイッチがあり、一つはエレベーターへ送る電気を切るものであり、もう一つは気流に合わせて、機体の重心をわずかに修正する自動トリムであった。

MAXには一つのカットアウトスイッチしかなかった。もしパイロットが非常事態に指示どおりスイッチを切ったら、電気を使用したトリムの調整ができなくなる。パイロットは手動でトリムを調整せざるを得なくなり、これはライオンエア機墜落の前夜に非番のパイロットがトリムホイールが動いていたことで気づいた対処法であった。これは簡単なことではなかった。パイロットは年に一度の再講習でトリムホイールを操作するが、飛行中にトリムホイールを扱ったことが一度もないパイロットもいる。緊張感をともなう重要な局面である離着陸でトリムホイールを扱うケースは稀だった。

ボーイングも二〇〇一年から一八年に行なわれた何億回の飛行のうち、離陸時ないし離陸直後にスティックシェイカーが作動した事例の報告は三〇件に過ぎなかったと報告を受けている。しかし、この三〇件のうちの二七件は737によるものだった。

不安の声を上げ始めたパイロット

二〇一八年一一月、パイロットたちはNASAが維持管理する匿名の航空安全報告システムで不安の声を上げ始めた。あるパイロットは「前身機とは大きく異なる複雑なシステムを理解するための適切な訓練の場をメーカー、FAA、航空会社が提供しないのは良心にもとる。資料も不十分である。このような間に合わせの機器を備えた航空機を飛行すること自体が危険である。システムはエラーを生じる傾向があり、パイロットもシステムがどのようなものか、冗長性は確保されているのか、どのように不具合が発生するのかを理解していない。私は自分に知らされていないことが何かすらわからない」と不安を口にした。

もう一人の機長は、MAXのフライトマニュアルは「不十分で刑事責任を問えるほど不適切である」と述べている。

一一月一三日、『ウォールストリートジャーナル』は、パイロット、安全のエキスパート、FAAの中間管理職の声を掲載し、ボーイングは新しいシステムの「潜在的な危険を隠している」という記事を掲載した。ボーイングの取締役会もこの記事に注目し、かつてメドトロニック社（医療機器メーカー）のCEOであったアーサー・コリンズ取締役は、記事を添付ファイルにしてマレンバーグCEOに送り、「もちろんお読みになったと思います。取締役会でご報告いただけると考えています」と舌鋒鋭く記した。後日、株主が起こした裁判でマレンバーグはかつてレーガンの首席補佐官であり、マクドネル・ダグラスから移籍してボーイングの上席取締役になったケン・デュバースタインと新たに経営に加わったデイヴ・カルフーンに相談したことが明らかになっている。

この日、グレーのスーツ、糊の利いた白いワイシャツ、紫のネクタイを締めたマレンバーグはFOXビジネスに出演した。司会者のマリア・バーティロモは「ボーイングについて新しいニュースが入って来ました」と話し、『ウォールストリートジャーナル』の記事を読んで「不安」になったと落ち着いた声でマレンバーグに話しかけた。マレンバーグはいつものようにリハーサルしたのだろう、頭の中の原稿の最初の論点をすぐに読み始めた。「マリア、ライオンエア610便の乗員乗客に私たちは哀悼の意を表し、犠牲者の家族にお悔やみを申し上げます。我々は捜査当局と密接に協力しています」と話し、そして「MAXは安全です。安全はボーイングが最も大切にする信条です」と述べて、回答を終えた。

続けてバーティロモは何が起きたかを尋ねると、マレンバーグの回答はパイロットへの非難も同然だった。インドネシアの墜落機のようにセンサーの不具合が疑われる機体であっても、状況に対処できる能力をMAXは有しているとマレンバーグは述べた。ボーイングはすでにパイロットに「周知されている方法」で対応をするように知らせていると強調した。

海上から残骸を引き上げる救命ボートの映像が流れたあと、司会のバーティロモはシステムについて追加の説明をしなかったことを後悔しているかとマレンバーグに尋ねた。頭の中の原稿に従い、マレンバーグは「いいえ、私たちは当社機を安全に飛行するために必要な情報はすべて提供しています」と答えた。バーティロモはどのような情報がパイロットに提供されているかと食い下がると、「必要な情報はトレーニングマニュアルに記載されており、またプロシージャもすでに提供しています」と答えた。バーティロモは追撃の手を休めた。

もちろん、マニュアルには（索引を除けば）MCASの記載はなかった。その索引も定義は定めていたが、何をするのかの説明はなかった（定義自体もMAXのマニュアル作成責任者のフォークナーがFAAに詳しい説明を省いていいかと許可を求める前の段階の草稿だったようだった）。

「事故はまもなく解決する」

翌朝、マレンバーグはボーイングの社用機チャレンジャーに搭乗し、育った農場から数キロにある新空港に到着し、来賓としてテープカットセレモニーに参加した。マレンバーグはいまだに『ウォールストリートジャーナル』の記事の対応に忙しかったが、取締役のデュバースタインには「ライオンエアの事故などまもなく解決し、取締役会には公式に報告する」とビジネスライクなメールを送った。「マスコミは酷い」。デュバースタインは世慣れした男であるかのように短く返信した。「くだらない批判しかしない。やってられない」。マレンバーグの返答も短かった。

FAAは独自の調査を行なわず、「ありがたい」火消しの声明を発表し、ワシントンでは対政府業務を担当するティム・キーティングが「政界工作」を行なっていると、マレンバーグはデュバースタインに告げた。さらに、パイロットの労働組合は「高額の賃金」を得るためにMAXが新型機に区分されるよう疑惑の声を上げているに過ぎないと伝えた。「すべての方策を講じている」として、マレンバーグはメールを終えた。マレンバーグはそう考えていなかっただろうが、規制当局の籠絡、大がかりな政界工作、労組との対決姿勢、ボーイングが己の欠点から目を逸らす原因を彼は簡潔に記していたのだった。

マレンバーグを故郷の新空港の開港式に招いたアイオワ州の亜麻色の髪をした市民は国外の墜落事故など気にしていなかった。前日と同様にグレーのスーツを着て、紫色のネクタイを締めたマレンバーグは、かつて「一〇〇万ドルの僻地」が「いまは一〇〇万ドル以上になっている」と地元民だけがわかる冗談を言い、聴衆は拍手を贈った。田舎の少年転じてビジネス界の有名人となったマレンバーグの姿を見ようと彼の母、妹と弟、隣近所の住人が駆けつけた。スピーチのあとに故郷の人々の輪に入ったマレンバーグは微笑みを絶やさず、開港式はまるで結婚式のようであった。学生時代のルームメイトであるスティーブ・ヘイブマンを見つけたマレンバーグは「おお、相棒、久しぶりじゃないか」と声をかけた。スーシティーセンター高校でマレンバーグの芸術力を高く評価したテッド・デ・ホーホは自分の息子がデルタのパイロットであるとマレンバーグに告げた。「素晴らしいじゃないですか?」。マレンバーグはそう答えた。

開港式が終わると、マレンバーグはタラップを数段上り、友人らに手を振ると、ターマックに駐機されたチャレンジャーの機内に消え、鞄持ちの秘書があとに続いた。農場の上空を旋回する美しいビジネスジェット機を見上げるマレンバーグの母アルーダは地元紙『スーカウンティージャーナル』の記者に

「自慢の息子です」と語った。

「事故では終わらない気がする」

インドネシアの関係者は懸命にボーイングとライオンエアをかばおうとしていた。彼らの存在はあまりにも当たり前で、マレンバーグも自社を守るための対処の一つとしてデュバースタインと交わした短いメールで説明していなかった。

ジャカルタのイビスホテルが当座の危機管理センターになった。ショックで呆然とした家族がセンターに日参して情報を求め、不合理であることは知りつつも奇跡を望む人もいた。事故機は凄まじい速度で海面に衝突したため、海底に沈む部品の一部は回収が困難であった。ダイバーによって四九個のゴム製のバッグに入れられた部分遺体が警察署に送られ、法医学者が指紋、歯科記録、DNAをもとにして誰の遺体であるか判断していった。最初に判明したのはエネルギー・鉱物資源省で働く二四歳のシンティア・デヴィであり、彼女の遺体はバーコードが付いた茶色のひつぎに納められた。

一一月五日、リニ・ソエギヨノは遺児となった一一歳と七歳の姪をイビスに連れて行き、心理学者と面会した。妹のニーアと義弟のアンドリ・ウィラノファの二人がMAXに搭乗していた。前年の夏にニーアはリニと姪をジャカルタで開催されたセリーヌ・ディオンのコンサートに連れて行ったばかりだった。父のアンドリは検察官で、母のニーアは子供たちを武道、ピアノ、聖書の勉強会など習い事に行かせ、幸せに満ちた家庭生活を送っていた。残された二人の姪が泣き止むことはなかった。この日、リニはホテルの三階で書類にサインするよう公証人から電話で告げられた。

公証人はライオンエアの二人の社員とともに、一三億ルピー、九万一六〇〇ドルの賠償金を受け取る書類をリニに見せた。「サインするだけの気力がありませんでした」。リニはそう語る。英語に堪能な石油化学者であったリニは八ページわたり、二列に列記されていた四〇〇以上の社名に目を通した。関係各社にはボーイング、ライオンエア、世界各地の航空宇宙部品メーカーの名が記されていた。すべての会社が賠償金と引き換えに免責を求めていた。リニは書類を持ち帰って検討したいと伝えた。交渉相手は書類を持ち出すことはできないと告げた。リニは署名することなく、その場を後にした。この日の夕方、科学捜査研究所から電話があり、彼女の姉の遺体が発見されたと知らされた。

事故発生から数日もしないうちにLCCのライオンエアが調整された法的手段を講じていることが疑いを招いた。誰が裏で手を回していたかをパズルのように解いていくことがリニと彼女が雇うことになる弁護士の戦いになった。

カリフォルニア州北部に住むインドネシア系アメリカ人弁護士マイケル・インドラジャヤナは事故が発生した当初から、家族や友人から事情を耳にしていた。三五歳のインドラジャヤナはシリコンバレーのスタートアップ企業を代弁して知的財産権を守る弁護士であった。サンフランシスコ生まれのインドラジャヤナは幼い頃に両親に連れられてインドネシアに転居し、ティーンエイジャーになるまでインドネシアで暮らした。カリフォルニア州デイヴィスの高校を卒業したインドラジャヤナは、カリフォルニア大学デイヴィス校で計算物理学を学び、パシフィック大学マックジョージ法科大学院で法務博士の学位を得た。インドラジャナは〝技術オタク〟で、パソコンを組み立てたり、Ｘｂｏｘのコンソールの内部機器に手を加えたりした。「ＭＯＤチップ」をゲーム機にインストールしてゲームソフトをコピーするのは合法的行為かを論じるよう指示された際はインドラジャナのレポートが最高点を得て、教授は「実際にやったことがあるようだね」とコメントしている。

墜落事故の一週間後、インドラジャナは彼のメンター兼共同弁護士を務めるサンジフ・シンと家電量販店近くのコーヒーショップで会い、共同で弁護している訴訟に関するデータを新しいノートパソコンへ移した。シンは独立する前はニューヨークのスキャデン・アープス法律事務所で勤務していた。当時四六歳のシンは、ハーバード大学を卒業後、カリフォルニア大学ロサンゼルス校で法務博士号を取得し、カリフォルニア大学サンフランシスコ校で医学博士の学位を取って認定医となり、スタンフォード大学で内科研修医となった。医学の道に進んだのはカリフォルニア大学ロサンゼルス校で高名な心臓医学者の父親から「やってみればいい」と背中を押されたことによる。

コーヒーショップで二人の弁護士はライオンエア機事故とソフトウェアの不具合から機首が下がることを警告したＦＡＡの最新耐空性改善命令について話し始めた。改善命令の文面は単調で、言葉遣いはまるでアイフォーンのバグを知らせる文章のように素っ気なかった。しかし、その内容は驚くべきものだった。インドラジャナはインドネシアにいる旧友や従兄弟、学友がワッツアップメッセンジャーで情報交換しているとシンに告げた。そのうちの何人からは遺族にアドバイスして欲しいと頼まれていた。パイロットエラーやお粗末な整備が報道されていたが、シンは本能的にボーイングを訴えるべきだとインドラジャナに伝えた。

この日の夜、インドラジャナは妻と三歳の息子に状況を伝え、計画されていた旅行を一か月前倒ししてインドネシアに行くと告げた。四八時間後、インドラジャナはジャカルタの兄弟の家にいた。しばらくすると、身分が明らかではない男たちが危機管理センターをうろつき、家族に話しかけているという情報をインドラジャナは耳にした。遺族はこの男たちを航空会社の社員もしくは政府関係者であると考えているようだった。インドラジャナが目にした男のうち、何人かはボーイングとライオンエアの保険会社の代理人で、リニが見たような書類に署名するよう遺族を説得する地元弁護士であった。

ある遺族は部屋に連れて行かれ、誰にも相談してはならないと言われた状況を「正気の沙汰ではない」と記してワッツアップに投稿している。説得はまるでCIAの尋問のようであった。部屋の隅に設置された三脚の上にカメラが据えられ、中央には会議テーブルが置かれていた。字の読めない遺族も入室を求められ、合意事項を聞かされたのちに署名を求められたとインドラジャナは聞いた。アメリカであれば、詐欺と過失による不実表示を防ぐために州と連邦政府が追加の情報の開示を義務付けている。インドラジャナやシンは経験豊かな弁護士であったが、アジアにおける航空機事故はまるで「（アメリカ）西部の無法地帯」のようであり、私たちは素人だとシンは感想を述べた。インドネシアで育ったインドラジャナは、この行為はアメリカでは考えられないほど道徳を軽んじ、人種差別にもとづいた欺瞞であると考えた。インドラジャナはシンに電話をかけ、「これは事故では終わらない気がする」と告げた。

危機管理センターで暗躍する代理人

グローバルエアロスペースはロンドンにある世界最大の航空業界の保険会社で、山高帽をかぶったシティーの有名な銀行家が産声を上げた航空機産業を支援するために一九二四年に共同出資した保険会社をルーツとする。やがて多くの航空会社やメーカーがグローバルエアロスペースの保険に加入し、同社はリスクをほかの保険会社に分散している。公開された情報によればグローバルエアロスペースの支配株主はドイツのミュンヘン再保険やウォーレン・バフェットのバークシャー・ハサウェイである。グローバルエアロスペースがボーイングとライオンエアの主要保険会社であったことが遺族を苦しめる要因になった。

このような事故では標準的な手続きが決められており、保険会社はこの手続きにしたがって補償業務を行なっていく。危機管理センターで暗躍した代理人は補償を受け取るための書類に七〇人の遺族に署名させた。過失致死の補償を考えた時、二万五〇〇〇ドルの平均年収の四倍にも及ばない金額はインドネシアの基準で考えても少なかった。しかし、大黒柱を失った家族が生計を立てていくには無碍にできない金額であった。二人の遺児を学校に行かせるために補償金を受け取った遺族の親戚デディ・スクンダルは「サインするのを誰かに止めて欲しいと思う精神状態でした」と『ニューヨークタイムズ』に語っている。

補償によりグローバルエアロスペースと数百社は責任を問われることがなくなった。補償額は二〇一一年に定められたインドネシアの航空機事故の犠牲者に対して支払われる最小の賠償金とほぼ同額で、遺族が訴訟を起こすことの自由についての説明はなかった（グローバルエアロスペースとボーイングはこの件に関する質問に答えていない）。

似たような戦略はすでにインドネシアで発生した二件の737墜落事故で採用されていた。マンダラ航空によって運航されていた一機は二〇〇五年に住宅地に墜落し、一四九人が犠牲になっている。二〇〇七年にアダム航空によって運航されていた便はパイロットが慣性航法システムのトラブルシューティングに気をとられて墜落し、一〇二人が死亡している。パーキンズ・コーイー法律事務所を経て、二〇一〇年にボーイングの製造責任担当弁護士となったアリソン・ケンドリックは、保険会社を弁護するほかの弁護士とともに暗躍し、遺族から回収した証拠文書をアメリカの裁判所に提出して、米国裁判所が訴訟を却下するよう画策した。海外の訴訟ははるかに低額であったからである。

インドラジャナが危機管理センターで目にしたボーイングの利益を守ろうとする男たちは仕事を始めたばかりだった。インドラジャナと共同弁護人シンはボーイングを提訴するために情報を収集し、さらに免責証書にサインすることを遺族に思いとどまらせる第二の戦いもした。妹を亡くしたリニもワッツアップの掲示板に書き込みをしたが、複数の遺族から、ほかに選択肢がなかったと聞かされた。ジャカルタの危機管理センターを訪れるために、借金をした遺族もいた。「航空業界は裏で有色人種の人権を否定しようとしています。有色人種はチェスのポーンなのです」。シンはそう述べる。

商業機事故はどれをとっても同じものはなく、多くの国々の人々や数多くの企業の従業員が巻き込まれる。不法行為は対象外となるが、人身事故の補償額は一世紀も前に定められた国際条約によっては厳密に定められているため、事故発生地の決定は重要である。シンはボーイングが責任を回避する戦略を実行していると見抜き、またこの戦略が成功しているからこそ、ボーイングの経営陣は事故の重要性を見誤っていると考えた。シンは語る。「同じ過ちの繰り返しです。傲慢さは変わりません。策略を用いて強引に自社の目標を達成しようとするでしょう」

設計に問題があった

一一月の終わりになると、事故のニュースはすでにマスメディアの見出しから消えようとしていた。事故機に搭乗していた外国人は二人だけだった。スネジャ機長はインド国民で、アンドレア・マンフレディはイタリア人の元プロ自転車レーサーだった。『ニューヨークタイムズ』と他紙はライオンエアの安全記録にメスを入れた。「数十人にわたるライオンエアのマネージャー、乗務員、地上職員、インドネシアの事故調査官、航空会社アナリストにインタビューした。成長に執着したばかりに安全をおろそかにした航空会社の姿を思い浮かべて欲しい」と一一月二三日付けの『ニューヨークタイムズ』は記している。

この月、金融サービス会社のコーウェンのアナリスト、カイ・フォン・ルーモルは、事故は不幸な例外であったとウォール街の反応をまとめている。「ＭＡＸは派生型です。改修が困難な技術面での問題ではないと考えています」

マレンバーグはサンクスギビング休暇の前に取締役にブリーフィングをした。参加は任意だった。マレンバーグは「私たちはこの事故から学び、引き続き安全面の向上に努めます」とメモを記し、社員が自信を喪失しないようにした。ボーイングが誠実に顧客に向き合っているかどうかの質問にも答えた。「ボーイングが意図的に航空機の機能を開示しなかったとの報道を目にした人もいるでしょう。答えはノーです。問題とされる機能は運航乗務員オペレーションマニュアルに記載されており、私たちはボーイング機を安全に飛行するために常に顧客と手を携えています」

しかし、一部のパイロットはあきらめようとしなかった。この年の秋、ジャカルタで「貴重な命が失われた」とアメリカンのパイロットがボーイングのパイロット二人に食ってかかったことがこの気まずい場に立ち会ったパイロットの口から明らかになっている。「おい、待ってくれ」。ボーイングのパイロットは事態が究明されるまで事を荒立てないよう、アメリカンのパイロットに諭した。このパイロットはシアトルに帰ると、同僚とともに、737チーフテクニカルパイロットになっていたパトリック・グスタフソンからMCASの働きについてブリーフィングを受けた（ライアンエアからボーイングに転職したグスタフソンは二年前に失意のメールをMAXのマニュアル作成責任者のフォークナーと交わしていた）。

グスタフソンは単一のAOAベーンから伝達された情報により、MCASは作動を開始し、情報が誤ったものであっても、作動は継続するとパイロットに告げた。「私たちは例外なしにショックを受けました」とこのパイロットは語る。一方のグスタフソンも、私がブリーフィングしたパイロットは「何も知らされていなかったようです」と語る。

ブリーフィングを受けたパイロットたちはすぐに設計に問題があったことを知った。「ライオンエアのパイロットは最初から最後まで搭乗機と戦っていたのだ」とパイロットの一人は語る。

あるボーイングのエンジニアがＭＣＡＳの試験中に同じことを指摘していたが、そのメールはまるで無関係の人物が書いたように緊張感に欠けたものだった。エアコンが効いた部屋でコーヒーを飲みながら書かれたことがうかがえた。

しかし、パイロットは人の命にかかっていることをすぐに理解した。状況は生死に関わる。

「操縦桿が動くんだぞ。わかっているのか？」

ボーイングは７８７ドリームライナーのバッテリー火災の対応にあたった副社長のマイク・シネットと初飛行からＭＡＸを担当していたチーフテストパイロットのクレイグ・ボンベンを米国の主だった顧客の元へ送り、誤解を解こうと試みた。一一月二七日、彼らはテキサス州フォートワースにあるアメリカンのパイロットの組合事務所を訪れた。二人が誠実に話していないようであれば、会話を録音するとダン・キャリー委員長と事務局委員は決めた。シネット副社長の挨拶が始まると、キャリーは目立たぬよう携帯電話のボイスレコーダーをオンにした（当事者の双方が合意していなくても、テキサス州では合法的な行為である）。

間抜けな話しぶりと捉えられかねないほど、シネットの声はソフトで、「『ボーイングは誰にも話していないシステムを航空機に搭載した』と言われています」と話し始めた。「でもこれは大したソフトウェアではありません」。シネットはインドネシアでの事故に際し、設計と証明ついては厳密に調査したと告げた。マスコミが「単一障害点」と呼ぶのは誤りで、「ソフトウェアとトレーニングを受けたパイロットが協働してシステムを構成します」

この言い分はテキサスなまりで話すパイロットたちの挑戦を受けることになった。

「すみません。トレーニングを受けたパイロットとおっしゃいましたか？」。かつて米空軍で「Ｔａｚ」というＴＡＣネームでＦ‐16のパイロットを務め、小さなブルドッグのような容姿をしていたマイケル・ミカエリス機長が質問した。

「はい、そのとおりです」とシネットは答えた。シネットはプレゼンテーションを続けたが、複数のパイロットが発言を遮るのにそれほど時間はかからなかった。ミカエリスが指摘したように、ボーイングがＭＣＡＳのトレーニングを行なっていなかったのは明らかな事実であった。「彼らはどんなシステムが飛行機に搭載されているのか知らなかったんだぞ」。もし不具合が発生し、矛盾した警告を受けたら、動揺しながらトラブルを解決するのは極めて難しいとパイロットたちは述べた。

「私たちも苦心しています」とシネットは彼らの主張を認めた。そしてシネットはある問題を提起し、意図することなく彼らの操縦の素養を言い表す「エアマンシップ」、そしてその先にある男らしさまで非難した。もしエレベーターが暴走するのであれば、原因はどうでもいいのではないか？　このような事態に遭遇したパイロットはチェックリストを実施するのではないか？

アメリカンのパイロットはライオンエア機のような誤った迎角の問題に対応するには時間がかかるこ

とを本能的に知っていた。「この問題は潜在的なもので、見極めるのは難しい」と組合の広報担当のデニス・タジェルは答えた。「そのとおりだ」。ミカエリスは同意した。

パイロットにとってMAXはいまだに新型機で、限られたパイロットだけが操縦しており、またアイパッドで通り一遍のトレーニングを受けただけのパイロットもいた。ボーイングからの説明を聞いていたミカエリスは怒りをあらわにしてソフトウェアが機首を下げた事実を指摘した。「操縦桿が動くんだぞ。わかっているのか?」。もしマイアミを出発したアメリカンの航空機がビスケー湾に墜落したら、大騒ぎになるぞとミカエリスは続けた。「ボーイングの本社の誰かが、第一線パイロットにブリーフィングするほどの問題ではないと判断したのだろう」。ミカエリスは問いただした。

ミカエリスはセンサーが故障した際に警報音は鳴るのかと質問した。「機長が搭乗されるMAXではそのようになります」とシネットは返答した。ライオンエアをはじめとする他機にはソフトウェアの問題が残っていることを伝えずに、アメリカンが購入したMAXにはオプションのAOAインジケーターが装備されているとシネットは説明した。事故機がミカエリスの搭乗機であったら、二つのAOAベーンの値が一致しないと警告が出たはずであり、整備員は地上でセンサーを修理したはずである。「ですので、機長は割り当てられた機体のプリフライト（飛行前）点検で問題があったら、飛行を拒否できます」とシネットは答えた。

パイロットたちは考えられる状況下での不具合についてシネットを詰問し、最終的には彼ら自身で話を始めた。あるパイロットはディスプレイが大きく異なるのになぜMAXのトレーニングは四〇分で終了してしまったのかを不思議に思っていた。もう一人のパイロットはアメリカンにはまだシミュレーターがないことを指摘した。

シネットは事を荒げることのないよう慎重に言葉を選んだ。「私たちの安全に関する取り組みは、皆さんに負けるものではないことをご理解ください。嘘ではありません。このような惨事は最悪の事態です。さらに悪いことはこのような事故が再発してしまうことです。私たちはこのような事態を防ぐために全力を尽くします」

シネット副社長は、ボーイングはＭＣＡＳをアップデートし、システムを使いやすいものにするべく鋭意取り組んでいると述べた。「一年ではありません。二週間、いやおそらく六週間でしょうか」。シネットはそう伝えた。

「さらに一五機のＭＡＸが墜落する」

翌二八日、インドネシア当局は調査速報を発表した。報告書は自動化ソフトウェアがパイロットを混乱させたことをほのめかし、整備員によるミスも指摘していた。ボーイングも独自の声明を発表し、整備の問題がエラーの連鎖反応につながったと強調した。

株価を見ればどちらの説明に説得力があったかは明らかだった。両者の発表から数日のうちにボーイングの株価は三六〇ドルまで上昇し、この株価は事故前よりも高かった。ＭＡＸを操縦するパイロットの猜疑心や遺族の慨嘆にとらわれることなく、社員に自信を失わないようマレンバーグは伝えた。

一方、スネジャ機長の母親は「ＭＡＸの信頼性はあやしいと言わざるを得ません」とＣＮＮに語っている。「誰かが疑問の声を上げるべきでした」

ライオンエアＣＥＯのキラナはマレンバーグに電話し、一方的にまくし立てた。キラナは「ｆ」で始まる卑語を繰り返し、最高の顧客を裏切ったとボーイングを非難した。公式の場でもキラナは記者に非難の矛先をライオンエアに向けるのは倫理にもとる行動であり、ボーイング機の追加発注はキャンセルすると伝えた。マレンバーグはケーブルテレビＣＮＢＣを通じて「契約は長期にわたるものであり、一方的にキャンセルできるものではありません」と冷ややかに応じた。

一部の役員は問題の深刻さを理解していたものの、決断力のない経営陣は不具合を是正する能力に欠け、速やかに、そして目的意識を持って行動することができなかった。

当時、専務取締役であったデイヴ・カルフーンはのちに「極限状況でパイロットがどう行動するかの危険性について比較的早い段階からわかっていました」と語った。一方、かつてマーク・フォークナーが働いていた部署を担当するキース・クーパー副社長は、同様の非常事態が発生した際にＭＣＡＳを適切に扱えないと考えられる顧客をリストアップしてくれと部下に指示している。情報提供者によれば、ロシアのＳ７航空とライオンエアがタイに設立した子会社が追加の訓練が必要な会社にリストアップされたという。

一二月初め、ＦＡＡの航空機証明サービスの職員は、稀有なセンサーの不具合に対処できないパイロットが百人に一人いると仮定し、予想されるＭＡＸの数とその飛行時間から、ソフトウェアの修正がなければ、さらに一五機のMAXが墜落すると結論づけた。計算はリスクを管理するFAAが局内で作成したスプレッドシートによるもので、この試算は政府の監督下から逃れようとした業界が長いあいだ忌避した冷徹な分析であった。

もちろん現実の世界では操縦に関わる四人の正副パイロットと一人の非番パイロットだけが非常事態に遭遇した。それでも、FAAの寛大なリスク評価が正しいものであったとしたら、人々は衝撃を受けるだろう。一五件の墜落事故は過去三〇年にボーイング757、767、777、787と最新型747が起こした事故の累計とほぼ同じであった。

それでもMAXは飛び続けた。シネット副社長がアメリカンのパイロットに約束した「六週間でしょうか」は、数か月に及んだ。

第11章　エチオピア航空機の墜落

ボーイングの説明を信じていなかった

二〇一九年一月、シカゴのオヘア国際空港のゲートで暖機をしていた737MAX8の中でデニス・タジェル機長は副操縦士にフライトプランについて説明していた。二人の後方では乗客がゆっくりとした足取りで機内へ進んでいた。アメリカン航空パイロット労働組合の広報担当のタジェルは、第一次湾岸戦争で空軍のKC‐135空中給油機を操縦し、旧式737の飛行経験は一〇年以上あった。

タジェルは、二〇一八年一一月にボーイングのマイク・シネット副社長が労組を訪問し、緊張したミーティングが行なわれたあと、初めてMAXを操縦した。二人のパイロットは、もし耳をつんざく警報音が鳴り響くことがあったら、エレベーターの電源を切ろうと意思を統一した。さらに二人は独自のチェックリストを考えついた。MCASはフラップが上がった状態で作動する。もし機体が危険な状態になったら、フラップを下げて空港に戻ろうと二人は決めた。この時の飛行に問題はなかったが、二人の対応からわかるように、経験豊かなパイロットたちは主力機の欠陥についてのボーイングの説明を信じていなかったのである。

二〇一八年のクリスマス、マサチューセッツ州バークシャイヤー出身の二四歳のサムヤ・ストムは家族とともにアイオワ州に住む祖父母を訪れた。家族はミニバンで移動し、絆を深めるよい機会だった。サムヤと二人の兄弟アドナンとトーアは二〇代前半で、両親のマイケル・ストムとナディア・ミラーロンから自宅で教育を受けた。

両親は四番目の子供ネルスを二歳の時にがんで失い、家族で過ごす時間を一秒たりとも無駄にしたくないと農場へ引っ越した。子供たちは納屋で夢のような時間を過ごし、やがてジプシージャズを演奏するようになり、サムヤがチェロ、アドナンがバイオリン、トーアがアコーディオンを弾いた。

一人娘のサムヤは手を差し伸べてくれる両親と恵まれた環境から、自信に満ちた大人になった。四歳で読み書きができるようになり、七歳で見事に自分の豚の世話をやってのけ、一〇歳でトラックが運転できるようになり、一四歳でバージニア州スタントンのメアリー・ボールドウィン大学に飛び級で入学した。サムヤはスペイン語と人類学をマサチューセッツ大学アマースト校で学び、コペンハーゲン大学公衆衛生学校から修士号を授与された。サムヤは二五か国における肝炎ウイルス感染症の論文を数年かけて書き上げた。クリスマスにアイオワへの旅の途中で、サムヤは夢見た仕事に採用されたことを知った。それはビル&メリンダ・ゲーツ財団や医療政策に助言をするワシントンのシンクウェルであった。サムヤはケニアに行き、より多くの女性が医療サービスを受けられるようにするプロジェクトに参加することになった。父マイケルはミニバンに乗ってマサチューセッツへ帰りながら、サムヤにどうやって給与の交渉をするかを得意げに語った。

この月、デニス・マレンバーグCEOも大きな山を越えたことを祝っていた。創業一〇〇年のボーイングは年商一〇〇〇億ドルを達成したのだった。株価は六パーセント上昇し、マレンバーグはウォール街の賞賛を浴び、CNBCの記者フィル・ルボウは一月三〇日に「記念すべき日です」と述べた。ルボウが三八七ドルの株価は五〇〇ドルに上昇するのではないかと話を向けると、マレンバーグは控えめに「我々は長期にわたる継続的な成長を目指しています」と答えた（数か月前に最高財務責任者は会社の目標は八〇〇から九〇〇ドルだと檄を飛ばしている）。

忘れ去られたライオンエア機の事故

ボーイングのエンジニアはシネット副社長が約束したソフトウェアのアップデートを依然として行なっていた。FAAでは安全を担当するアリ・バーラミがソフトウェアの完成とテストに要する期間として一〇か月をボーイングに与えていた。MAXの飛行は継続し、ボーイングの組立工は悲鳴を上げながら、さらに多くの機体を航空会社に引き渡していた。

仮にソフトウェアが完成しようとも、FAAには精査する職員がいなかった。この月、連邦政府は史上最長の期間にわたって業務を停止しており、公務員は自宅で待機していた。業務停止期間はクリスマスから一月の終わりの三五日間に及び、メキシコ国境に建設する壁の予算をゴリ押ししようとしていることから、トランプ大統領はFOXニュースのコメンテーターから非難を浴びていた。

FAAの分析によるとMAXの危険性は極めて高かった。二～三年に一度、墜落事故が発生する可能性があった。事情に明るい技官によれば、いまだに飛行停止に関する検討はなされていなかった。理由は明らかであった。ローガンで発生したバッテリー火災とは異なり、事故はアメリカ国内で発生していなかったからだった。事故はインドネシアで発生しており、アメリカ人の犠牲者はいなかった。パイロットは外国人だった。そして新聞の見出しからも消えた。

ボーイングの役員は、仮にソフトウェアが誤作動しても、機体の制御が不可能になるまでパイロットには一〇秒の時間があるとパワーポイントを使用してFAAにプレゼンテーションをしていた。FAAは新たなチェックリストを信頼した。

航空業界を監視する議会の委員会にもFAAとボーイングはライオンエア機の事故は精査するだけの重要性がないと伝えていた。バーラミは議会の交通・インフラストラクチャー委員会のピーター・デファシオ委員長とリック・ラーセン航空小委員会委員長に面会し、事故は腕の悪いパイロットによる単一性のものであると告げた。

MAXのマニュアルを書いたマーク・フォークナーはそこまで楽観的ではなかった。フォークナーは軽々しく書いたメールなどの文書により、自身の存在が明るみに出るかもしれないと考えた。航空機事故では通常あり得ないことに、詐欺事件を担当する司法省の検察官コーリー・ジェイコブスとキャロル・シッパーリーは関係者に召喚状を出す手続きを開始していた。ライオンエアの事故後、かつての同僚はサウスウエストに転職したフォークナーにショートメールを送っている。シアトル・シーホークスについて語ったのち、MCASについて何が起きているのかと尋ねた。フォークナーは用心深かった。何も書き残してはいけないとフォークナーは旧友に告げた。

当時、司法省の捜査はうるさい役所からのわずらわしい干渉に過ぎなかった。二〇一九年二月、ボーイングはフォークナーが書いた内部文書を司法省に提出している。ボーイングの手によって「ジェダイ・マインド・トリック」をかけられたFAAは丸め込まれているのではないかとパイロットは不安を募らせ、フォークナーの内部文書を詳しく読んだ者の目には、ボーイングの内部では安全に関する意識が欠落していることが明らかだった。社内文書の要約を手にしたマレンバーグは、ルティグCLOと彼の部下ルティゲーターに対応を任せたと後日語っている。

マレンバーグCEOは手を休めることなく冷淡なスピーチや会議を続け、仕事をしていない時は壊れるまで自転車を漕いだ。部品メーカーと従業員が生産ペースを落とすよう彼と相談したが、マレンバーグはためらうことなくMAXの月産を五二機から五七機に引き上げた。ライオンエアの事故後にいくつかの危険な兆候が明らかになったが、取締役会はマレンバーグとの衝突を避けた。

ボーイングの取締役のポストを政府高官やエリートビジネスパーソンらも虎視眈々と狙っていた。取締役にはGE時代からの旧友デイヴ・カルフーン、そして唯一存命なジョン・F・ケネディーの子であり、かつて駐日アメリカ大使を務めたキャロライン・ケネディ、レーガン大統領の首席補佐官を務めたケネス・デューバースタインがいた。ケネディは二〇一七年から一九年の二年間だけで八〇万ドル以上の報酬を受け取り、デューバースタインにいたってはマクドネル・ダグラス時代から合計五三〇万ドルの報酬を手にしていた。取締役会はマレンバーグにも見返りを忘れなかった。ライオンエア機事故の二か月後、取締役会は在任中の最高額三一〇〇万ドルをマレンバーグに与えることを議決し、これには業績に対する一三〇〇万ドルのボーナスが含まれていた。

エチオピア航空302便墜落事故

三月、サムヤ・ストムは兄のアドナンとの電話で、ワシントンの画廊で見かけた不機嫌な女性の話をした。彼女のご機嫌をとることができるか？　サムヤは挑戦した。はじめはそっけない返事をしていた女性はやがてサムヤに家族の写真を見せ、インスタグラムでつながろうとした。話を聞いていたアドナンは笑った。身長六フィート（一八三センチ）でブロンドの妹から目を背けるのは難しい。

電話の翌日、サムヤはあこがれのケニアでの仕事につくため、ワシントンのダレス国際空港から出発した。「アディスアベバに着陸したわ。あと二時間でナイロビ」とサムヤは両親にショートメールを送った。二〇一九年三月一〇日（日曜日）午前八時三〇分、サムヤはナイロビ行きのエチオピア航空302便の737MAX8に搭乗した。このフライトは毎日運航されており、外交官もたびたび利用していた。サムヤは16J席に着席した。

一つ前の列にケニアの電気技師ジョージ・カバウが座った。二九歳のカバウはエチオピアでGEの仕事を終え、家路についていた。カバウの前には定年後に毎年旅行しようと決めていたフランス人カップル、スュザンヌと六六歳のジョン＝ミシェル・バランジェがいた。13Lにはナイロビで開催される国連環境会議にカナダを代表する青年大使として向かっていた二四歳のダニエル・モアーが着席し、後ろの席にはもう一人のカナダ代表青年大使で、二四歳のアンジェラ・リホーン、彼らと同じ会議に出席するアメリカ人空気品質エキスパートのマット・ヴェセレがいた。二列に分かれて着席していたのは三世代にわたる家族で、三三歳の母親キャロライン・カランジャと三人の子供、それにキャロラインの母親のアン・カランジャがいた。

エチオピア航空はアフリカではおそらく最高の航空会社であった。操縦席には八〇〇〇時間以上の飛行経験があり、二年前にエチオピア航空の最年少機長になっていたスリムでハンサムな二九歳のヤレド・ゲタチューが着席していた。副操縦士は二五歳のアハメッドノール・モハメッドで、飛行経験は三六〇時間に過ぎなかったが、仕事熱心な彼は自宅でもソファーに友人を座らせると、チェックリストのリハーサルをたびたびしていた。

離陸して数秒もしないうちに、MAXはMCASの不具合を知らせ、機長が握る操縦桿が震えた。高度警告灯と対気速度警告灯が点灯し、ゲタチュー機長が管制塔に「飛行制御に問題が発生した」と連絡した。そして機首が下がった。

一般的な上昇角度で上昇していたにもかかわらず、機長側のAOAベーンは実際よりも六〇度高く、ほぼ垂直な七五度で上昇しているとフライトコントロールコンピューターに伝えていた。ベーンには電気的な障害が発生していたのだろう、あるいはバードストライクにより損傷したのかもしれない。死へのダイブをたどったライオンエア機と同様に、一つのベーンからのみ送られた誤ったデータによりMCASは失速が不可避と判断し、エチオピア航空機のコントロールを奪った。パイロットに残された道は戦うことだけだった。

二人はライオンエア機の悲劇を学んでおり、ソフトウェアの問題を推定するだけの知識があった。「レフト・アルファ・ベーン！」。二人は同時に叫んだ。ゲタチュー機長はボーイングのアドバイスどおりにカットアウトスイッチを切った。しかし、混乱下のコックピットでゲタチュー機長はスロットルを戻すのを忘れ、機は離陸速度のままだった。不一致の警告灯はライオンエア機と同様に点灯したままだった。ゲタチュー機長がチェックリストに書かれているようにマニュアル・トリム・ホイールを扱おうとすると、エレベーターに当たる風が強過ぎてホイールを動かすのは難しかった。「手を貸してくれ」。ゲタチュー機長はモハメッド副操縦士に告げた。

おぼつかない足取りで進むMAX8の高度は依然として八〇〇〇フィート（二四四〇メートル）だった。乗客は雑誌のページをめくったり、うたた寝をしているはずだった。しかし、彼らの目に映るのは信じられない速度で通り過ぎる村や畑であった。認定研修を受けるためにナイロビに向かっていた三一歳のトヨタの整備工シンタイェフ・シャフィは姉のコンジットに電話をかけた。二人は仲が良く、シンタイェフはコンジットを毎日職場に迎えに行っていた。しかし、そのときシンタイェフの声はうわずっていた。シンタイェフとコンジットの町は飛行経路の下にあった。シンタイェフは姉に外に出て、飛行機を探すように言った。あわてたコンジットは通りに出たが、そこでは子供たちがサッカーをしており、邪魔をして空を見上げるのには抵抗があった。しかしコンジットはエンジンの音を聞いた。そのことをシンタイェフに伝えると「そのとおりだ」とシンタイェフは答えた。コンジットは上空でなぜ携帯電話が使えるのかを聞いた。「わからない」。「ドシン！」何かが粉々になる音が聞こえ、電話は突然切れた。コンジットは胸にぽっかりと穴が空いたような気がした。

エチオピア航空のシミュレーターでパイロットはこの非常事態の訓練を二回も受ければ十分なはずだった。教官は落ち着いて手を止め、速度を落として力を中立化し、トリムホイールを使用すると説明した。一九八〇年代であれば、教官は「ローラーコースター」と呼ばれるテクニックを紹介し、トリムホイールを自由に動かすためには、衝動を抑えて操縦桿を軽く握り、少しずつトリムホイールを動かすよう指導したと思われる。しかし、相次ぐ新型機の登場で、暴走するエレベーターを安定させるためにアナログ時代のトリムホイールを使うことは一般的でなくなり、指導も行なわれなくなった。

チェックリストに操作の変化についての説明はなかった。チェックリストはエレベーターのスイッチを切るよう指示し、エチオピア航空のパイロットはそのようにした。のちにボーイングはそれほど重要な追加説明ではないかのように、力を中立化するため、電気を遮断する前に電気トリムスイッチを「使用することは可能である」と通知している。ライオンエアのスネジャが二一回押したように、親指の下にあるこのスイッチを強く押すことは、ＭＣＡＳが機体を制御不能なダイブに導くのを防ぐ、最も重要なステップであった。

しかし、エチオピア航空のパイロットはシミュレータートレーニングの恩恵を受けることができなか

飛行機の部品が散乱するエチオピア航空機の事故現場

った。機体の制御ができないので、パイロットはスイッチをオンにした。まるで玩具のブザーのように、MCASが作動して、機首はさらに下がった。

首都アディスアベバから未舗装路を車で三時間揺られたところにある小さな町ビショフトゥの上空数百ヤードをきしみと振動で恐ろしい悲鳴をあげている飛行機が飛び去っていった。住民は恐れおののき、草をはむ牛は逃げ回った。白煙が機体から流れ、住民は鳴り響く最後の音を聞いた。その場には火と黒煙が残った。乗客乗員一五七人を乗せた製造されたばかりの新型機737MAX8がこの地で長らく耕作されてきた陸稲の畑に穴を開けた。日差しが耐えがたかった。乗客乗員は離陸後六分でその命を失った。MCASの誤作動で墜落したライオンエア機の半分の時間だった。

遅れる政府の対応

娘とショートメールを交わした数時間後の午前二時、サムヤの母ナディア・ミラーロンはマサチューセッツで目を覚ました。キッチンで観ていたＢＢＣ（英国放送協会）のワールドニュースがエチオピアでの墜落事故を報じた。エチオピア航空３０２便。同じ便名を母親は娘から聞いていた。身体の震えが止まらなかった。

二四時間稼働しているボーイング危機管理センターの社員が最初にＣＥＯであるデニス・マレンバーグに事故を伝えた。五か月のあいだに二件の墜落事故が発生した。どのような会社であっても恐れるシナリオであった。

市民が製品の安全性を疑って、パニックを起こし、細心の注意を払って築き上げた評価が大きく毀損する。タイラノール（解熱鎮痛剤）の容器にシアン化物質が含まれていたため、一九八二年に七人が犠牲になった時、ジョンソン&ジョンソンの会長ジェームス・バークは二つの問いを自問した。「いかにして消費者を守るか？　そしていかにして製品を守るか？」。答えは一つだった。安全を優先する。結果としてジョンソン&ジョンソンは製品を守ることに成功した。バークは消費者にタイラノールの購入を止めるよう伝え、広告を取り下げ、生産を中止し、製品を回収した。経営は大きな打撃を受けた。タイラノールは収益の一九パーセントを稼ぎ出していた。しかし、迅速に対応することで、追加の犠牲者を出すことを回避した。バークの対応は危機管理のモデルケースとなった。

マレンバーグがステージの上で自信を持って語った信仰とリーダーシップが問われることになった。

事故が発生し、マレンバーグは深夜に取締役と話し合い、相談を受けた相手には広報を担当するアン・トゥールーズも含まれた。二つの疑問に焦点が当てられた。まずは安全である。「MAXは安全なのか？　MCASが事故に関わっているのか？」。しかし、ジョンソン&ジョンソンのバーク会長とは異なり、マレンバーグにはすでに答えがあった。製品が人命に優先する。「我々は強い声明を出し、二度目の事故原因を証明する事実はないことを明らかにしなければならない」。会社の対応を説明する原稿を書いていたトゥールーズにマレンバーグは伝えた。

事故の翌日、ボーイングが発表した声明は法廷での発言のようだった。「清廉潔白で高い技術力を有する社員が製造、サポートする737MAXは安全な航空機です」

残りの声明はマレンバーグがFOXビジネスのマリア・バーティロモに語ったコメントと同じ内容で、不幸な事故はボーイングが定めるプロシージャにパイロットが従わなかったために発生したという内容であった。声明は「重要なことは現時点でFAAはいかなる追加の命令も出しておらず、AD2018-23-51は引き続き有効であるということです」と続き、のちに誤りが判明するが、ソフトウエアは「一般的な飛行エンベロープの外側でのみ」で作動すると述べていた。MCASの働きは限定的なものであるはずであったが、通常の離陸で少なくとも三回作動し、この事実は明らかに予見できるものだった。のちにパイロットがどう反応するかについて、ボーイングには「死につながる思い込み」があったとし、社内にもこの「思い込み」を後悔する声が出始めていたとボーイングの専務取締役デイヴ・カルフーンはのちに独白している。

規制当局はボーイングの言葉を素直に受け止めなかった。強い反発はＦＡＡではなく中国から生じた。中国当局がこの月曜日にＭＡＸの飛行禁止を命じた。マレンバーグはトランプと話し、のちに語るには、データにもとづいて大統領が決断するよう要請した。このような要請は、二回目の７８７ドリームライナーの火災を受けて、オバマ政権のレイ・ラフッド運輸長官が聞いたものと同じであった。

マレンバーグは航空システムの働きとその安全性に話を進め、なぜ航空輸送が最も完全な輸送手段であるかを説明した。ボーイングはその声明で、ＭＡＸの安全性に揺るぎはないものの、「自国の市場に適した」判断を規制当局や顧客が下すことも理解すると述べた（言い換えれば、中国への非難である）。

トランプ大統領はＭＡＸの飛行継続を選択した。一方、トランプ政権の運輸長官イレーン・チャオはＦＡＡの副長官に「状況とその変化を観察し、回答を直接報告するよう」命じた。国際海運会社のオーナーの子孫であり、強い影響力を持つ上院院内総務であるミッチ・マコーネル共和党議員とチャオは結婚している。この火曜日、チャオはサウスウエストの７３７ＭＡＸ８に搭乗してテキサス州オースティンに向かい、サウス・バイ・サウスウエスト祭で、無人自動車の認可を簡素化するというスピーチを行なった。

この日、欧州連合、インド、オーストラリア、シンガポール、カナダの規制当局が中国に続き、ＭＡＸの飛行を禁じた。ボーイングと反応の遅いＦＡＡは航空安全の新局面で孤立し、他国はもはやアメリカの指導を求めていなかった。「これはもうＦＡＡに対する反抗です」。ロンドンの投資銀行ジェフェリー・インターナショナルのサンディー・モリスはそう語る。「このような状況を目にするのは初めてです」

事故から三日後の飛行禁止命令

ＦＡＡで安全を司るアリ・バーラミは各国のカウンターパートから電話を立て続けに受けた。「アリ、すまないが、大臣が飛行を禁止するように言っている」と彼らから告げられたとバーラミはのちに語る。バーラミはまだデータがないと主張した。この月曜日、ＦＡＡは衛星から収集した事故機のトランスポンダ（航空機の位置特定装置）のデータを入手したが、局には解析する技術がなかった（のちにバーラミは「ほかの機関には技術があるかもしれなかったが、私たちにはさっぱりわからなかった」と語る）。

ＦＡＡはデータをＮＴＳＢに渡し、ＮＴＳＢはそのデータをボーイングに送り、ボーイングのエンジニアが検証した。そして水曜日の朝、ボーイングはＦＡＡに急ぎ電話会議をしなければならないと伝えた。

衛星トランスポンダは機位、高度、方位、速度を八秒ごとに記録する。ボーイングのエンジニアはエチオピア航空機の航跡をライオンエア機の航跡に重ね、その画像をバーラミに見せた。航跡は重なった。さらに回収されたエチオピア航空機の残骸からフラップは上を向いていることが明らかになった。ＭＣＡＳが作動した証拠であった。何も話す必要はなかった。バーラミは自室を出ると、上司に飛行を禁止しなければならないと告げた。

同日、FAAは飛行禁止の命令を出した。事故が発生してから三日後であった。787ドリームライナーの飛行禁止から六年後、失策は繰り返された。非難を集めたマクドネル・ダグラスであってもそのような失態はなかった。マクドネル・ダグラス機で飛行が一時禁止されたのはDC-10だけだった。

その週、ボーイングの株価は一〇パーセント下落したものの、投資家は懸念を受け流した。投資家に助言をするウォール街のアナリストもさして気にしていなかった。火災によるドリームライナーの飛行禁止と同様にMAXの飛行禁止も当時は三か月になると見込まれ、ボーイングの損失も一〇億ドルになると見積もられたが、巨費であっても大きな打撃を与えるものではなかった。

高速で地面に激突

事故から五日後の金曜日、ポール・ンジョロゲは義父ジョンに支えられながら、家族が露と消えた畑を目指した。事故後、水しか飲んでいなかった。立ち入り禁止のテープまで来ると、ンジョロゲは頭を抱え、顔をくしゃくしゃにして、「子供たちの声を聞きたい」と言った。掘り返されたばかりの土の匂いがした。

三三歳のンジョロゲはケニアのナイロビ大学でキャロライン・カランジャと知り合った。二人はケニアで数を増やしつつある知的産業従事者であり、トロントに移住すると、ンジョロゲは投資アナリストになった。子供と母親を連れての妻キャロラインの一時帰国はンジョロゲにとって家族を親族に紹介するいい機会だった。六歳のライアンは宇宙飛行士を夢見ており、四歳のケリは笑顔を絶やさなかった。生後九か月のルビは妻の膝に抱かれていた。アディスアベバ経由の旅はンジョロゲがアレンジし、航空チケットを購入した。ンジョロゲはあとから家族に合流する予定だった。ンジョロゲはそばにいることのできなかった家族の最期を考えずにはいられなかった。「誰もが私に強くなれと言うが、無理だ。強くなんかなれない。どうやって生きていけばいいのか？　家族がすべてだった」。ンジョロゲは残骸を回収しようと大騒ぎしながら働く人々の中で静かに語った。

サムヤの両親マイケルとナディアの長旅は地獄だった。カタール経由でニューヨークからアディスアベバへ飛び、アメリカ大使館員に誘導され、急ぎエチオピアに入国した。パスポートもなく、予防接種も受けていなかった。お湯の出ないヒルトン、そしてハイヤットへ。まごつく若い大使館員がサムヤの遺体を引き取れないと言った時、ナディアの怒りは頂点に達した。「CNNがボディーバッグ（遺体収納袋）を映しているじゃないか！」。困惑した館員はCNNの記者に電話をかけたが、袋に何が入っているかはわからないという。館員は赤十字の職員にも確認し、大腿部より大きいものは見つかっていないと両親に伝えた。そして大使館の車二台で墜落現場へと向かった。マイケルとナディア、弟のトーアにサムヤの恋人マイク・スネイブリーが同行した。長男のアドナンはニュージーランドにいたが、（カリフォルニア大学）バークレー校の人類学教授である八八歳の祖母ローラのもとに行くよう頼まれていた。ローラはサムヤを溺愛し、サムヤが死んだと知ると祖母も死んでしまうのではないかと思ったからである。

クレーターとしかいいようのない墜落現場で、カメラマンが顔を覆いながら泣くサムヤの家族を撮影した。銃を持った若い警官が、立ち入り禁止のテープを越えようとする家族に「ノー」と怒鳴ったが、「娘なんです」とナディアは大声で叫び、白と黄色のバラを捧げた（赤は生きている者の花である）。そこに機体はなかった。消滅していた。ショベルカーが地面を掘っていたが、出てくるのは金属の小片、服、スーツケース、パスポートだった。英ニュース局スカイニュースの記者の言葉は許しがいたほど残酷であったが、悲しいことにそれは事実であった。「腐敗しつつある部分遺体」。737MAX8は高速で地面に激突したことで、分解し、残骸は数メートルの深さに埋もれていた。

理不尽な別れ

大斎《たいさい》（訳者注：神との交わりを得るために、六週間にわたり実践される禁食を中心とした節制、祈祷、施しなど）の時期で、正教会の教徒であったナディアとマイケルは同じ宗派の信徒が多くいるエチオピアで毎日礼拝に参加して心の安らぎを得た。見ず知らずの人が二人の手を握り、頭を下げて、涙を流した。黒い石でできた十字架を二人に売った逞しい体躯の男は、二人が十字架を求めた理由を知ると頬を涙で濡らした。

この日曜日、悲しみに沈む数百人の人々が国会図書館の前を通り、セラシエ大聖堂まで行進した。参加者は黒の服かシーグリーン（エチオピア航空のコーポレートカラー）の制服に身を包み、多くは犠牲者の写真を胸に抱いていた。静寂の中を進む彼らにはこの世のものとは思えない崇高な力が宿っていた。大聖堂では神父が犠牲者の名を読み上げ、数人ずつに分かれて空の棺を墓地に運んだ。聞こえるのは泣き声と聖歌だけだった。

数か月にわたり、数千人が世界各地で集まり、夫、妻、母、父、息子、娘、姉妹、兄弟、恋人、友人、同僚に別れを告げた。

ニューヨークの国連ビルでは伝統にしたがいアントニオ・グテーレス事務総長が花輪を捧げ、前年に国連任務の遂行中に命を落とした職員の名誉を讃えた。いつもは戦地で斃れたブルーのヘルメットのピースキーパー（平和維持要員）が対象だったが、この年はエチオピア航空機に搭乗して命を失った職員が含まれていた。一一五人のうち二一人が737MAXの犠牲者であった。

トロントでは国連環境会議に参加しようとしていた二四歳のダニエル・モアー青年大使の葬儀が執り行なわれ、二〇〇人が讃美歌を歌い、献花を行なった。庭の池にキャンドルが灯され、降りやまない雨の中、「私の愛娘はみなさんを愛しています」と、ダニエルの母は空港の飛行経路の下に集まった人々に語りかけた。

メルヴィンとベネット兄弟は、メルヴィンの妻ブリットニーが出産する前に最後の冒険に出かけていた。千人がカリフォルニア州レディングの聖ジョセフカトリック教会で彼らの死を悼み、参列者の多くはその後にレディング・エルクス・ロッジで開かれた通夜に参加した。メルヴィンが着ていたシャツに似たハワイアンシャツを着た男が数人、兄弟の写真がプリントされたシャツを着ていたカップルもいた。「私は息子たちに人生は不公平なものであり、時として、理不尽にもこてんぱんにやられることもあると伝えました」。彼らの父親アイク・リッフェルはエルクス・ロッジに集まった人々に語りかけた。「癒しが始まります。立ち上がりましょう。一発喰らわせましょう」。ブリトニーの赤ちゃんは二か月後に生まれた。女の子だった。

「殺人機」と命名

事故から数日もしないうちに、マイアミのトレーニングセンターで勤務していた一人のボーイングのパイロットが連邦政府から召喚令状を受け取った。オペレーションを熟知するボーイングのパイロットたちの顔から血の気が引いた。捜査はかつてないレベルで行なわれている。イギリスのタブロイド紙はMAXを「殺人機」と命名した。ボーイングの製品にはあってはならないことだった。

マレンバーグとボーイングの原稿に変化はなかった。用意した声明で「安全は最優先」で、すべての事故は出来事のつながりであり、結論に達するには、捜査結果を待たなくはならないとマレンバーグは力説した。三月一七日、『シアトルタイムズ』はFAAの技官が何か月も陰で話していたことを記事にしてボーイングの主張を一蹴した。記事は匿名のエンジニアがボーイングは決定的に不備のある評価をFAAに提出し、MCASが機体を地に落とす力を軽く見積もっていたと報じた。

記事への反論として、マレンバーグは事故を受けて「私たちの心は沈んでいます」、「ソフトウェアの改訂が実施されます」と航空会社に手紙を書いている。マレンバーグCEO、マイケル・ルティグCLO、そして広報担当社員らは、まもなく大きな危機が訪れることに気づいていなかった。マスコミに対する短い説明で、マレンバーグは事故原因が詳細に調べられるまではコメントを避けなくてはならないと主張した。

広報に明るい専門家によれば、ボーイングからの声明は「エンジニアと弁護士が協力して書いた」ようであり、これはボーイングの社内文化であった。歯切れの悪い情報の発信は逆に疑いを招いただけだった。ボーイングは業界紙での報道発表や、言いなりにしていた監督官庁とのひそひそ話には慣れていた。ボーイングの栄光の歴史を記した本は数多く出版されており、その中にはボーイング自らが刊行した本もあった。しかし、いまそのボーイングに原告の弁護士、ジャーナリスト、連邦政府検察官、議会の調査委員会が評価を下そうとしていた。ボーイングの広報社員はシアトルに襲来する『ニューヨークタイムズ』の記者の数を数えていた。

遅すぎたアップデート

シネット副社長が一一月に約束したソフトウェアのアップデートはようやく完成しようとしていたが、新たな惨事を避けるには遅過ぎた。ボーイングは最終版の詳細をライオンエア機の事故が発生してから（六週間ではなく）六か月が過ぎた四月にＦＡＡに提出する予定であった。

ＭＡＸのマニュアル作成責任者のフォークナーとともに働いたＦＡＡ訓練担当官ステーシー・クラインがマイアミのシミュレーターで評価してアップデートの提供日が定められた。三月一三日はエチオピア航空墜落事故の三日後であった。ボーイングはアップデートされたＭＣＡＳに自信があり、訓練はすでに許可されていたアイパッドでの二時間のトレーニングで十分であり、その内容も最も簡単なレベルAにするようFAAに要請していた。パイロットにはオペレーションマニュアルの重要な情報のみが提供され、テストやさらなるトレーニングは不要となる。

二〇一九年三月の終わり、ボーイングは二〇〇人のパイロット、コンサルタント、各国の規制当局職員をシアトルに招き、ソフトウェアのアップデートを披露した。システム統合研究室に全員収容することができなかったので、ほかの部屋に案内された参加者は仮定のシナリオにもとづいた飛行のシミュレートを求め、MAXがどう反応するかを観察した。発表会の直前にボーイングは記者会見を開き、シネット副社長がソフトウェアのアップデートについて説明し、システムが機首を下げる回数を少なくし、ライオンエア機の事故後にアメリカンや他社のパイロットが求めたように、二つのAOAベーンから伝達されるデータに相違があれば、MCASは作動しないと述べた。「重要なのは対話、フィードバック、完璧な理解です」と述べた。

しかし、ボーイングが期待した賛意はそこにはなかった。人を人として扱わなかったエンジニア、ないがしろにしてきた監督官庁、軽視した顧客、二〇年にわたる怨嗟が離陸時の横風のようにボーイングを襲っていた。

「我々は過ちを認めます」

MAXの制御装置の設計者リック・ルットカや解雇されたエンジニアたちは、安全を犠牲にしてでも、妥協した設計をしなければ、給与は減額されると脅かされたことを明らかにした。

MAXの改良案が拒否されて二〇一五年に退職したリック・ルットカの若き同僚カーティス・ユーバンクは前年の一一月にボーイングに復職し、777の最新機の開発に携わっていた。ユーバンクは、「（マネージャーは）安全と品質よりも、コストとスケジュールを重視している」と社内の論理委員会に伝えている。

787ドリームライナーを製造していたサウスカロライナ工場の機械工は機内にがらくたが残され、製品の瑕疵を公にすることがないよう、圧力をかけられていたと述べている。

パイロットはボーイングが何を隠しているのか説明を求めた。アメリカンのパイロット労組の広報担当デニス・タジェルはMCASから想像される言葉をまとめた。狂犬病にかかった犬、タスマニアデビル（タスマニアに生息する有袋肉食動物）、檻に入った獣。「毎日のようにボーイングからエラーや手抜かりの報告があります」とタジェルは述べた。

二〇一九年四月、AOAインジケーターが装備されていない機体を選択した航空会社の機体では、AOAベーンから誤った情報が伝達されても「AOA DISAGREE」の警告が出ないことをライオンエア機墜落事故の一年前からボーイングのマネージャーは知っていたことをボーイングは認め、衝撃が走った。ボーイングは歩み寄ったものの、（マレンバーグCEOやルティグCLOのような）経営陣はそのことを知る立場にはなかったとした。

同じ日、シカゴで開かれたボーイングの株主総会で、エチオピア航空機墜落事故の遺族らは犠牲になった愛する人々の写真を掲げ、「ボーイングと経営陣を業務上過失致死罪で起訴せよ」や「傲慢なボーイングは人命を軽視する」というプラカードも見られた。

マレンバーグCEOは演壇に立ち、記者からの質問を受けた。記者の一人は辞職について尋ね、もう一人はなぜMCASについて早期に情報を開示しなかったのかと質問した。『シアトルタイムズ』の辣腕記者でボーイングに関する報道でこの年にピューリッツァー賞を受賞することになるドミニック・ゲーツはアイルランド訛りで、なぜボーイングは過失を認めることができないのかと鋭く切り込んだ。「経過はいいのです。製品には欠陥がありました。違いますか?」。マレンバーグは思慮深い返答ができなかった。「我々は設計と証明の過程において、安全な航空機を生産するためのステップを厳格に守っています」。記者会見は広報担当者により一五分足らずで終了した。

別の記者が「二つのMAX8墜落事故で三四六人が犠牲になっているのです。このことについてろくな回答もできないのですか?」と大きな声を上げた。マレンバーグは固く口を閉ざして壇上から去った。

その後、広報チームは方針を変え、声明は痛恨の意を表するものとなっていった。マレンバーグCEOがソフトウェアの最新版をテストするパイロットとともにコックピットに座る正面からの写真が公表され、糊の利いたブルーのオックスフォードシャツを着たマレンバーグが工場で、「私たちは過ちを認めます」と述べている動画が撮影された。翌週にダラスにあるジョージ・A・ブッシュ大統領センターで開かれたリーダーシップフォーラムでもマレンバーグは同じ発言をした。「我々は過ちを認めます。ボーイングはそういう企業です。百戦錬磨の兵士が知るように困難な状況にどう立ち向かうかが、組織と国の運命を左右します」

しかし、マレンバーグの仕事ぶりは一貫性を欠いていた。二〇一九年春、商業機事業部長のケヴィン・マックアリスターは飛行制御エンジニアとのミーティングをシアトルで行なった。マックアリスターは感情に訴えるスピーチを行ない、エンジニアは涙を流した。マレンバーグの番になると、彼はいくつかの質問を受けたあと、わずかばかりの情報を提供した。マクドネル・ダグラスとの合併によって技術者の魂が失われたのではないかと心痛するボーイスカウトに対して、用意された原稿から離れて自省の弁を述べることもできたはずが、彼のスピーチは無機質な食事のように味気ないものだった。

MAXの「再就役」

風向きは強まったが、楽観的なマレンバーグはスケジュールの必達を固持し、生産のペースを落とすことを拒否した。シアトルのイースト・マージナルウェイには各国の航空会社向けに輝く塗装が施されたMAXが何列にもわたって並べられ、在庫は数十億ドルに達した。MAXの飛行禁止から一か月もしないうちにボーイングは三五億ドルの社債を発行し、銀行から一五億ドルの融資を受けた。ボーイングの財務が綱渡りであり、嵐に備えた内部留保がないことの証拠であった。それほどまでにボーイングは株主や取締役に配当を続け、MAXの納入が停止して収入が途絶えると、残された資金は枯渇するのであった。

ウォール街の四半期の現金保有高をクリアするために、グレッグ・スミスCFOの手によってGEのような財務の操作が行なわれ、顧客に対してのちの値引きを約束する代わりに代金の早期支払いをボーイングは求めた。あるアナリストの計算によるとフーディーニ（米国の奇術師）のテクニックにより、ボーイングは単一年で一五億ドルの支払いを受けたという。

賃借対照表は借入金と資産を比較する。ストーンサイファーと彼の後継者が純資産に対する収入を向上させようと会社の財布を空っぽにし始める一九九七年当時、手元には一三〇億ドルが手元にあった。二〇一八年のボーイングの資産は四億一〇〇〇万ドルに過ぎなかった。

当然のこととして、議会にはボーイングの友人が大勢いて、FAAとは兄弟関係にあった。五月の公聴会でミズーリ州選出の共和党下院議員サム・グレーヴィスが主導する議員は、事故原因はボーイングのパイロットではなく、外国人パイロットが操縦していたためと遠回しに述べている。自身もプライベート機を操縦するグレーヴィスは「飛行機の操縦を知らなければ、飛ばすことなどできないのです」と発言している。そして、エチオピア人パイロットは「速度が速すぎた。このようなプロシージャは聞いたこともない」と付け加えている。

公聴会が行なわれた時のFAAの長官代行はダネエル・エルウェルで、彼はアリ・バーラミのように航空宇宙産業連合会の副会長を務めていた経歴があり、それより以前は政府との折衝も担当するアメリカンのパイロットであった。その後エルウェルは業界団体であるアメリカ航空会社連合会の上級副会長になり、航空立法諮問委員会の会長を務め、同委員会は航空機の証明を行なうODAや「ベース」と呼称される強力な組織の設立を密室で画策した。

グレーヴィスの断定に対して、「もちろんです。各国での訓練の基準について厳格に調査する予定です」。エルウェルはグレーヴィスの質問に回答した。

787ドリームライナーに火災が発生した際もグレーヴィス議員はほかの議員と同様にFAAによるボーイングの監督に変更を加えるのは間違いであるとほのめかした。彼の論理には国粋主義が見え隠れしていた。「外国で起きたことをきっかけにして、私たちはまたしても、アメリカ流のやり方を放棄しようとしているのです。私は心を痛めています」。グレーヴィスはそう述べている。

マレンバーグはアナリストと航空会社にMAXは数か月以内に再就役すると伝えたが、FAAが公式にそのような時期を発表したことはなかった。

この春、FAA長官代行のエルウェルは、MAXを運航するアメリカの航空会社三社、サウスウエスト、アメリカン、ユナイテッドの取締役とパイロットに面会し、「五月までに再飛行するというのは時期だけが一人歩きしている」と伝えたことが、この話し合いの内実を知る人が述べている。その一方で、事故が発生して一月後の四月、局の内部では一職員の手により作成された「再就役」と題したパワーポイントプレゼンテーションが回覧されていた。

五月の終わりが来ても飛行禁止は解けなかった。バーラミやほかの職員は引き続き楽観的な姿勢を崩さなかった。バーラミはモントリオールで開かれた国際民間航空機関での非公式な説明で、FAAは早ければ六月にも再就役を許可すると述べている。

この月に開かれたパリ・エアショーでお気に入りのグレーのスーツと紫色のネクタイを着用したマレンバーグは記者の前に現れた。暴露記事の矢面に立たされたマレンバーグは公式の場では控えめになっていた。「私たちは学びのために、謙虚にこのイベントに参加しました」。ル・ブルジェ空港の展示ハンガーをうろつく業界の有力者やジャーナリストの目に留まらないよう、軍用機の影に隠れ、マレンバーグはエルウェル長官代行に会った。エルウェルはマレンバーグに進捗状況に関して声のトーンを落として、（見かけだけでも）FAAに監督する裁量を与えて欲しいと伝えた。「確かにそうです。私たちは急《せ》かしません」。マレンバーグはエルウェルにそう答えた。

この週の土曜日、ワシントン州中部の氷河により形成されたシュラン湖の周りにある果樹園や葡萄畑をめぐる一〇五マイル（一六九キロ）のボーイングセンチュリーチャレンジに参加するため、かつてないほど鍛え上げた体躯のマレンバーグは自転車にまたがった。ボーイングからは約五〇人の社員が参加した。一二〇〇人の参加者のうち、マレンバーグは二六位であった。

第12章　血の代償

社会運動家ラルフ・ネーダー

エチオピア航空事故の犠牲となったサムヤ・ストムの家族は、ワシントンで行使される権力について熟知していた。サムヤの母であるナディア・ミラーロンは、アメリカ緑の党選出の大統領候補だったこともある消費者運動の大家ラルフ・ネーダー弁護士の姪であった。

ネーダーは一九六五年に出版されたベストセラー『どんなスピードでも自動車は危険だ』で自動車業界の闇を明らかにしている。この本により、シートベルトの着用が義務化されただけでなく、シボレーのコルベアはハンドルシャフトが事故発生時に運転手を突き刺すことが明らかになり、ゼネラルモータ一ズは評判を落とした。ネーダーは運輸省道路交通安全局、消費者製品安全委員会、環境保護庁など、一九七〇年代に消費者を守る規制当局の設立に誰よりも貢献した。

一九九〇年代になると、ネーダーは『Collision Course（衝突経路）』と題した航空業界の本を著し、

（©Wikimedia Commons）

ラルフ・ネーダー。1965 年自動車の安全問題を告発。消費者運動家として知られる。

ＦＡＡは自身と自身が規制する業界と適切な距離をとっていないと論じた。事故死したサムヤにボーイング７３７ＭＡＸに注意するよう伝えなかったことをネーダーは後悔した。ネーダーは事故後にＣＥＯのマレンバーグに痛烈な公開状を送り、「経営陣は給与を辞退し、辞職せよ」と伝えた。

ネーダーは原告弁護士と自身の草の根消費者運動を記念して故郷であるコネチカット州ウィンステッドに不法行為法博物館を開設しており、博物館のメインホールには赤のコルベアが展示されていた。ネーダーは姪の息子アドナンが世界各地でバイオリンのストリートコンサートを開いていることを知ると、アドナンに博物館でコンサートを開くよう説得したことがあった。命じたと言ってもいい。そのコンサートが開かれたのは事故の前年の二〇一八年一二月であった。そして、翌年六月下旬に灰色のネオクラシシズム調のビル内にあるこの博物館で故人への頌徳であるとともに、運動の一環でもあったサムヤの追悼式が開かれた。ベッドから何日も起き上がることができなかったナディアと夫のストムは彼らの第二子サムヤの死には意味があると固く信じていた。

家族は同じホールに集まり、サムヤの死を悼んだ。八五歳になったネーダーの容姿は驚いたことに二〇年前の大統領選の時とさほど変わらず、前かがみながら、ゆっくりとした足取りでステージに向かった。要約を述べるネーダーの話ぶりは弁護士特有であったが、礼儀を忘れることはなく、美辞麗句に満ちたその言葉は感動的であり、また悲しくもあった。ネーダーのクライアントは姪の娘であった。「故人と家族は旅行は安全なものであると考え、また命は何よりも優先されると明確に願っていたにもかかわらず、物質的、そして短期的な利益に目が眩んだ人間に対して法が公正な裁きを与えられんことを。愛するサムヤならびにほかの乗客、そして遺族のために私たちは妥協してはならない」とネーダーは述べた。

ネーダーは姪のナディアを壇上に招いた。ナディアはエチオピアから帰ったあと、毎日黒い石でできた十字架を身に着けていた。ナディアは墜落地点で洋服の切れ端の中を歩いた恐怖、ボーイングも規制当局も明らかにすることのできない重大な設計ミスにより事故機が地上に激突したと聞いた時の混乱について声を途切らせながら述べた。

「二人の男性が操縦桿を引いても、動かすことはできませんでした。なぜならソフトウェアがパイロットを無力化したからです。ＦＡＡも問題を発見することができませんでした。こんなことがまかりとおるのは狂気の沙汰です。ＦＡＡには私たちの安全を保証するシステム、技術力、監視能力がないことになります」

ネーダーのかつての威光は失われつつあり、ワシントンで追従者を奮い立たせた改革の熱情もまた過去のものとなったが、それでも彼には影響力があった。コネチカット州選出のリチャード・ブルーメンソール民主党上院議員が弔問に訪れ、カーター政権で運輸省道路交通安全局局長を務め、ネーダーの盟友であったジョアン・クレイブルックも駆けつけた。演壇に着くなり、クレイブルックは目頭を押え、「ドラゴンの女であっても泣くのです」と、自動車業界から贈られた愛称を口にした。クレイブルックは自宅で開いたディナーパティーにサムヤが訪れた時のことを話した。雪が降っており、ゲストの車が動かなくなった。サムヤは美しい赤のスエードの靴を履いていたが、表に出ると手で雪を掻き出した。「サムヤほど喜びに満ちた人を私は知りません」。クレイブルックはそう語った。

そして、クレイブルックはボーイングに話を戻した。ネーダーは事故が発生した日にクレイブルックに電話し、サムヤが亡くなったことを知らせていた。クレイブルックは三年前に引退に備えてボーイングに三万五〇〇〇ドルを投資したことを思い出した。ネーダーとの電話を終えると、証券会社に電話し、ボーイングの株がいくらになっているかを尋ねた。残高は一〇万ドルだった。「ボーイングは航空機や飛行に投資せず、暴利を貪っているのは明らかです。そして取締役やその他の人たちが恩恵を受けているのです」。クレイブルックはボーイングの利益は「血の代償」としか考えられなくなったと述べた。クレイブルックは株を売り、利益をサムヤへの弔いとしてネーダー博物館に寄付した。

結束する遺族たち

サムヤの父マイケル・ストムは農民、工員、労組の支援を受ける「アメリカの繁栄の会」の会長で、政治とは無縁ではなかった。絶望の淵から立ち上がったマイケルが電話をかけた一人に二〇〇〇年のストライキを主導し、また会の委員も務めていたかつてのボーイングのエンジニア、スタン・ソッシャーがいた。ストムとソッシャーは長年の知人で、各委員に送られたショートメールを読んだソッシャーはサムヤが亡くなったことを知っていた。事故はボーイングへの痛烈な一撃だった。「良き人々は良き人生を送らなくてはならない」とソッシャーは考えた。マイケルが電話をすると、ソッシャーは規制緩和の結果、FAAに任命された代理人は局にではなく、ボーイングの上司の顔色をうかがうようになっていると問題の核心に迫った発言をした。かつてFAAは不適切な影響力が代理人に及ぶことを排していたが、いまや新しい関係は問題を助長している。

事故の数日後、ロビーに置かれた紫色のカウチで遺族がすすり泣くアディスアベバのエチオピアン・スカイライト・ホテルで、サムヤの両親マイケルとナディアはワッツアップの掲示板を通じて、同じく家族を失ったトロントのポール・ンジョロゲと知り合った。

ンジョロゲは深く悲しみながらも、事故原因を究明しなければならないという使命感を感じていた。ンジョロゲは妄想に囚われたかのごとくボーイングに関する資料を読み漁った。新しいニュース、プレスリリース、年次報告書、四半期決算……。情報収集は投資アナリストであるンジョロゲの得意とすることであった。

情報分析の結果、問題は明白であった。危険な兆候はライオンエア機の事故で明らかになっていた。株主と経営陣に過分な報酬を与えて社業に必要な投資をしない。骨抜きにされたFAA。これらの問題を注視していれば家族を救えたのではないかという深い後悔の念がンジョロゲを襲った。パイロットを非難したサム・グレーヴィス下院議員の五月の公聴会での発言を読み、ンジョロゲは吐き気を催した。「二〇一八年一〇月に（ライオンエア機）事故が発生しました。事故現場はインドネシアで、アメリカ、カナダ、イギリスではありませんでした。これらの国々では人命が尊いのです。インドネシア人はインドネシア人に過ぎません。ボーイングはMAXの飛行を継続しました。エチオピアもインドネシアと変わりません」。ンジョロゲはそう語った。

使命を帯びた若き職員や圧力団体の人々が集まるキャノン下院議員会館ビルやダークセン上院議員会館ビルをンジョロゲはマイケルやナディア、その他の遺族とともに何度も訪れた。秘書しか会えない場合もあったが、多くの場合は議員が話を聞いてくれた。五〇人の議員を訪ねたが、悲しみに堪えることができなかったナディアはやがて身を引くことになった。

運輸省ではイレーン・チャオと彼女の部下が涙を流した。歴史上初めてFAAは面会の調整と情報提供を行なう遺族係としてマイケル・オドネルを任命した。「FAAはあろうことにも庇護するべき人と対話することに慣れていなかったのです」。ナディアはそう語る。

FAAは「魔法と科学の違いがわからない」

ナディアの弟タレク・ミラーロンはカリフォルニア州バークレー在住の環境学博士であり、南米での森林保護プロジェクトに携わっていたが、彼も737MAXに関する運動に注目していた。タレクは叔父ネーダーの大統領選を手伝った経験があり、マスコミ対応の経験があった。タレクは姉が写真撮影に応じた際に掲げた犠牲者のポスターを製作し、FAAのアナリストにはできなかったリスクモデル（想定される具体的リスク事例）についてエキスパートから情報を得た。

サムヤはボーイフレンドがカリフォルニア大学サンフランシスコ校で研修医を務めていたので、前年にタレクの家に数か月滞在していた。サムヤはタレクの二人の子供とよく遊んだ。サンクスギビングでの再会、叶えた夢や旅行についての会話、将来彼女が産むであろう子どもたち……すべてが失われた。

タレクの目にはFAAのマネージャーは能無しの集まりで、深く考えることもなく、ボーイングの説明を繰り返し、MAXの飛行が継続した場合のリスクなどの不完全なデータをスプレッドシートにして売り込んでいるように映った。一〇〇人のパイロットのうち一人のパイロットが新しいチェックリストに戸惑うであろうという大雑把な推測をまるで完全かつ計算された数字のように扱うFAAを信じることができなかった。FAAにメールで回答を求めても要領を得なかった。「FAAはデータを重視すると言いますが、データが何を意味しているかはわからないようです。彼らは魔法と科学の違いがわからないようでした」とタレクは語る。

ボーイングの過ちを考える時、タレクは父の友人であったエンジニアのことを思い出さずにはいられなかった。このエンジニアの妻は妊娠中で、お腹にハンドルがあたることが不満だった。そこでエンジニアはハンドルを切断した。どうやら、奥さんがUターンすることに思い至らなかったらしい。自信過剰になった賢い人は馬鹿なことをする。

タレクは遺族とＦＡＡのミーティングに同席したが、ＦＡＡは耳を傾けるふりをしているだけで、ライオンエア機の事故後に目指していたことは一つだけのように思えた。ボーイングによるソフトウェアの改訂を待ってすべてを忘却する。

ＦＡＡによる飛行試験の実態

ある時、ナディアはＦＡＡの遺族担当マイケル・オドネルに７３７ＭＡＸのメカニズムについて話して欲しいと頼み、航空エンジニアの出席も許可するよう求めた。しかしオドネルは参加できるのは遺族のみであると依頼を無碍に断わった。ナディアは遺族の中に航空宇宙学のエキスパートがいないか探した。ナディアはエチオピア航空機の事故で国連の通訳であったグラジエラ・デ・ルイス・イ・ポンスを失った兄のハビエル・デ・ルイスＭＩＴ講師と接触することに成功した。

説明会でＦＡＡの職員は、新たに改訂されたＭＣＡＳソフトは一つではなく二つのＡＯＡセンサーから情報を得る。もしデータが一致しない場合、ＭＣＡＳは作動しないと説明した。デ・ルイスは驚きを隠せなかった。一九七〇年代に開発されたスペースシャトルであっても、五つのコンピューターが搭載されている。エアバス機は通常三つのセンサーを用いて情報を収集する。ボーイングの解決策は驚くほどお粗末であった。特定の状況で機首が上がることを防ぐためにソフトウェアが必要であるなら、この特異な状況に遭遇してＭＣＡＳが使えない場合、どうなるのか？

「もし、学生がこの設計を提出したら、私は彼を合格させません」。デ・ルイスはＦＡＡの職員にそう伝えた。

ＦＡＡはまもなく再飛行が許可されると内々に語り、ボーイング・フィールド近くのシステム統合研究所でこの夏さまざまなシナリオのテストが極秘裏に行なわれた。ＭＣＡＳが暴走すると同時に宇宙線（宇宙空間を飛び交う高エネルギーの放射線）によりマイクロプロセッサーがパンクした場合にパイロットはどう対処するかなど、ＦＡＡはＭＣＡＳの初期版では想定されていなかったあらゆる事態をテストした。

あるテストでは二人のＦＡＡパイロットが飛行を担当し、そのうちの航空機評価グループに所属する一人のパイロットは航空会社に勤務していた経歴があった。このパイロットがテストに加わるようになった理由は通常のテストパイロットが参加できなかったからであった。

ボーイングの社員は「ただちにピックルスイッチを扱ってください」と言ってライオンエア機をコントロールしようとスネジャが扱った親指のスイッチを指差した。操縦桿が振動し、故障を告げる警告音が鳴り響くと、二人のパイロットは交互にトリムホイールを扱った。ボーイングは一〇秒以内に適切なチェックリストを完了しなければ、機体は制御できずにノーズダイブに陥ると警告していた。

テストパイロットは四秒以内にトリムホールが動いていることを察知し、直ちにスイッチを切ると、ボーイングの社員が忘れないようにと指摘したピックルスイッチを扱った。さまざまなシナリオに対応するＦＡＡのテストで、このテストパイロットは数百回もこの操作をしたに違いない。一方、もう一人の航空会社出身のパイロットはボーイングの指導があったにもかかわらず、一六秒かかってしまった。

ゲームオーバーである。

図らずも、タレク・ミラーロンの直感が証明され、ＦＡＡは笑止千万なほど限られた人数の被験者によって行なわれていた試験をもとに自らが厳格とする評価を下していたことが明らかになった。そして、この時のテストが状況を大きく変えることになった。

ダラスでサウスウエストの乗務員とともに働いていたＦＡＡの点検官がこの試験結果を聞き、同社のシミュレーターを使って非公式なテストを行なった。その結果、試験したパイロットのうち一人は四九秒を要し、残りの二人は五三秒と六二秒だった。この試験結果にＦＡＡの長官代理エルウェルも言葉を失った。

議会の追及

この夏、問題解決に向けて、７３７ＭＡＸの二つのフライトコントロールコンピューターにインストールされるソフトウェアを大幅に改訂し、二つのセンサーから入る数値を常に比較するようボーイングは指導を受けた。これによりＡＯＡベーンだけでなく、高度や速度の値が異常であったとしても、エレベーターが暴走する危険性は大幅に低減された。７３７ＭＡＸを安全な航空機にするための追加の要求であった。

そして、７３７ＭＡＸの再飛行を求めるマレンバーグＣＥＯも窮地に陥り、ついに自身の座が脅かされる時がきた。誰にも止めることができなかったボーイングもついにその手綱を取られる時がきたのである。

二〇一九年七月一七日、ポール・ンジョロゲは下院運輸インフラストラクチャー委員会に出席した。ンジョロゲの表情からは彼の苦悶の様子がうかがえた。ンジョロゲは淡々とページをめくっていったが、彼の証言からはすべてを失った男の心痛が痛いほど伝わってきた。「私の家族の肉体はエチオピアで泥とジェット燃料にまみれ、航空機の残骸とともにあります」と話した時はさすがに声がかすれた。しかし、綿密な調査を求めた時のンジョロゲの声は力強かった。監視の権限をメーカーから取り上げ、かつてのようにFAAの手中に戻すようンジョロゲは議会に求めた。ンジョロゲはボーイングならびに「名門企業から富を奪い、私腹を肥やした」経営陣を刑事告発するよう求めた。

同委員会委員長のピーター・デファジオ民主党議員は、FAAやウォール街にとって厄介な人物であった。熱情的で小鬼のようなデファジオはオレゴン州選出議員を三〇年以上務めていた。可燃物の搭載に関するNTSBの提言をFAAが実施しなかったことから発生した一九九六年のバリュージェット機の事故を受けて、デファジオはFAAの職務を「業界の発展を助成する」から「業界の発展を促す」に変更する法改正を推進した。

二〇〇九年、株取り引きに〇・二五パーセントの税金を課す法案を出したデファジオは、のちにトランプに政治献金することになる資産家ロバート・マーサーの目の敵にされた。のちの選挙でデファジオが不利になるようマーサーは気候変動を「でっちあげ」とする科学者に資金を提供している。デファジオとマーサーは互角の戦いをした。

すでにFAAに疑いを抱いていたデファジオは、二〇一九年二月にFAAで安全を担当するアリ・バーラミからMAXに不安はないと聞いたことで呆れかえっていた。公聴会に加えて議会職員はボーイングとFAAに情報提供を求め、譲歩せざるを得なくなった両者は数十万ページにわたる書類を提供した。調査チームは元NBCニュース報道局プロデューサーのダグ・パステルナークとユナイテッドでコンプライアンスを担当したアレックス・バーケット弁護士が率いた。

かつてボーイングのエンジニアであったソッシャーから、もはや技術者集団が率いる会社ではなくなったボーイングをFAAは監督することができなくなっていると聞いたマイケル・ストモはンジョロゲの横でこの情報をまとめた。「集団的浅慮がはこびっているのです。安全を求める文化が問題を食い止めることは難しくなっています」

証言が始まる数分前、ボーイングは五〇〇〇万ドルを用意し、ケン・ファインバーグ弁護士が「当座の経済的支援」として遺族に支給すると発表した。9・11アメリカ同時多発テロ事件の賠償で名を挙げたファインバーグはBP（ロンドンに本社を置き、石油・ガスなどのエネルギー関連事業を展開する多国籍企業）の原油流出事故やフォルクスワーゲンの排出ガス不正などを通じて企業不祥事のエキスパートとなっていた。

遺族、そしてマスコミは、これはボーイングが自身を利そうとする下手な芝居だと受け取った。犠牲者一人あたりの補償金は一四万四五〇〇ドルであった。この補償金はこの月の初めに遺族への補償に加え、地域振興と経済開発をねらいとしてボーイングが提供する一億ドルの資金の一部であった。七月三日に発表された最初の声明でボーイングは「アメリカ独立記念日に先立ち」資金を用意したと発表したが、多国籍の乗客が犠牲になった世界的な悲劇であるにもかかわらず、ボーイングによる「アメリカの祝日を前にして」という自国への言及は不謹慎のそしりを免れなかった。「家族を失った私は一人でカナダデー（カナダ建国記念日）を祝います」とンジョロゲは議会に伝えている。

七月三一日、FAAのアリ・バーラミが上院に召喚された。官僚特有の口ぶりで話すバーラミの回答は短かった。複雑な「一連の措置」について話すバーラミは楽しみながら証言しているようにすら見え、難解な略語を口にすることなく彼が回答を終えることはなかった。彼の話ぶりからは自信だけでなく男らしさまで感じられた。一回目の事故のあと、なぜFAAは飛行を禁止しなかったのかと問われた際、バーラミの回答は監督を受けているはずの大企業のそれだった。「率直に申し上げます。事実に注目して決断を下します。そのために私はいます。そのためにマネージャーはいます」

そして、「さらなる事故が発生するリスクがあると局内で判断されていたにもかかわらず、パイロットへの情報は勧告にとどめ、ボーイングにはMCASソフトウェアを改訂するために数か月を与えた理由を率直にお答えいただきたい」と問われると、やがて「一連の措置」へと話が脱線するのだが、この時バーラミの回答は少しばかり長かった。「最終的な解決法はソフトウェアの改訂でなければならず、我々のリスク評価によれば、改訂と最終的な解決を行なうための時間は十分あると感じていました。おわかりいただけますでしょうか？　そして一連の行動は終了します」

怒りをあらわにする航空会社

マサチューセッツでナディア・ミラーロンは自分の耳を疑った。ナディアは議事録を何度も読み返した。ＦＡＡは「一連の措置」において無頓着であったため、自分の娘は殺されたとも読み取れ、怒りをあらわにした。これはホワイトハウスから日々聞こえてくる道徳的に不健全な虚偽と同じだった。ナディアは間違っていなかった。バーラミは娘の命を賭けてギャンブルをしたのだ。ナディアとトーアは、翌日正午にワシントンにあるＦＡＡの本部の外で記者会見を開くことを決め、零時過ぎに車に乗り込んだ。着替えることもしなかった。

遺族係のオドネルは記者会見の代わりにバーラミに会うよう二人に勧めた。ナディアの記憶によれば、夏までに７３７ＭＡＸの飛行再開を目指していたＦＡＡとボーイングを「我々」と呼んだオドネルの声は哀れみを帯びていたという。ナディアとトーアは予定どおりに記者と会い、「７３７ＭＡＸの飛行禁止を継続せよ。アリ・バーラミとボーイングの経営陣を刑務所へ」と書いたプラカードを掲げた。オドネルは二人をバーラミのもとに案内し、会話は礼儀正しく始まった。バーラミは自分の娘が奪われることは想像もできないと語った。トーアはバーラミに事故から学んだことはあったのか、あるいはなにか別の方策があったのではないかと尋ねた。バーラミは思い当たることはないと発言した。トーアとナディアは怒りに身体を震わせながら退室した。

航空会社も怒りをあらわにしていた。ボーイングはまもなく再証明されると保証していたが、それは何か月にもわたる虚言に過ぎなかった。ＭＡＸの飛行禁止により、ダイヤは乱れていた（アメリカンのシアトル発ニューヨーク行きの直行便に乗った乗客がシャーロットで乗り換えなくてはならなくなったことがこの一例である）。サウスウエストはＭＡＸが運航できなくなったことにより、一機あたり毎日六万七〇〇〇ドルを失っていた。商業機事業部長のマックアリスターは補償金を支払うことで航空会社をなだめようとしていた。

一〇年前に採算を度外視した値段で７３７を購入しようとオールバーに不当な要求をし、木で鼻を括ったような態度をするライアンエアＣＥＯのマイケル・オレアリーとの会話はとりわけ緊迫したものだった。失望を隠せなかったオレアリーは『ニューヨークタイムズ』に、ボーイングの顧客への情報提供に「ひどく失望している」と語っている。

労働記念日の週末、マレンバーグを含む業界のリーダーたちは、かつては女人禁制であり、一九三〇年代から続く親睦会「コンキスタドール・デル・チエーロ」を開催するためにワイオミング州にある牧場に集まった。参加者はナイフ投げをし、ビールを飲み交わし、古き良き時代と同様に親睦を深めた。酩酊した彼らは一九四四年に公開された映画『三人の騎士』の歌曲の替え歌、『三人の陽気なコンキスタドール（征服者）』を歌い、愉快なアミーゴ（友人）の変わらぬ絆を確かめた。ボーイングが論争の種になっているにもかかわらず、マレンバーグが平然としていることに参加者は驚いた。マレンバーグはたびたび自転車にまたがり、遠乗りに出かけた。

「動かぬ証拠だ」

シアトルに完成した737MAXを並べるスペースがなくなり、ボーイングはワシントン州東部の砂漠地帯の空港にMAXを移動した。やがてインターネットを駆け回ることになる、ぎっしり並べられたMAXをとらえた航空写真を見ると、地方空港がまるで空母のようになっていたことがうかがえる。最終的には工場を出たばかりのMAXが二五〇機並べられ、在庫の総額は月を目的地にした宇宙飛行プロジェクトの経費に相当した。整備員が毎週エンジンを始動し、ジェット燃料がバクテリアに汚染されていないかを確認した。やがて整備員は新たな問題に直面した。燃料タンクの内部に布切れやがらくたが見つかったのである。無理な増産の結果であった。

二〇一九年一〇月、ボーイングは第3四半期の利益が五一パーセント減少したことを発表した。MAXの飛行禁止と航空会社への補償は同年の初めにアナリストが出した概算の九倍の九二億ドルにのぼった。

ナショナルモールの楡《にれ》の木が紅葉したころ、元NBCニュース報道局プロデューサーのダグ・パステルナークとアレックス・バーケット弁護士からなるデファジオ議員の猟犬が新たな獲物を見つけた。下院運輸・インフラストラクチャー委員会に代わってメスを入れようとしていたオレゴン州選出のデファジオ民主党議員に対してボーイングの弁護士が重い腰を上げ、ようやく山のような書類の提出を定期的に始めたのである。一〇月にパステルナークはあるボーイングの社員からいちばん上の書類を見るようほのめかされた。それはフォークナーとグスタフソンのシミュレーターに関するチャットで、ボーイングが二月に司法省に提出した資料に含まれていた。この資料によれば、フォークナーはＭＣＡＳが作動すると機体の制御が難しくなり、深く考えることなく規制当局に虚偽の報告をしたと苦しい心情を吐露していた。ボーイングは同じ書類を新しくＦＡＡ長官になった元航空会社パイロットのスティーブン・ディクソンにも送っていた。「動かぬ証拠だ」という言葉がデファジオの口から漏れた。

ボーイングと規制当局の馴れ合いがついに明るみに出た。

「マレンバーグ殿、昨夜、私は貴社が昨日遅くに運輸省に提出した懸念すべき書類を精査しました。貴社は数か月前にこの書類を発見したとあります。書類の内容と書類の安全当局への提供が遅れた理由についてすみやかな回答を求めます」とディクソンは手紙を送った。口頭ではより率直だった。ボーイングの隠蔽体質に怒りを覚えたディクソンは、マレンバーグに社の体質が変わらないのであれば、ＦＡＡとしてもより厳しい姿勢で臨まなければならないと言い渡した。「早々にＦＡＡは手の内を明かさなければならないようです」とディクソンは述べた。ボーイングの広報はＭＡＸの証明についてボーイングとＦＡＡは司法省から同じ捜査を受けているため、回答が遅れたと弁解した。

数か月にわたりボーイングと小競り合いを繰り返していた弁護士と議会は、ボーイングが突如情報を公開したことに当然ながら警戒心をいだいた。これは懺悔ではなく、ＣＬＯのルティグが操る三次元チエスではないだろうか？　比較的下級職のパイロットに目を向けさせることで、指示を出していたマネージャーをかばおうとしているのではないか？　「不思議なことに五〇万ページにわたる書類にはマレンバーグや取締役に向けたメールや書類は何もありません」。デファジオはそう語った。

中間管理職を犠牲にしたところで、ボーイングは市民からの激しい抗議をなだめ、財務の悪化を防ぐことはできなかった。商業機事業部長のマックアリスターは二〇一六年に採用になったばかりで、まだ家族をシアトルに呼んでいなかった。この月の取締役会でマックアリスターは解雇された（短期の在任でマックアリスターは少なくとも二八〇〇万ドルを稼いだと思われる）。マレンバーグも社会から制裁を受け、CEOの座には留まったものの、会長職をデイヴ・カルフーン専務に譲った。ボーイングはようやく役員をテレビで中継される一〇月下旬の上下院の調査委員会の公聴会に出席させることに同意した。ライオンエア機の事故から一年が過ぎていた。

デファジオと彼に同調する議員ならびに遺族により、ボーイングのマレンバーグはまもなくダニエルと同様、ライオンの穴に放り込まれるのであった。

第13章　「田舎へ帰れ！」

「遺族は踊らされている」

サムヤの両親ナディアとマイケルはワシントンで過ごす時間が長くなったので、タイダルベイズンとジェファーソン・メモリアルへと続く静かな南西部にアパートを借りた。二人は一〇月の公聴会に二一人の遺族が出席できるよう調整し、遺族の何人かは二人がＡｉｒｂｎｂ（ホームステイを中心とした短期賃貸物件の仲介企業）を通じてハワード大学の近くに借りた家に滞在した。同じ悲しみを経験した人々と一緒にいるのは癒しになった。そして、いまは同じ目的を持った同志であった。だが、喪失を思い出すことも多く、精力を維持して戦いを続けていくのは簡単ではなかった。娘をＤＣ-10の事故で失った悲しみに暮れる父親が業界の利益を守る会議で語ろうとしたように、愛する人を奪ったのは強盗であり、遺族は再び強盗に遭遇するのであった。

一〇月にエチオピア航空機の事故発生現場を訪れたナディアと彼女の息子は数日前の雨により、地面に露出している骨を見つけた。遺体の引き渡しはエチオピア航空が依頼したロンドンのブレイク・エマージェンシー・サービスが行なっていた（「コストに敏感な時代に私たちは実直に事業を展開します。顧客がどこにいようとも、私たちはコストを抑え、プロ意識にもとづいた最大限のサービスを提供します」と同社はウェブで宣伝する）。

ブレイク・エマージェンシー・サービスはウェブサイトを開設し、犠牲者の遺品を受け取れるようにした。妹のグラジエラを失ったハビエル・デ・ルイスMIT講師は「玩具」「衣類」「写真」などに区分されたこのサイトに恐怖を覚えた。何かを探そうとすると、すべてを見なければならなかった。そして、妹のパスポート用写真を見つけた。

厳密な科学捜査が行なわれた結果、遺族は平静ではいられなくなった。ナディアとマイケルはホルムアルデヒド（防腐剤）に漬けられた「腕」や「毛髪」など一二二の体部が遺族に引き渡されるという知らせを受けた。ジェット燃料の匂いが染み付いたパスポートや書類もあった。

同じ一〇月、ライオンエア610便の遺族たちはインドネシア海軍の艦船に乗り、沖合で花と祈りを犠牲者に捧げた。艦船が岸壁に戻ると、テレビ局の記者や遺族らはライオンエアのエドワード・シライト総務部長の周りに集まった。シライトは彼の横に立つ二人の男を「ボーイングからの友人だ」と紹介し、彼らから話があると告げた。「我々ボーイングは生活援助金を用意しました」と一人が話し、「ボーイングは深い哀悼の意を表します」と続けた。男は犠牲者一人当たり一四万四五〇〇ドルの補償金、そして「奨学金」を受け取る際に必要となる電話番号を知らせた。

原告の弁護士であったサンジフ・シンとマイケル・インドラジャナは、遺族に責任の追及をすべてあきらめさせようという陰謀が強要されていることを知って唖然とした。ライオンエアの総務部長とともに立っていた二人の男はジャカルタに事務所がある弁護士で、一人は「法的な情報収集」を専門にしている弁護士だった。二人の口からはボーイングからの資金提供を独自に管理しているとされる弁護士のケン・ファインバーグの名前が出ることはなかった。少なくとも十数の家族が救済措置を求める書類に署名していなかったが、テレビで放映されるボーイングの言い分を信じていたら、インドラジャナやシンのような強い決意を秘めた弁護士に遺族は告訴を依頼しようとは思わないだろう。「私にしてみれば、これは署名をしていない遺族にボーイングの責任を放棄させようと仕組んだ手の込んだ画策に過ぎません。遺族は踊らされていたのです。これはチャリティーではありません」とシンは語る。

シンはファインバーグにメールし、二人の弁護士に関して、ファインバーグとボーイング、ライオンエア、そしてほかの保険会社はどういうやりとりをしているのか、そしてファインバーグの報酬について尋ねた。ファインバーグは二人の弁護士はボーイングではなく、自分のために働いており、「貴職がメールでお尋ねになったほかの問題について、当職は回答する必要性を認めません」と返答した（筆者とのインタビューでファインバーグは賠償金の支払いについては一定の報酬をもらったものの、これは和解に関する報酬とは異なるものであったと回答している）。

一部の家族にとって、ボーイングの補償金は「癒し」ではなく、「争いの原因」となった。遺族の親は誰が和解の当事者になるかを義理の家族と争い、また長らく音信を絶っていた親族が現れると取り分を要求されたこともあった。

上院委員会公聴会での追及

エチオピア航空機事故の七か月後、一〇月二九日にボーイングCEOのデニス・マレンバーグの声を世界中の人が聞くことになった。上院商業委員会の公聴会で、ボーイングの最高責任者（数日前までは会長でもあった）マレンバーグと、ジョン・ハミルトン技術担当副社長が中央の席に着き、カメラマンたちが二人の姿を撮影しようと膝をついた。後列にはボーイングのほかの役員が腰を下ろした。ナディア、マイケルらの遺族も席に着いた。

サムヤ・ストモの追悼式で彼女の死を無駄にしないと誓ったコネチカット州選出のリチャード・ブルーメンソール上院議員が遺族に起立を求めた。委員長のロジャー・ウィッカー・ミシシッピ州選出上院議員も遺影を掲げるよう求めた。マレンバーグは振り返って遺族を見た。写真を撮られていることに気づいたブレット・ジェリー新CLOやほかのボーイングの関係者も同じ動きをした。しかし、ガムを噛んでいたティム・キーティング政府担当副社長は少しだけ身体を動かして遺族に二回ほど目をやったが、すぐに身体を戻すと、前を見て、遺族に背を向けた。この時撮影された写真がのちに厳しい批判を受けることになった。

「マレンバーグ証人。犠牲者が愛した遺族の姿を目にし、また資料を先週読み、本委員会に出席する私の怒りは強まるばかりです」。ブルーメンソールは質問を始めた。「委員長が最初に言われたとおり、遺族が愛した人たちが亡くなった事故は回避が可能であっただけでなく、意図的な隠蔽により発生しました。ボーイングの社員は事故後に私のオフィスを訪れ、事故はパイロットのエラーにより発生したと話しました。しかし、パイロットは何もできず、愛する人たちも何もできなかった。ボーイングがMCASの存在を明らかにしなかったため、乗員乗客は空飛ぶ棺に乗せられていたのです」

マレンバーグの目には涙が浮かび、表情が悲しげに曇った。マレンバーグの後ろに座ったキーティングはガムを噛み続け、まるで面白い映画を観ているような顔をしていた。「MCASがマニュアルに記載されないと知ったのはいつですか?」。ブルーメンソールはマレンバーグに尋ねた。冒頭の質問であるにもかかわらず、強烈な一撃だった。マレンバーグはライオンエア機の事故後に「MCASはマニュアルに掲載されている」とFOXビジネスで嘘をついていた。マレンバーグCEOは下を向き、「まず、犠牲者に深い哀悼の意を……」。老練な弁護士であったブルーメンソールはすかさず、マレンバーグの発言を遮った。「失礼ですが、質問の時間は限られているのです。私は具体的にいつこの企みを知ったのか聞きたいのです」。マレンバーグは「議員、そのメールをいつ読んだか覚えていないのです。記憶にありません」としらを切った。

ブルーメンソールは自身の質問に答えた。一六〇〇ページにわたるマニュアルの中にMCASは一度しか記載されておらず、それも用語集にである。これは計画的な隠蔽工作である。「ボーイングが議会にパイロットのエラーだと説明した時、あなたは私たちにも嘘をついた」。ブルーメンソール上院議員は糾弾した。「御社を監督するシステムが機能しなくなっている教訓がここにあります。違いますか?

ボーイングは議会にさらなる規制の緩和を求めている。むしろ私たちは規制を強めなくてはならないのではないでしょうか?」

マレンバーグの後ろに座っていたボーイングのブレット・ジェリーCLOは、経験を積んだ弁護士ブルーメンソール議員が彼のクライアントに念を押しているのを見て警戒を強めた。

ブルーメンソールは「私はコミットメントを求めているのです。あなたはボーイングを正しい方向に導くことができます。委員の多くが求める改革を実施できると約束できますか?」とマレンバーグに質問した。「議員、私たちは……」。ジェリーは頭を振ると「ノー」とつぶやいた。しかし、マレンバーグは弁護士の助言に耳を貸さず、「改革に取り組み、情報を提供します」と答え、満足いく回答を得たブルーメンソールは攻撃の手をゆるめた。

追い詰められるマレンバーグCEO

イリノイ州選出のタミー・タックワース上院議員は熟練パイロットだけあって、彼女自身の戦傷に触れながら、堂に入った質問をした。ダックワースは陸軍のヘリコプターパイロットで、イラク戦で両脚を失っていた。「またしてもボーイングはこの委員会と遺族に真実のすべてを告げていません」。ダックワースの声は大きくなり、叫んでいるようであった。「パイロットの親友は時間と高度です! そして離陸時に高度と時間はありません。あなた方はパイロットがしくじるよう仕組んだにも等しい!」

傍聴者が望むように、議員らはマレンバーグを厳しく叱責し、マレンバーグの目からは怯えたウサギのような恐怖がうかがえた。驚いたことに小さい政府を熱心に提唱するテキサス州選出のテッド・クルーズ上院議員が最も手厳しい質問をした。

「マレンバーグさん、今日の証言をお聞きし、驚きました」。質問を始めたクルーズの口調はまるで刑事裁判の検察官最終弁論のように芝居がかっていた。クルーズはしっかりと覚醒している証しにコーヒーの入ったペーパーカップを片方の手に持ち、もう一つの手には737MAXのマニュアル作成者のフォークナーのチャットが記載された書類が握られていた。「このやりとりを読んで私は肝をつぶしました。社員の二人はライオンエア機とエチオピア航空機に起きることを述べているではありませんか。犠牲者が愛した遺族がここにいます。三四六人が殺されました。ボーイングのチーフパイロットは『実にひどい』『狂気じみた』と語っています。彼らの口から出た言葉です。ボーイングの社内で交わされた言葉です」

傍聴席にいた一人の女性が涙を拭い、その夫が背中を撫でた。

「私は唖然としました。ボーイングは二月にこのやりとりを記した書類を司法省に提出しています。三月に私は二件の墜落事故を調査する航空小委員会の委員長を務めました。ボーイングはこの書類を小委員会に提出するのは適切ではないと考え、またFAAにも提供しませんでした。今日の証言によれば、あなたはこの書類が存在することを二週間前に知った。私は長年弁護士を務めてきました。事故後に経営陣は規制当局にあやまった事実を伝えてしまったとあなたの弁護士は言っている。一体全体なぜ社内の誰もが司法省に提出した二月、この書類を見るようあなたに告げなかったのか？　なぜあなたは二週間前にやっとこの書類を読んだのか？」

マレンバーグは社内調査の初期にこの事実を知り、弁護士に対応を任せたと返答し、「私は『当社には責任がない』と知らされた」と小声で責任を回避した。

クルーズはマレンバーグの回答を遮ると、「あなたはＣＥＯなんですよ。すべての責任はあなたにあるのです」とマレンバーグを激しく非難した。「なぜあなたの部下は直ちにあなたのオフィスに駆け込み、『問題が発生しました！』と言わなかったのか？　社員はあなたに報告せず、あなたも情報を目にして『状況を説明してくれ』となぜ言わなかったのか？　ボーイングとはどのような会社なのでしょうか？　なぜこれは大事件だ、何が起きたかを正確に調査しなければならないと二月に警告を出さなかったのでしょうか？　公聴会のあとではなく、プレッシャーを受けてからではなく、三四六人が犠牲になり、もうこれ以上、犠牲者を出したくないからと……」

マレンバーグはいかにも率直であるかのように装って、「フォークナー氏が何を伝えようとしていたのかはわかりません。氏の弁護士によれば、フォークナー氏は開発中のシミュレーターについて話していたようです」と答えた。

ＭＡＸのマニュアル作成の責任者に弁護士がついていることは知られていなかったが、フォークナーの弁護士は超一流であった。ヒューストンのデイビッド・ゲルバーはエンロンの元ＣＦＯや「ディープウォーター・ホライゾン」の原油噴出事故で業務上過失致死罪に問われたＢＰエンジニアを弁護している。フォークナーと部下のメールに関するゲルバーのコメントが新聞で報道されたことから、フォークナーのかつての同僚はシアトル・シーホークスのジャージを着たフォークナーが有力な弁護士に弁護をどう依頼できたのか不思議に思った。マスコミはフォークナーが「60ミニッツ（テレビニュースショー）」に出演して理性を失い、かつての上司に食ってかかる日が来るのを待ち望んでいた。

しかし、事情に明るい人によれば、ゲルバー弁護士はボーイングの取締役会と彼らの責任を保証する会社役員賠償責任保険から報酬を受け取っており、これはボーイングに向けられる非難をコントロールしようとするボーイングの策略の一つだった。

当然のことながら、クルーズ議員が指摘したとおり、マレンバーグCEOが会社の過失を調査しようと思えば、それは可能であった。

「最大の勝利とは穏やかに訴訟を終える」こととゲルバーはインターネットに経歴をアップしている。ゲルバーだけでなく、五月に取締役会で「シニアアドバイザー」に就任したマイケル・ルティグ前CLOが連邦裁判所の判事だった頃に彼の書記を務めていた「ルティゲーター」が政府の各所にいて、事故調査に当たっていたのが彼らであったこともボーイングの計略を容易なものにした。

FBI（連邦捜査局）の長官であるクリストファー・レイも「ルティゲーター」の一人であった。さらに司法省犯罪部の部長、司法副長官、そして司法長官であるウィリアム・バーまでもが、かつてボーイングを弁護するシカゴのカークランド&エリス弁護士事務所に所属していた。バー自身もルティグの旧友であり、一九九〇年代には司法省においてルティグの同僚であった。かつてルティグは上院に「バーは史上最も優秀な司法長官になるでしょう」と大げさな書状を送っている。

バー司法長官はエチオピア航空機事故後、ボーイングを刑事告訴するには十分な根拠がないのではないかと部下に質問している。ボーイングの調査が打ち切られるのではないかと恐れる詐欺捜査部の第一線弁護士にもバーは数度疑問を投げかけたと、ある事情通は語る。かつてカークランド&エリスに所属していたことから、七月になるとバーは自らがこの案件に携わるのは不適切であると判断した（司法省のスポークスマンはコメントしなかった）。

しかし、いずれの試みもフォークナーのシミュレーターに関する不安を「なぜ調査しなかったか」というクルーズ議員の厳しい追及にたじろぐマレンバーグの助けにはならなかった。マレンバーグCEOは情報の収集が難しい理由として、フォークナーはもはやボーイングの社員ではないことを挙げた。しかし、チャットの相手であるもう一人のパイロット、また同時にフォークナーの後任でもあるパトリック・グスタフソンはボーイングに在籍する社員であったことから、マレンバーグの主張には説得力がなかった。素早く矛盾に気がついたクルーズは「彼と話をしましたか？」と尋ねた。マレンバーグはまだ話していないことを認めた。

「謝るなら、目を見て話しなさい」

クルーズ議員の質問が終わると、モンタナ州選出で、スポーツ刈りのジョン・テスター上院議員がさも辛く悲しい真理を歌うカントリーウェスタンソングのような発言をした。「さぞお辛い朝だったと思います。でも、あなたの後ろに座る人はもっと、もっと辛いのです」。そして彼はマレンバーグの傷口に塩を塗った。「737MAXに乗るくらいでしたら、私は歩きます。私は歩く。なんとしてでも！」

二時間半の質疑を終え、マレンバーグは下を向いたまま退席した。数メートル離れたところにいたナディア・ミラーロンは衝動を抑えることができなかった。「謝るなら、こちらを向いて、目を見て話しなさい！」。テレビで放映されていることを知っているマレンバーグは立ち止まると、堅苦しい表情をしたまま、しっかりとナディアを見て、はっきりと言った。「申し訳ありません」

公聴会の前にマレンバーグが遺族と会うことにボーイングは合意していた。遺族はマレンバーグと取締役が遺族と対面することを拒んできたと非難し、またこれは同社の広報上のマイナスになっていた。公聴会のあと、青ざめた顔色のボーイングの経営陣と悲しみに沈む遺族は別々にモールから道を隔てたキャノン下院会館へと向かった。ボーイングの経営陣が座る席の前には大きな木製のテーブルがあり、その他の参加者の席が平行に並べられていた。それを見たマイケルと早く到着した遺族たちはテーブルを乱暴にどかすと、椅子を円形に並べ変えた。ボーイングのCEOが講釈を垂れるのは許されない。マレンバーグはワシントン駐在役員ティム・キーティングと一年前にトランプナショナルゴルフクラブにおいておめでたい席をマレンバーグとともにしたジェニファー・ロウ副社長とともに入室した。

多くの遺族は犠牲者の写真をしっかりと抱いていた。遺族は代わる代わる家族は強欲で冷淡な会社によって殺されたと発言した。ポール・ンジョロゲは家族であるキャロライン、ライアン、ケリ、ルビの写真ではなく四つの棺の写真を持参していた。737MAXに欠陥があることを知りながら、マレンバーグは外国人パイロットを非難したとンジョロゲは断罪した。マレンバーグはエチオピアとインドネシアの犠牲者を自分の子どものように捉えていない。「あなたは犠牲者を人間と見ていないでしょう。だから私はあなたに棺しか見せません」。ンジョロゲは容易なことでは動じないエンジニアが罪悪感にさいなまれ、動揺する姿を見たかった。しかし、ンジョロゲがボーイングによって受けた苦痛、押しつぶされるような日々の悲嘆を語った時、彼は泣き崩れてしまった。その時、マレンバーグの顔に浮かんだのは「哀れみ」のようにンジョロゲの目には映った。それはンジョロゲが望んだものではなかった。

マレンバーグの解任

公聴会の翌日、デファジオ議員と彼の下院委員会はボーイングを糾弾した。MCASが単一センサーに依存していることを懸念するエンジニアの声を会社が無視したことを、より多くのメールを公開することでデファジオは明らかにした。委員たちはマレンバーグに辞職を迫った。イリノイ州選出ヘスース・ガルシア議員は「あなたが船長なのです。怠慢、無能、そして背徳な社風はトップから始まります。あなたから始まったのです」と述べた。

マレンバーグはアイオワ州の田舎で学んだ価値観をしきりに口にし、悲しみに堪えることのできなかったナディアと他の遺族は互いを支え、抱き寄せ合った。ナディアの農場は実在の地で、彼女はその地で子どもを育てた。その一方で、マレンバーグが語る田舎とは「道徳と誠実」が尊ばれる土地で、その土地の最高学府（アイオワ州立大学）をボーイングの伝説〝T〟ウィルソンと同じにしているという象徴的な意味合いを持つものに過ぎなかった。そして、マレンバーグからはそのどれも感じられなかった。

デファジオ議員の声も勢いを増した。「あなたはもうアイオワの田舎少年ではないのです！　あなたは世界最大の航空機メーカーのCEOなのです。あなたは巨額の報酬を得ているのです」

委員会が終わると、ナディアは再びマレンバーグに近づいた。衛視がナディアをマレンバーグから離そうとしたが、マレンバーグは身を寄せてナディアの発言に耳を傾けた。ナディアはMCASソフトウエアについて尋ねた。改訂を終えれば、本当に安全になるのか？「そうなります」とマレンバーグは保証した。そしてナディアはマレンバーグの演技を批評した。「何度も何度もアイオワについて話したわね。みんなは言っているわ、『農場に帰れ、アイオワに帰れ』と。そうしなさい！」

涙で訴え、汗まみれになり、謝罪を繰り返したが、マレンバーグはロボットのようにボーイングを擁護し、彼の演技はアイフォーンで通知されるオンラインニュースの見出しになった。ボーイングはライオンエア機の墜落後は世論のコントロールに成功したが、今回は論調を自らの味方につけることはできなかった。テッド・クルーズのような共和党議員からであろうと、「手を抜き、手っ取り早く仕事をしようとして安全を犠牲にし、最大限の利益を得ようとした会社のなれのはてです」と発言したフロリダ州選出デビー・マカーセル＝パウエル民主党議員であろうと辛辣な批判が終わることはなかった。

世界最高の航空機メーカーにおいてかつて熱意にあふれるインターンであったマレンバーグは、技術畑出身の経営者として致命的な大失敗を犯した。辞任を求める声は出身校の大学新聞からも起こった。学内広報誌『アイオワステートデイリー』は「我々が尊敬する卒業生は期待に応えなくてはならない」と記している。

フォードの再建で評判を高めたものの、すでに引退してから長い時間が経過していた、かつてのリーダー、アラン・ムラーリーに電話がかかり、復職と再建が求められた。ジョー・バイデンとほぼ同じ歳の七四歳のムラーリーは掲示板に「頼まれれば奉仕する」と返答した。

しかし、マレンバーグは解任されなかった。彼には残された仕事がまだあり、言うまでもなく積み上がった在庫も一掃しなければならなかった。二週間後、マレンバーグはFAA長官のディクソンに電話をかけ、飛行禁止が解除されなくても納入は許されるかを検討して欲しいと申し入れた。彼自身の評価が失墜したことから、マレンバーグは重圧に耐えきれなくなり、FAAとの関係が厄介なものになっているのを承知の上で、図々しい問い合わせをしたのだった。飛行禁止によりボーイングは一八〇億ドルを失っていた。納入を再開すれば、ある程度の損失を回避することが可能となり、また在庫を顧客に引き当てることも可能になる。

ディクソンは検討すると返答したものの、言質は与えなかった。マレンバーグは前向きな返事をもらえると判断し、納入は一二月に再開される「可能性がある」と声明を発表した。ディクソンFAA長官は一杯食わされたと感じた。ディクソンはアリ・バーラミに彼と彼の部下は「必要なだけ時間をかける」よう指示を出し、さらにやがてユーチューブにアップされる異例の動画メッセージも全職員に送った。「MAXの飛行再開を早期に行なうよう、みなさんにプレッシャーがかかっていることは承知しています」。ディクソン長官はボケたモニュメントを背景にしてワシントンのデスクから職員に語りかけた。「安心してください。私はあなたたちの味方です」

フォレスト・ガンプはついに教官に楯突いた。翌月ディクソン長官はマレンバーグをオフィスに呼び、「MAXの精査をするのはFAAである」とマレンバーグに念を押している。「ボーイングが努力しなければならないのは正確なデータの迅速なFAAへの提供である」。会談の内容を記した議会へのメールはすぐに大衆が知ることになった。

一二月一六日、ついにマレンバーグはMAXの製造を中止すると発表した。MAXは年内に再飛行すると固く約束していたが、期限を守れなかったことでマレンバーグは彼の信頼性を最も重要な最後の砦――投資家――から失った。四日後に国際宇宙ステーションに宇宙飛行士を送り込むボーイング・スターライナーの無人飛行試験が行なわれ、同機がランデブーに失敗したニュースはマレンバーグの最後の汚点になった。翌日曜日の一二月二二日に開かれた取締役会でマレンバーグはCEOを解任された。

法務担当シニアアドバイザーのルティグもクリスマスの翌日に引退した。連邦裁判所からの退職願いで触れていた子どもたちの学資を大きく上回る五九〇〇万ドルを手にしてルティグはボーイングを去った。

マレンバーグの放逐で、カルフーンがCEOの座に着いた。二〇〇九年から取締役であったカルフーンはすでに三四〇万ドルを受け取っており、狂乱に満ちた737MAXの誕生と開発のすべての段階に関わっていた。ジム・マックナーニの旧友であったカルフーンはかつてGEのジャック・ウェルチとフォーサムゴルフに興じていた。

ボーイングの顔は変わったかもしれないが、台本は不変であった。

第14章 ボーイング存亡の危機

新型コロナウイルスの猛威

バンドのボーカルのようにマイクのついたヘッドセットを身につけ、フライトコントロールについて快活に話をする八三歳はそうはいないだろう。二〇一九年の終わり、シアトルの老人ホームで、彼よりもさらに経験豊かな人を含む多数の出席者を前に講義していたのはボーイングのエンジニアの美徳の守護者ピーター・モートンであった。参加者の中には偉大なエンジニア、サッターとともに747の開発に携わった「インクレディブルズ（信じられないような人々）」もいた。モートンは古い動画を出席者に見せた。ダッシュ80でバレルロールをやってのけたアルヴィン〝テックス〟ジョンストン、逆噴射を使った際の737の制動力を語った真面目なブライエン・ワイグル、747の広い客室で元気よくボール投げをしたハーレム・グローブトロッターズ（スポーツ性とコメディーの両方を兼ね備えたバスケットボールチーム）。

しかし、かつて「職能の父」であったサッターを中心にボーイングをジェット機時代のリーディングカンパニーに育て上げた社員の結束は失われていた。モートンは「サイロメンタリティー（全社の利益ではなく自分の部署の利益に囚われた思考）ならびに意思の疎通の失敗が社の機能を不全にし、誤解と混乱を招いている」と事細かく問題を提起するメモをマレンバーグCEOや重責を担う社員に送っていた。しかし、モートンが返信を受け取ることはなかった。マクドネル・ダグラスとの合併前にボーイングで働いていた者にとって、新聞報道で目にするFAAを軽視するボーイングの姿勢は想像できないことであった。さらに信じられないことは単一障害点により機体が危険な状態に陥る737MAXのフライトコントロールの設計であった。ボーイングの幸せを運ぶ夢の飛行機777の開発に携わったフランク・マコーミックは退職の慰労会で「これは悪い冗談だ」と語った。

二〇一九年、ボーイングの元エンジニアの何人かはエバレット工場近郊のホビー・ロビーの街道沿いの賃貸オフィスに呼ばれ、監督官庁に詐欺行為を働いた疑いで刑事告訴を検討するFBIの捜査官と司法省の弁護士から質問を受けた。またほかの社員はシカゴに呼び出され、証言の前に宣誓を求められた。FBIが突然の家宅捜索に来るかもしれないと家族に語ったマネージャーもいた。

翌年、状況はさらに悪化した。

三月の最初の日曜日、副社長らは緊急電話会議を行なったが、議題は737MAXではなかった。シアトルで新型コロナウイルスが猛威を振るい始めていたのだった。約一年にわたる容赦ない調査を受け、マレンバーグを解雇し、そして高い代償とともに737MAXの製造中止を決断したなか、会議の参加者は聖書に書かれている疫病の発生を信じることができなかった。航空会社（そしてそれに続く航空機メーカー）はウイルスによる経済的猛威を受けることになった。弱体化したボーイングに残された選択肢はどれも好ましいものではなかった。議題に上ったのは打撃を受けた商業機事業で唯一機能しており、前年にかつてない機数の787ドリームライナーを製造したエバレット工場の稼働停止についてだった。

数週間前にボーイングの市場予測担当責任者はシンガポールでのカンファレンスで、新型コロナウイルスは二〇〇二年のSARS（重症急性呼吸器症候群）と同程度の影響を及ぼすかもしれないが、それは一時的なものであり、需要に及ぼす影響は限定的であると発言していた。しかし、中国を席巻したウイルスはイラン、イタリアへ伝播し、二月の終わりにシアトル郊外の（モートンがプレゼンテーションを行なったような）老人ホームで感染者が出たことで、アメリカにも飛び火した。救急車が十数人の重症患者を病院に搬送し、家族は立ち入りが禁じられた老人ホームを窓越しに恐る恐る覗いた。科学者も何をしていいかわからなかった。老人ホーム近くのアパートの住民は使い捨て手袋をして、犬の散歩に出かけ、犬は靴を履いていた。ボーイングはエバレット工場を閉鎖しないかわりに、清掃係は手すりを拭き、消毒液を各所に置いた。

やがて新型コロナウイルスはボーイングと新しく経営者となったデイヴ・カルフーンにとって実在の脅威となった。就任後、カルフーンCEOはマーク・フォークナーが部下のパトリック・グスタフソンと交わした社内文書の悪影響を限定的なものにすべく悪戦苦闘していた。デファシオ民主党議員のような批判者はマレンバーグを最後まで守ろうとしたカルフーンを共犯者と見なしていた。デファシオたちはフォークナーのチャットを隠匿しようとした試みにカルーフーンがどこまで関与したのか、いつチャットを読んだのかを知りたがった。

一月二九日、CNBCで質問を受けたカルフーンは歯切れが悪かった。「状況の把握が遅れました。マレンバーグは市民、取締役会、そして私を欺いていました。マスコミは、私がインサイダーであるかのような疑いをかけていますが、そうではないと言ったら、どうでしょう？　私は第一線で働いていたに過ぎないと言ったら……」とカルフーンは電話でアナリストに告げている。

翌月、シミュレーターで737MAXの飛行に苦労したフォークナーに同情するグスタフソンを含む三人のパイロットがマネージャーのオフィスに呼ばれ、休職を命じる書類に目を通すよう告げられた。連邦政府の捜査は進んでおり、この人事命令はボーイングが腐敗体質は限定的なものであり、社内では改革が進んでいるかのように見せかける戦略の一環であった（カルフーンは記者会見でこれは社内の「一部署」だけが感染していた行動ならびに思考であり、ボーイングの社内文化ではないと告げている）。

マイケル・ティールやキース・レバークーンのようなMAXの開発に携わったマネージャーについての言及はなく、すでに737MAXの開発で賞与を受け取っていたティールはボーイングの次の新製品777の派生型のチーフエンジニアになっていた。レバークーンは予定されていた退職前に推進機担当副社長になっている。

ウェルチに最もよく似た男

カルフーンCEOは数多くいたジャック・ウェルチの弟子のうち、ボーイングの経営に携わることになった最後の弟子であっただけではない。長らくウェルチのスピーチライターを務めたビル・レーンによれば、カルフーンはウェルチに最もよく似た男であった。カルフーンはペンシルバニア州アレンタウンでセメントのセールスマンの息子として育ち、バージニア工科大学で会計の学位を取って一九七九年にGEに入社した。カルフーン自身が認めているように、競争心こそが彼の性格であった。一九九〇年代の終わり、当初ウェルチはカルフーンを後継者と考えていたが、彼の弱点は糖尿病だった。いまでこそ糖尿病は一般的な病気だが、当時は二〇年務めることが予想されたCEO職には不向きであると考えられていたとレーンは述べる。

GEの副会長であったカルフーンはボーイングへの転職を考えていたが、かつての同僚であるマックナーニがボーイングのCEOになった。二〇〇六年、複数のプライベートエクイティ（PE）の手に渡った無名のオランダ系出版社VNU（のちにニールセンホールディングスとなる）の経営にカルフーンが当たることになり、この転職は驚きを持って迎えられた。魅力的であったのは一億ドルの報酬と、『ハリウッド・レポーター』や『ビルボード』を刊行し、テレビ番組のランク付けをするニールセン社を傘下に置いた会社を思いのままにできる自由であった。

カルフーンはGE時代の部下三人を経営陣に招き入れた。二〇〇七年に同社はインドのタタ・コンサルタンシー・サービスと一二億ドルの契約を結んだ。このような外注契約では史上最大規模のもので、ニールセンはデータの収集にあたる社員の人件費の圧縮に成功した。この契約はコールセンターの設置にあたり、補助金を提供したフロリダ州のオールドスマール市から非難され、論争を招いた。カルフーンはタタ社の社員に業務を教えるようニールセンの社員に命じるとともに、数百人の従業員を解雇した。ある市議会議員は「税制の優遇措置」を踏みにじる行為として、当時タンパ湾近隣で最大の雇用主となっていたニールセンを非難した。別の議員は、ニールセンは善良な地元企業ではないと怒りの声を上げた（ニールセンは税制優遇措置を辞退した）。カルフーンは版権の多くを売却し、インターネット上の宣伝や調査に軸足を移した。

（©Wikimedia Commons）

デイヴ・カルフーン。2020 年から 24 年にかけて CEO。在任中に B787 の品質問題が露呈し、737MAX 7、10 と 777X の開発遅延が発生。

ニールセンの株式は二〇一一年に公開され、カルフーンはニールセンを支援していたプライベートエクイティのうちの一社ブラックストーンで有価証券を担当する役員となり、二〇一四年六月の株主総会で、かつてマンハッタンのパークアベニューアーモリーで不景気をものともせずに豪華な誕生パーティーを開き自身の富を誇示したスティーブ・シュワルツマン会長の前にスピーチをした（二〇〇七年のこの誕生パーティーでは各所にランが飾られ、パティ・ラベルが『ハッピーバースデイ』の音頭をとった。数百人のゲストの中にはドラルド・トランプ夫妻もいた）。のちにカルフーンはニールセンでの勤務が最もやりがいがあったと語った。

「株式が公募されるまでの五年間、私は非公開企業で、好きなだけ素早く、そして好きなだけ熱心に事業に取り組むことができました」

カルフーンの部下であったスティーブ・ハスカーはのちに「生産性を大きく向上させる原動力」となったとカルフーンへの賛辞を惜しまない。カルフーンもマッキンゼーの出版物で、二〇〇六年から一三年にかけて二五から三〇パーセントのコスト削減に成功したと述べている。会社は「労働集約型の業務を中心に社内のコストを徹底的に削減し、事業の多くを低コストで運営が可能な海外へと移転しました。効果はてきめんで、コスト削減で得た資金により、新製品に『投資』することが可能になりました」とハスカーは語る。

トランプの選挙、ならびに737MAXの開発が重要な終盤に入った二〇一六年九月、ブラックストーン担当役員のカルフーンはマリア・バーティロモが司会を務めるFOXビジネスに出演し、番組の解説者は非公開企業に資金を投じる投資家が雇用を生み出していることを絶賛した（非公開企業による人件費のピンハネや海外への事業移転についての言及はなかった）。画面に「成長とは……」とテロップが流れ、バーティロモが経済成長において、規制と税が大きな障害になっているのではないかと尋ねた。カルフーンは「障害は存在します」と返答した。「日々痛切に感じています。状況は好転しません。この場で詳細を挙げるのは難しいですが、全社員が迅速に行動できません」

さらにバーティロモが「役所と規制」について話題を振ると、カルフーンは「役所にはあきれます」と返答した。解説者が「役所をなんとかすれば、素晴らしい会社が生まれるでしょう」と発言すると、カルフーンは「そのとおりです。政府は公開されている市場、あるいは非公開の市場において企業の成長を阻害しています。政府は役に立たないのです」（政府を非難するのは当然としても、米国の国内総生産は前年から三パーセント成長しており、二〇〇五年以降では最高の伸び率であった）。

カルフーンが不満を明らかにした二か月後、ボーイングのエンジニアは不完全なMCASソフトウエアの安全分析をFAAに提出した。FAAの飛行制御のエキスパートが詳細に知らされていたのなら、このソフトウエアは疑問が残るものであった。

政府ならびに規制に対するカルフーンの熱弁で、ボーイングは予定よりも三か月早く737MAXの納入を再開した。

一周年追悼式でのボーイングの対応

新型コロナが猛威を振るう前、ボーイングの一部社員は二〇一九年三月一〇日に墜落したエチオピア航空302便墜落の一周年追悼式のことが脳裏から離れなかった。追悼式はボーイングの汚点となり、世界各地のマスコミによる非難が再燃する可能性があった。追悼式をめぐり、ボーイングと遺族の関係は良好とはいえなくなっていた。ボーイングは資金の提供には合意したものの、追悼式はBPによる原油流出事故の一周年のような様相を呈してきたように遺族の目には映った。

一月下旬の金曜日、ティム・キーティング政府担当役員と彼の部下ジェニファー・ロウはアディスアベバ空港の隣にあるエチオピア航空本社で遺族に面会した。エチオピア航空本社のオフィスはまるで役所のようだったが、壁は鮮やかなシーグリーン色だった。イエズス会系の大学、ペンシルバニア州スクラントン大学を卒業したキーティングはまるで司祭のような優しさで、ボーイングは追悼式を意義深いものにするために何でもすると悲しみに沈む遺族に伝えた。

しかし、キーティングの提案は条件付きであった。ボーイングは各家族から二名のみの出席しか認めず、宿泊と食事は三泊まで。追悼式は火曜日に行なわれるが、参加者は日曜日に到着し、水曜日に帰途につく。例外は認めない。寛容であったはずの冒頭の発言とは矛盾する条件に遺族は不満の声を上げた。一例を挙げれば、遺族は両親もしくは兄弟のどちらが追悼式に参列するかを決めなくてはならない。両親が離婚していた場合はすべての養父、養母が参列できるのだろうか？　あるいはカナダのような遠方にいる参列者が早めに到着したいのであれば、どうすればいいのだろうか？　ボーイングは遺族と地域社会のために一億ドルを拠出すると発表していたが、いつのまにか企業の社会保険担当者のように上限を定めるようになっていた。

その場にいたある人物によれば、キーティングが細部までこだわったのには自社に恥をかかせまいとする彼の思いがあったという。「キーティングはカトリック教徒として悲しみにどう対処したらいいか知っていました。しかし、彼が伝道したかったのはボーイングの教えでした。会社からコストを最小にするよう、また報道されないようにするよう指示されていたのです」

出入場許可も遺族ではなくボーイングが行なうとキーティングは明言した。ある遺族はセラピストを同伴していいか尋ねた。キーテイングは式場に待機するセラピストはすでにボーイングが用意していると告げた。追悼式に参加できない遺族のために動画を撮影する業者は第三者的な業者がいいという提案も拒んだ。追悼式の記録はボーイングが行なう。ジャーナリストの入場などもってのほかである。

追悼式の事前打ち合わせは刺々しいものとなった。複数の遺族は頌徳が述べられる際はボーイングに立ち会いを遠慮して欲しいと述べた。ボーイングの社員が参列していたら、まるで殺人鬼が葬儀に参列しているように感じてしまう。しかし、キーティングは考えもしなかったのだろう、「ボーイングが費用を払うのです。私たちも参列します」

「会社のトラブルは前CEOに起因する」

ボーイングが約束した補償をめぐる交渉も緊張したものとなった。二〇二〇年一月三〇日、サムヤの父親マイケル・ストムはワシントンのウィラードホテルでボーイングの賠償金を分配する弁護士ケン・ファインバーグと顔合わせの昼食をともにした。ファインバーグからは気遣いのかけらも感じられなかった。エレベーターに向かいながら、ストムは、娘は二〇一七年のマサチューセッツ大学の同窓会イベントであなたに会っていますと告げた。得意げになったファインバーグは「そうですか。あの時のスピーチは覚えていますよ。お嬢さんはお元気ですか?」と深く考えずに尋ねた。ストムはひと言「アディスアベバの地下五〇フィート（一五メートル）に眠っています」と答えた。

図らずしもファインバーグはストムの家族を調べていなかったことを露呈したが、そんな大失態など意に介さず会話を続けた。テーブルに着くと、ファインバーグはストムと彼の妻ナディア・ミラーロンが遺族をまとめたことへの賛辞を惜しまなかった。ボストン訛りのバリトンで話すファインバーグの声は親族のようでもあった。ファインバーグは補償金をどう分配したらいいか、遺族の意見を聞きたいと言った。ストム夫妻はすでにET302家族基金という非営利団体の発足について、ボーイングのキーティングと話し合いを始め、キーティングから予算案を提出して欲しいと言われているとファインバーグに伝えた。ファインバーグとストムは話し合いを続けることに合意した。

マイケルとナディアがファインバーグと彼の同僚カミラ・ビロスと話し合うためにファインバーグが歴代大統領と握手する写真の飾られたウィラードの隣にあるオフィスを訪れたのは二月一四日のバレンタインデーだった。

9・11アメリカ同時多発テロ事件後、花形の賠償請求管理人を務め、その後、BP、フォルクスワーゲン、カトリック教会の賠償を担当したファインバーグは、その華々しい経歴を題材にした『神を演じる』というドキュメンタリー映画まで制作された。悲劇で失われた命に値札をつけていくファインバーグは現代のソロモン王であるかのようにこの映画では描写されていた。夫妻が基金の創設についてキーティングと話し合いをしたとファインバーグに告げると、ファインバーグは自身の働きはボーイングのそれとは異なり、ボーイングの指示を受けていないと返答した。さらにファインバーグは遺族が必要としている補償金を迅速に給付するのが自分の使命であり、それは地域社会へ向けた基金とは異なるとも発言した。しかし、夫妻の活動は重要であり、ボーイングとともに、彼自身も資金集めに協力するとファインバーグは申し出た。

二月一七日ボーイングは、ファインバーグはより詳細な説明を行なっており、約束されていた当座の補償だけでなく、一億ドルすべての給付が彼の手によって行なわれることになったと報道発表した。そして、キーティングは、ET302は遺族の多くが希望しているものではないと「多くの声」を聞いたとして、四〇万ドルの拠出を拒んだ。「まるで忙しいダンスのようでした」と二人との交渉に参加したある人物は語る。そして会議を重ね、情報を得たものの、「振り返るとボーイングは私たちの提案を受ける気がなかったような気がします」と語る（「上空三万フィート〔九一四〇メートル／一般的な巡航高度〕の大局から見た時、補償の給付に際してボーイングがさじ加減を加えたと非難する声はありませんでした」とファインバーグは語る）。

三月一〇日の追悼式の数日前、ボーイングCEOのカルフーンは『ニューヨークタイムズ』のインタビューを受け、かつて頑なに擁護していたマレンバーグ前CEOに会社のトラブルは起因していると答えた。「率直にご説明しますと、状況は想像以上にひどいものでした。経営陣の弱さが露呈しました」。それまでの発言を翻したことで遺族の怒りは頂点に達した。

カルフーンは同紙の記者とセントルイス郊外の歴史的な邸宅ボーイング・リーダーシップ・センターで面会した。マレンバーグの写真は依然として壁に飾られていた。インセンティブについて質問を受けたカルフーンはCEOの座を奪われた前任者をさらに責めた。「株の取り引きで大きな利益を得ようとして一線を越えてしまった男がいたとしたら、それは彼です」。孫にまで譲ることのできる富を非公開企業で得ていた男にしては随分と率直な物言いであった。

さらに受け入れがたいのはボーイングの内部において問題のあった設計が教訓になっていないことだった。インタビューの中でカルフーンはインドネシアとエチオピアの「パイロットはアメリカのパイロットと比べて経験の乏しい」ことが問題の一つであると匂わせた。アメリカ人のパイロットであれば、ソフトウエアの誤作動に対処できるかと問われたカルフーンはオフレコで「もういいでしょう。答えはおわかりになると思います」と記者に返答している。ボーイングの社内文化に関しても、カルフーンは重大な発言をしている。「二人の人が不愉快なメールを書いただけです」

一周年追悼式当日の三月一〇日、事故後に遺族の多くが投宿した三七三室のエチオピア・スカイライト・ホテルは満室となった。抗議運動、数々のメール、ワッツアップの掲示板で遺族は横の繋がりを築いていた。遺族の国籍は二六か国にわたっていた。遺族が望んだように、事故現場のテントにボーイングの社員の姿はなく、十万本以上のバラが遺族により手向けられた。遺族を一つにした社名をあえて口にすることなく、犠牲者に向けて弔辞が読まれ、その後に六分四三秒の黙祷が捧げられた。離陸から墜落までの時間だった。木箱の中に並べられた黄土色の鉢に遺族は種を蒔いた。鉢は犠牲者と同じ数があった。事故現場にはその場に似つかわないフェンスが建てられていた。「人骨が出ることをボーイングは恐れているのです」。ボーイングに雇われて追悼式のコーディネートをした会社の社員がサムヤの母ナディアに告げた。

新型コロナウイルスで存亡の危機

遺族がそれぞれの母国へ帰ると、世界は一変していた。二〇二〇年三月一一日、全米プロバスケット協会は残りの試合のすべてを中止し、俳優のトム・ハンクスは夫婦ともに新型コロナウイルスに感染したことを発表した。事態の進展により、マスコミに毒された大衆は感染症の重大性に目を向けるようになった。劇場、ライブ会場、バー、レストランは無人となり、ＩＣＵ（集中治療室）は満床となった。誰も経験したことのない「自宅待機」を政府が命じ、科学者は緊急事態に対応するため、「飛沫感染」や「感染者数の抑制」について急ぎ講義した。しかし、サムヤを失い、激しい抗議運動をしていたマイケルとナディアは恐れを知らなかった。最悪の事態はすでに起きていたのである。

ボーイングの株価は大暴落した。前年の二度目の事故で株価は二〇パーセント下がっていた。空港や街から不気味なほど人がいなくなった三月には株価は五〇パーセント下落して八九ドルになった。この月の初め、ボーイングのピュージェット湾地区のマネージャーは事務社員に自宅待機を命じる権限をより多く付与されたが、エバレット工場では生産が続けられた。機械工は用心深く互いに目をやった。マスクをしている社員も、していない社員もいた。有休を使い、姿を見せない社員が増えていた。会議室に集まった社員はリモートで勤務する社員とビデオ会議しながら、なぜ自分は出勤しているのか自問した。

少なくとも二回、巨大なエバレット工場に救急車が急行し、感染者を搬送したが、感染者が発生した区画は消毒され、生産は継続された。デトロイトの自動車工場は三月一八日に生産を停止した。それでもエバレット工場は稼働していた。五七歳の社員が新型コロナウイルスに感染して死亡し、遺族がフェイスブックで生産の停止を懇願したことから、ボーイングは五日後にようやくエバレット工場の生産停止を発表した。

世界各地でロックダウンが行なわれていた四月、旅客数は前年の同じ月のわずか五パーセントになった。航空会社は三分の二の機体の保管を決め、鮮やかに塗装された機体がカリフォルニア州の砂漠地帯にある保管場所に何マイルにもわたり整然と並べられた。マレンバーグが保証した継続的な成長とは異なり、航空業界は景気の変動を受けていた。マレンバーグの最後の誤りであった。

当然ながら、これはボーイングとカフルーンCEOにとって最悪の事態であった。継続的な事業運営のため、ボーイングは銀行から一三八億ドルの融資を受けなくてはならなかった。カルフーンは連邦政府へ救済を求めることまで検討し、サウスカロライナにおけるボーイングのトップであり、二〇二四年の大統領選への出馬も噂されたニッキー・ヘイリー取締役は、公的救済は自由市場に関する彼女自身の信念に反するとして辞任した。受注どころか解約が続き、二〇二〇年に失われた契約は一〇〇〇機を超えた。一年経ってもFAAの保証は得られず、保管していた四〇〇機の737MAXの再飛行が許可されても、資金が枯渇した航空会社からの支払いは見込めそうもなかった。

カルフーンがやがて認めたようにパンデミックはある可能性をボーイングにもたらした。737MA

Xのスキャンダルは一面から消えた。世界的な危機は二一世紀の会社経営の失敗をうやむやにし、カルフーンはボーイングの評価を自身が望むように一新することが可能になった。ボーイングは誤った経営判断から人命を失う惨事を招いた底辺の企業ではなくなった。国家危機の最中に数万人の雇用を守ろうとする存亡の危機に瀕するメーカーとなった。「ボーイングを失うことはできない」。トランプ大統領はそう述べた。

大統領と同じように、アメリカ最後の商業機メーカーであり防衛事業の二番手である企業の倒産は影響が大き過ぎると考えた投資家からボーイングは四月に二五〇億ドルの資金を調達し、最終的に公的救済を免れた。議会が数百億ドルの補助金を出して、ボーイングの最大の顧客、米系航空会社の雇用を守ろうとしたこともボーイングを利した。ボーイングの永遠のお得意先、空軍も目立つことなくボーイングを支援した。ソフトウェア、カメラ、コンピューターをゼロから再設計しなければならないほど、KC-46空中給油機三三機は深刻な技術的な問題を抱えていたため、空軍は支払いを停止していたが、四月になって空軍は八億八二〇〇万ドルの支払いに合意したのである。

二八年にわたり、GEにおいて複数の事業部に配属され、一〇年以上も非公開企業で経営にあたったカルフーンにしてみれば、これは見慣れた光景だった。ボーイングを破壊し、思いどおりに再建する。「短期的にも、中期的にも、このように自社を評価する機会は今後も訪れないでしょう」。一六万人の社員のうち、一万九千人を削減し、大型機の製造をエバレットもしくはサウスカロライナのどちらかに集約すると発表した七月にカルフーンはそう述べている。

公憤にかられ、上院商業委員会のミシシッピ州選出ロジャー・ウィッカーとワシントン州選出マリア・キャントウェルがこの夏に超党派でFAA改革法案を提案し、法案は確固たるもののように思えたが、ボーイングの一部のエンジニアや事故の遺族にしてみればこれではメーカーに隷属する局を奮起させることはできないものであった。議員は略語に混乱したのか、代理人が公式にFAAの指揮下に入るかつてのシステムを復活させるのではなく、引き続きボーイングを安全組織の中心に残したのである。最も大きな問題はアリ・バーラミにより創設された「ベース」を残したことであり、一五〇〇人のボーイング社員を担当するFAAの職員はわずか四〇人に過ぎなかった。

議員は再び局が代理人を任命できるようにした。しかし六月の公聴会で、スティーブン・ディクソンFAA長官はこのような権限の多くは引き続きボーイングに残すのが望ましいと発言した。やがてマイケル・ストモやほかの遺族が異議を申し立てるが、当初はディクソン長官だけが公聴会で意見を述べることになっていた。パンデミックによって勢いが失われ、FAAは大した傷を負うことなく、舞台から降りることができた証しであった。出席者が少ない議場でマイケルはテーブルにつき、マスクをしたナディアが夫の後ろで犠牲者の写真を掲げた。道徳的な反省を求めるテキサス州選出上院議員のテッド・クルーズが「あなたはボーイングのために働いているのではありません」と声を大にしたが、公聴会に関心が集まることはなかった。

カルフーンCEO率いるボーイングの将来

７３７ＭＡＸのソフトウエアの最終改訂を控え、主に自宅で働くエンジニアとＦＡＡのマネージャーは、再飛行に向けて最後の文書を交換し、ビデオ会議を行なった。機体を隅々まで拭き上げ、地上待機中の機体への立ち入りを制限するなど、パンデミックにより、複雑な作業が必要となったが、プロジェクトチームは世界から厳しい目が向けられなくなったことに安堵しているようだった。

（たとえボーイングに責任がなかったとしても）墜落事故が再発したら、７３７ＭＡＸの評判は地に落ちただろう。不気味なことに同じ三四六人が犠牲になったパリのＤＣ‐10墜落事故で、マクドネル・ダグラスの運命は決まった。

カルフーンＣＥＯはボーイングのパイロットに檄を飛ばし、顧客のメンテナンスとパイロットの練度を上げるよう指示されたマイク・フレミング取締役に対しては販売先の安全上の不安を一掃できなければ馘首すると脅しをかけた。カルフーンの言葉からはボーイングには安全に問題がある業務の遂行を根絶する能力がもはや欠けていることがうかがえた。

かつてマイク・フォークナーのようなテクニカルパイロットが働いていた部署はテストパイロットと同じ部署になり、７３７ＭＡＸで起きたような意思の疎通に問題が発生しないよう、最新の情報が共有できるよう試みられた。７３７ＭＡＸが開発されていた時、マイケル・ティールに部下はおらず、彼自身も事業部担当副社長の指揮を受けていたが、エンジニアも技術担当副社長の指揮を受けるようになり、この副社長も事業部長に代わり、カルフーンの部下となった。

カルフーンと取締役会は契約に最小限の安全性を盛り込むことを検討したと、この状況に明るかった人物は述べる。フィールドで航空会社に訓練を提供するパイロットが公式に懸念を報告できる体制も作られる予定だった。取締役会には安全委員会が作られ、ある元海軍提督のもとで新しい指針が策定されようとしていた。データをどこまで収集するか、どう共有するか、誰に報告するかなどは製造責任にかかわることであったので、足並みは遅かった。細部まで知ることができないかもしれない関係者がいた。カルフーンと取締役会であった。どの社員によってデータが提供されたか彼らにわからない方がいいという考え方であった。

新規に設立された「グローバル参加型パイロット」の教官にするため、ボーイングは737MAXの再導入を行なう航空会社に派遣する一六〇人のパイロットを年俸二〇万ドルで雇い入れ、これらのパイロットは三五日間にわたる飛行訓練を実施することになった。パイロットはマン島にあるケンブリッジ・コミュニケーションズによってリクルートされ、ボーイングに長らく務めるパイロットは「ウジ虫契約者」の増加に腹を立てたことから、職場の雰囲気は依然として思わしくなく、意思の疎通も困難であった。

フォークナーの上司であったカール・デイビスはフィールドで顧客とともに飛行するパイロットから労組加入者を排除する試みを強化した。最後の七人が九月に解雇された。「設計と製造をするボーイングの社員と顧客の乗務員との間の必要不可欠な調整を再構築するのはもはや不可能です」と技術者労組のレイ・ゴーフォース委員長は語る。「顧客と規制当局にとり、ボーイングの顔は生え抜きのボーイン

(©Wikimedia Commons)

B747の最終号機となったアトラス航空 N863GT

グのパイロットを装う契約社員になりました」

一〇月、カルフーンCEOはワイドボディー機の生産拠点をサウスカロライナに絞り込み、労組が脆弱な南部への長期にわたる移転は完了した。ボーイングは二〇二〇年に一一九億ドルを失った（ハリー・ストーンサイファーが一九九七年に恥を知れといった損失は一億七八〇〇万ドルに過ぎなかった）。四半期ごとに四〇億ドルを失ったことから、カルフーンはリーダーシップセンターの閉鎖を決め、「ハリーのダイニングルーム」も過去のものとなった。イースト・マージナルウェイの製造研究開発センターも閉鎖され、創業一〇〇年にして、通りの名称はボーイングの将来と釣り合いのとれたものとなった。

エバレット工場においてジョー・サッターの「インクレディブルズ」が製造した747の最終機が二〇二二年にラインから出るが、世界最大の空間が空っぽになることを驚く者はいない。そして、ピーター・モートンが特別に依頼したオーケストラにより開所したロングエーカーのビルも売却されることになった。そこにはシミュレーターがあっただけでなく、「ワーキング・トゥゲザー」の横断幕が掲げられた商業機事業部のオフィスもあった。

ボーイングは非公開企業ではないが、「ジャック・ウェルチにいちばんよく似た男」カルフーンは、望み通り迅速に、そして望むだけ非情にすべてを実行できるようになった。

終章　ボーイング史上最大の汚点

７３７ＭＡＸの再就役

二〇二〇年一二月、クリスマスの四日後にマイアミ国際空港のコンコースでマスク姿のアメリカン航空社長ロバート・イソムは、ソーシャルディスタンスを保ちながら、やはりマスクをした記者から取材を受けた。激務を続けたエンジニアが警告したとおり７３７ＭＡＸは人命を奪い、ボーイングの評判を毀損し、タブロイド紙により「殺人機」とまで命名されたが、この日、ＭＡＸはアメリカンの路線に復帰するのであった。新型コロナが蔓延した結果、人々は何が危険なのかを考え直すようになっていた。

改良された７３７ＭＡＸの安全性をアメリカンは信頼していると発表し、このフライトはＭＡＸによるフライトであるとアナウンスされても、ゲートから立ち去る乗客はいなかった（興味本位でこの便を予約した乗客までいた）。イソム社長が前方席に着席したこの便は午前一〇時三〇分に出発し、ニューヨークのラガーディア空港に二時間半後に到着したが、通常のフライトであった。

ブラジルの格安航空会社GOLは、数週間前にMAXを世界に先駆けて再投入し、ユナイテッド、ライアンエア、エアカナダに代表される世界各地の航空会社も二〇二一年半ばまでにGOLに追従することを予定していた。カナダの規制当局が設計の最終的な変更を強く求めているとボーイングのエンジニアは愚痴をこぼしたが、そのエアカナダもパイロットライセンスの失効を防ぐため、乗客を乗せずにMAXの飛行を継続していた。

ボーイングをはじめとして業界の関係者の多くは、腕の悪い海外のパイロットと、さも高潔であるかのように装う内部告発者により、ボーイングは犠牲になっているとし、二〇か月にわたり続いた飛行禁止は行き過ぎた措置であると考えていた。

アメリカンのあるパイロットはFAA（連邦航空局）の耐空証明について、次のようにコメントした。

「不思議なことに三大航空会社では問題が発生していない。MAXを再就役させよ！」

新型コロナにより実在の危機に見舞われていた航空会社にとって、悪名高いMAXは金儲けのタネになった。炭酸飲料の缶どころか、メガサイズのカップのような外観になった巨大エンジンはフライトごとに一五パーセントの燃費削減を可能にした。NG機の翼端にある小さなウィングレットに代わってMAXの翼端に備えられた巨大な鎌はあますことなく気流から効率性を絞り出していた。

年の暮れにMAXの再就役を急いだアメリカンには公表していなかったもう一つの理由があった。銀行融資の条件として、年内にMAXを再飛行するよう求められていたのである。激しい非難を浴びようとも、他社に先駆けてのMAXの再就役は融資の借り換えよりも安価であった。最終的に批判の声はさほど大きくなかった。航空運賃に敏感な乗客にとってMAXを避ける理由はなかった。新型コロナがまだ蔓延していたにもかかわらず、MAXのフライトの搭乗率は九〇パーセントを超えた。乗客は航空会社を信頼した。

（DC‐10の時にマクドネル・ダグラスの社員がそうであったように）ボーイングのパイロットは何事もない日々が続くことでMAXは信用を取り戻していると互いに語り合った。

「不測の事態がまた発生するかもしれない」

シカゴ出身のフロイド・ウィズナーは二五年にわたり墜落事故を担当した弁護士であり、ライオンエア機とエチオピア機事故の遺族の代理人を務めていた。ウィズナーは証言を取るまで、ボーイングのエンジニアたちは天才ではないかと考えていたが、「彼らは普通の人たちでした」と語る。「エンジニアは737の設計を変更しましたが、十分検討したかまではわかりません。大きな見地から監督する人はいなかったのでしょう」

議会から職権を剥奪されたFAAのスペシャリスト、リチャード・リードが感じていたように、遺族に突き動かされた議員はひたすら「イエス」を繰り返すフォレスト・ガンプであってはならないと決意した。二〇二〇年の終わりに珍しく超党派により可決された新法は、わずか二年前に認可されたメーカーに対する極度の権利の移譲を廃した。新法はかつてのようにセイフティーアドバイザーになったFAAの職員がボーイングの代理人を監督するよう定めていた。設計の承認において、ヒューマンファクターの問題は二重に検証されることになった。ＦＡＡの代理人にプレッシャーをかけた会社のマネージャーは民事罰の対象になった。そして、メーカーが定めたデッドラインに間に合った場合にマネージャーに支給される追加の報酬もなくなった。

しかし、この施策の変更はＦＡＡがどれだけ真摯に取り組むかによって成果が左右された。二〇二一年三月、サムヤの父親マイケル・ストモは、ＦＡＡの職員がピート・ブティギグ新運輸長官に送った内部告発状を読んだ。マネージャーが局のエンジニアに新法の影響は小さいと伝え、議会の調査の要約を部下に伝えた証明部門のトップ、アール・ローレンスもこれは「ポーズ」に過ぎないと語ったと告発状を書いたこの職員は明らかにしていた。バーラミと同じようにローレンスも業界団体（実験機協会）の出身だった。「権限の移譲とＦＡＡのエンジニアを証明の過程から排除することは『永遠の愛』の証し」と内部告発者は記している。

インドネシアでは事故のもみ消しを図る免責書類に署名した遺族の一部は権利を認められて一〇〇万ドルを超える賠償金を受け取り、この賠償額はインドネシアで発生した事故としては過去最高の金額であった。しかし、憤慨した弁護士のシンとマイケル・インドラジャナは免責書類は一部を対象とした人種迫害であるとし、追及の手をゆるめようとしなかった。賠償金は不当に低いものであり、遺族はインドネシアや他の開発途上国の国民の人命を低く評価する企みの犠牲者であると二人は信じていた。一月、二人はボーイングを調査する司法省詐欺捜査部のコーリー・ジェイコブス検察官にメールを送り、誰が免責書類に署名させようとしたのかを再確認するよう求めた。「（否定するものの）巨大航空会社とメーカーはこの悪しき慣行から何度も恩恵を得ており、このような悪習は終わらせなければならない」と二人は記した。

祝福を受けることなく誕生した737MAXの独り立ちは波乱に満ちていた。契約の取り消しが相次いだものの、ボーイングは三〇〇〇機以上のMAXを受注しており、ここ数年の間にありふれた旅客機になる見込みであった。大幅な値引きがあったことは疑うまでもないが、ライアンエアやアラスカ航空もボーイングに手を差し伸べ、追加の発注をしている。

MAXをよく知るエンジニアは古い邸宅の地下にある電線やパイプが思い浮かぶ737には十分な改良が行なわれておらず、不測の事態がまた発生するかもしれないと見ていた。「737のシステムはもはや珍しいものとなっており、現代機と比較すると安全のマージンが少ないではないか?」。MAXの再就役にためらいを隠せないこのエンジニアはFAAにコメントを送っている。

このコメントを書いたのは上司に不安を伝え、失望から退職し、そして復職した若きカーティス・ユーバンクであった。ここには、MAXに欠けていることが何を引き起こしかねないかを明確に記していた。FAAにおいて上司に否定されるまで一三人の技官が訴えたようにラダーへつながるケーブルはエンジンの破片に脆弱であった。エレベーターに問題が発生したら、パイロットはシミュレーターで学んだことのないチェックリストを参照して、その場で対応することが求められる。自動的に解決策が提示される現代機とは異なり、警告灯が点灯したら、パイロットは見当違いの警告であっても、自身で問題を解明し、対処しなければならない。737MAXはパイロットを支援する電子チェックを備えていない最後の大型商業機である。

活かされなかった教訓

一九八六年に発生したスペースシャトル・チャレンジャーの悲劇から約三〇年が経過したある日、惨事の原因となったOリングを設計したモートン・サイオコールのエンジニア、八九歳のボブ・エーベリングはかつての上司アラン・マクドナルドにホスピスから電話をかけた。二人はチャレンジャーの危険性についてNASAに訴えたものの、聞き入れてもらえなかった。死期が近づいてもエーベリングは悲劇がいまだ脳裏から離れないとマクドナルドに訴えた。何かできることがあったのではないか？　神はなぜ自分のような負け犬に大任を任せたのか？

「ボブ、負け犬とは何もしない人だよ」と伝えたことをマクドナルドは覚えている。「君は行動した。君は務めを果たしたんだ」

教訓から学んで欲しいとマクドナルドは『真実、嘘、Oリング』と題した本を出している。各地の大学を回って講義し、工学部が倫理を必修にするよう働きかけた。

しかし、多くの報道によれば、ボーイングや規制当局はチャレンジャーのような事故は一過性のものであると考えており、事故の教訓が活かされていないことは明らかだった。

下院運輸・インフラストラクチャー委員会の調査で、かつてロビイストであり、FAAで安全を担当するアリ・バーラミはライオンエア機墜落事故後に事故の再発生リスクを警告したFAAの評価について詳しくは知らないと証言している。パイロットに周知された非常チェックリストについて書かれた追加のブリティン（航空整備技術通報）も見ていないと発言した。上級役員との電話がスケジュールされていたことがメールにより明らかになっていたが、二件の事故の間にボーイングと会話したかどうかも記憶にないと述べている。

マーク・フォークナーは好んで「ジェダイ・マインド・トリック」というセリフを『スターウォーズ』から引用したが、引用元について尋ねられたバーラミはこの映画を観たことがないと発言している。正しい「映画のタイトル」を思い出すこともできず、「私は『スタートレック』を観たり、この映画のセリフを引用するような男ではありません」と返答している。

ＭＡＸのプログラムマネージャーであったキース・レバークーンは下院の調査にＭＡＸの開発プログラムは成功であったと述べている。

「ボーイングは殺人罪に問われず」

マーケットのシェアを失うことを恐れ、完成が急がれた７３７ＭＡＸはボーイングの歴史上最大の汚点となった。アメリカの最大輸出企業であるボーイングは二〇二〇年に一五七機を納入したが、エアバスは五六六機を顧客に引き渡している。シミュレータートレーニングを不要にするという野望を叶えることができなかったことからも、ＭＡＸは失敗であった。７３７旧型機からの移行に際し、シミュレータートレーニングの義務化は安全の面では喜ばしいことであったが、商業的には足枷となった。エアバスが脅威になっただけでなく、MAXの再飛行を二〇二三年一月まで許可しなかった中国ではCOMAC社（中国国産商業機メーカー）が大胆な活動をするようになっていた。

一九六〇年代から改良を繰り返した機種の簡単な改良であり、開発費用は二五億ドルに抑えることができると見込まれた737MAXは、一からの新型機の開発に必要とされる二〇〇億ドル以上の経費を要した。顧客への補償、保管、パイロットの訓練、遺族への賠償などを含んだダイレクトコスト（製品を開発するにあり直接必要となる経費）は二一〇億ドルに上った。二〇二〇年の終わりまでにキャンセルされたMAXは六〇〇機以上に上り、一般的な価格から計算するとこれは三三〇億ドルの失注に相当する。もし買い手が戻らなければ、MAXの損失はBPがディープウォーター・ホライゾン原油流失事故で発生させた六五〇億ドルのロスを上回る史上最大の経済的損失になる可能性がある。

それでも達成不可能な要求を強く求め、大きな損失につながる決断を下したマネージャーは昇進を続けた。かつてジャック・ウェルチのGEがそうであったように、ボーイングではマネージャーが欲するがままに資産を操り、顧客や社員ではなく、株主を太らせた。八四歳になったウェルチは腎不全から二〇二〇年三月一日に亡くなったが、彼のマネジメントの秘密は四万八六九五ドルの学費を要するオンラインのMBAコースで提供されている。「勝利は喜ばしい。勝利は素晴らしい。勝利は面白い」。聴き慣れたハスキーボイスでウェルチは語る。

ウェルチに師事したボーイングの経営者は途方もない富を築いた。会社を太らせたのではなく、家族に富をもたらした。生まれながらの指揮官ジム・マックナーニはアメリカ乗馬協会の理事長になり、引退したのちにフロリダ州ウェリントンにある評価額数百万ドルの不動産の二区画に建てた家に住んでいる。

マクドネル・ダグラスとの合併を進め、森にある邸宅で会社の魂について指南したフィル・コンディットは、もう一つの邸宅を建てて、四番目の妻と暮らしている。

マクドネル・ダグラスの元CEOハリー・ストーンサイファーはいまだに隣人との軋轢に臆していない。ノースカロライナ州アッシュビルの近郊に住むストーンサイファーは六七〇〇平方フィート（六二二平方メートル）の邸宅で一二匹の猫を飼い（ベイビー、ダンテ、ダチェス……それぞれのキッチンまである）、条例に従うようにと指導を試みる市を二人目の妻とともに提訴している。

「デニス・マレンバーグは、ナディア・ミラーロンが求めたとおり田舎に帰った。いまは農機具の「テスラ」になろうと五万ドルの電気トラクターを販売するモナーク・トラクター社の投資家兼アドバイザーを務めている。

約二年にわたる捜査を終えて、司法省はボーイングに二五億ドルの制裁金を科したが、二人のパイロットがFAAにMCASの働きについて虚偽の説明をしたことに対する詐欺共謀容疑での立件は見送った。制裁金の多くはいずれ支払うことになるであろう一七億七〇〇〇ドルの顧客への補償ならびに五億ドルの示談金とともに予算に計上された。刑事事件の罰金は二億四三六〇万ドルに過ぎず、原告がコメントしたようにこの金額はパイロットにシミュレータートレーニングを実施する際にボーイングが負担するはずの金額に過ぎなかった。

デイヴ・カルフーンCEOが主張したように、政府は二人のパイロットが悪質なメールを書いたとしか見ていないようだった。実名ではなかったものの、原告が提訴した被告はマーク・フォークナー、パトリック・グスタフソン、両737テクニカルパイロットだった。プレッシャーをかけ、報酬を受け取り、犯行が明らかになると現場から立ち去った悪質なマネージャーが殺人事件の代償を払わなかったことは不可解なことであると、二人の同僚たちの目には映った。

「737MAXの詐欺共謀」と題された報道発表を目にした二人の同僚は、ある見出しを思いついた。「ボーイングは殺人罪に問われず」

主な参考文献

Bauer, Eugene E. *Boeing: The First Century.* Enumclaw, WA: TABA Publishing, 2000.

Berge, Dieudonnee Ten. *The First 24 Hours: A Comprehensive Guide to Successful Crisis Management.* Cambridge, MA: Blackwell, 1990.

Boeing. Boeing *World Headquarters: Our Home in Chicago.* Chicago: Privately printed, 2003.

Byrne, Jerry. *Flight 427: Anatomy of an Air Disaster.* New York: Springer-Verlag, 2002.

Clearfield, Chris, and Andras Tilcsik. *Meltdown: What Plane Crashes, Oil Spills, and Dumb Business Decisions Can Teach Us About How to Succeed at Work and at Home.* New York: Penguin Books, 2018.（クリス・クリアフィールド、アンドラーシュ・ティルシック著、櫻井祐子訳『巨大システム 失敗の本質：「組織の壊滅的失敗」を防ぐたった一つの方法』東洋経済新報社、２０１８年）

Collins, James C., and Jerry I. Porras. *Built to Last: Successful Habits of Visionary Companies.* New York: HarperBusiness, 1994.（ジム・コリンズ、ジェリー・ポラス著、山岡洋一訳『ビジョナリー・カンパニー：時代を超える生存の原則』日経ＢＰ社、１９９５年）

Dornseif, Dan. *Boeing 737: The World's Jetliner.* Atglen, PA: Schiffer Publishing, 2017.

Evans, Harold. *Good Times, Bad Times.* London: Weidenfeld & Nicolson, 1983.

Grunberg, Leon, and Sarah Moore. *Emerging from Turbulence: Boeing and Stories of the American Workplace Today.* Lanham, MD: Rowman & Littlefield, 2016.

Johnston, A. M. "Tex," with Charles Barton. *Tex Johnston: Jet-Age Test Pilot.* Washington, D.C., and London: Smithsonian Press, 1991.

Johnston, Moira. *The Last Nine Minutes: The Story of Flight 981.* New York: William Morrow, 1976.

Lane, Bill. *Jacked Up: The Inside Story of How Jack Welch Talked GE into Becoming the World's Greatest Company.* New York: McGraw-Hill, 2008.（ビル・レーン著、早野依子訳『ウェルチの「伝える技術」』ＰＨＰ研究所、２００８年）

Lane, Bill. *Jacked Losing It! Behaviors and Mindsets That Ruin Careers: Lessons on Protecting Yourself from Avoidable Mistakes.* Upper Saddle River, NJ: FT Press, 2012.（ビル・レーン著、大田直子訳『ウェルチに学んだ 勝ち組と負け組の分かれ目』講談社、２０１３年）

Mansfield, Harold. *Vision: A Saga of the Sky.* New York: Duell, Sloan and Pearce, 1956.
Michaels, Kevin. *Aerodynamic: Inside the High-Stakes Global Jetliner Ecosystem.* Reston, VA: American Institute of Aeronautics and Astronautics, 2018.
McMartin, Joseph A. *Collision Course: Ronald Reagan, the Air Traffic Controllers, and the Strike That Changed America.* New York: Oxford University Press, 2011.
Newhouse, John. *The Sporty Game.* New York: Knopf, 1982.（ジョン・ニューハウス著、航空機産業研究グループ訳『スポーティーゲーム：国際ビジネス戦争の内幕』学生社、１９８８年）
Newhouse, John. *Boeing Versus Airbus: The Inside Story of the Greatest International Competition in Business.* New York: Knopf, 2007.
O'Boyle, Thomas F. *At Any Cost: Jack Welch, General Electric, and the Pursuit of Profit.* New York: Knopf, 1998.
Petzinger, Thomas, Jr. *Hard Landing: The Epic Contest for Power and Profits That Plunged the Airlines into Chaos.* New York: Times Books, 1995.
Rodgers, Eugene. *Flying High: The Story of Boeing and the Rise of the Jetliner Industry.* New York: Atlantic Monthly Press, 1996.
Rosen, Robert H., with Paul B. Brown. *Leading People: Transforming Business from the Inside Out.* New York: Viking Penguin, 1996.
Sabbagh, Karl. *Twenty-First-Century Jet: The Making and Marketing of the Boeing 777.* New York: Scribner, 1996.
Serling, Robert J. *Legend and Legacy: The Story of Boeing and Its People.* New York: St. Martin's Press, 1992..
Slater, Robert. *Jack Welch and the GE Way: Management Insights and Leadership Secrets of the Legendary CEO.* New York: McGrawHill, 1999.（ロバート・スレーター著、宮本喜一訳『ウェルチ：ＧＥを最強企業に変えた伝説のＣＥＯ』（日経ＢＰ社、１９９９年）
Sutter, Joe, with Jay Spenser. *747: Creating the World's First Jumbo Jet and Other Adventures from a Life in Aviation.* New York: Smithsonian Books, 2006.（ジョー・サッター、ジェイ・スペンサー著、堀千恵子訳『７４７ジャンボをつくった男』日経ＢＰ社、２００８年）
Tapscott, Don, and Anthony C. Williams. *Wikinomics: How Mass Collaboration Changes Everything.* New York: Portfolio, 1996.（ドン・タプスコット、アンソニー・ウィリアムズ著、井口耕二訳『ウィキノミクス』日経ＢＰ社、２００７年）
Verhovek, Sam Howe. *Jet Age: The Comet, the 707, and the Race to Shrink the World.* New York: Penguin Group, 2010.
Welch, Jack, with John A. Byrne. *Jack: Straight from the Gut.* New York: Warner Books, 2001.（ジャック・ウェルチ、ジョン・バーン著、宮本喜一訳『ジャック・ウェルチわが経営 上下』日経ＢＰマーケティング、日本経済新聞出版、２００１年）

著者のことば

本書は、ボーイングおよびＦＡＡ（連邦航空局）の現職および元職員、業界の幹部やアナリスト、犠牲者の家族との数百時間にわたるインタビュー、そして裁判記録、会議の議事録、電子メールやインスタントメッセージ、ニュース記事、議会調査によって公開された文書、公式の事故報告など、数千ページに及ぶ公表資料に基づいて書かれています。また、主要な関係者の口述記録や公の場での発言、さらにマクドネル・ダグラスの合併やエンジニアのストライキという重要な年にボーイングを担当していた際の私自身の経験も活用しました。

本文中の各人の発言は、私自身の取材や公開された記事、録音された発言からのものです。可能な限り名前を挙げて引用しましたが、ボーイングやＦＡＡに対する批判的なコメントがキャリアに悪影響を及ぼすのではないかという懸念から匿名を希望する人もいました。また、ボーイングとＦＡＡは、筆者のインタビューのリクエストを拒絶し、文章による質問に対しても、ボーイングは自社の会計方針を擁護する以外の回答については答えませんでした。ＦＡＡも筆者の質問には答えず、ほかの重要な関係者も同様でした。

本書執筆にあたっては『シアトルタイムズ』、『ウォールストリートジャーナル』、『ニューヨークタイムズ』など、当時の報道記事を参考にしました。また、ブルームバーグの同僚たちの報道にも多く助けられました。それらは注釈に記しています（編集部注：紙幅の都合で注釈は割愛しました。発言の出典などお知りになりたい方は編集部までお問い合わせください。info@namiki-shobo.co.jp）。航空業界史を描いた『The Sporty Game』（邦訳名『スポーティーゲーム：国際ビジネス戦争の内幕』）は特に重要な資料でした。テックス・ジョンストンやジョー・サッターの回想録も、ジェット時代の初期の歴史を理解する上で非常に役立ちました。またサウスウエスト航空のパイロットであるダン・ドーンセイフによる優れた技術書『Boeing 737: The World's Jetliner』も参考にしました。

最後に本書の執筆に際して多くの人々が惜しみなく時間と知恵を提供してくれたことに感謝しています。特にライオンエア６１０便とエチオピア航空３０２便で亡くなった方々の遺族に感謝の意を表します。彼らが自らの苦しみを分かち合い、何が起こったのかを知ろうとする勇気は、執筆の大きなインスピレーションとなりました。特にナディア・ミラーロン、マイケル・ストム、タレク・ミラーロン、ポール・ンジョロゲ、リニ・ソエギヨノ、コンジット・シャフィ、ハビエル・デ・ルイスに感謝したいと思います。

訳者あとがき

二〇二一年に原著（FLYING BLIND：The 737 Max Tragedy and the Fall of Boeing）が出版されてから、訳書の出版まで少々時間が空いた。その間の進展を簡単に記したい。

一部のMAX9には非常口のドアの代わりドアプラグが設置されているが、二〇二四年一月五日、アラスカ航空1282便に充当されていたMAX9がこのドアプラグを失なって減圧が生じ、六〇〇〇フィート（一八三〇メートル）急降下したのちに緊急着陸した。事故原因の解明にあたるNTSB（国家運輸安全委員会）は事故機のドアプラグが適切にボルト止めされていなかったことが事故につながったと見ている。この事故を受けて、MAXの増産を求めるボーイングからの要請をFAA（連邦航空局）は拒否している。FAAはボーイングと胴体を製造するスピリット・エアロシステムズの製造ラインの点検も行ない、前者は約三分の一、後者では約半数の工程で問題が発見されたという。前工程の作業が完了する前に次の工程へと進む「トラベルド・ワーク」も確認された。

本文中では触れられていないが、ボーイングでは短胴型のMAX7と長胴型のMAX10の開発も進められている。両機種は現在でも型式証明を受けておらず、FAAも型式証明を交付する日時について明らかにしたことはない。インドネシア・エチオピアの両航空機事故を受けて制定された航空機安全・証明改正法は、

(©Wikimedia Commons)
2024年1月5日、飛行中のアラスカ航空 MAX-9 の胴体に穴が空く事故が発生し、品質問題が再燃している。

二〇二二年一二月三一日以降に型式証明を受ける航空機にEICAS（エンジン・インジケーテングおよび乗務員アラートシステム）を設置するよう義務付けたが、MAX7とMAX10のコックピットがMAX8とMAX9と異なるものになることを嫌ったボーイングは特例措置を要請し、議会もそれを認めた。

ところが、二〇二三年八月になると今度はすべてのMAXのエンジン防氷システムに問題が発見された（MAX8とMAX9は運航の継続を許可されており、また問題も発生していないが、本文に登場するタジェル機長は除氷システムを五分以内にオフにするようメモをディスプレイのベゼルに貼っている）。

MAX7に関しては、問題を棚上げにしたままで型式証明を取得し、後日改修を行なう許可をボーイングは二〇二三年一二月に願い出たが、翌月にアラスカ航空機事故が発生し、ダックワース上院議員に詰め寄られたカルフーンCEOは申請を取り下げた。防氷システムの問題を解決するには九～一八か月要するとボーイングは見ており、当初二〇二〇年に予定されていたMAX7の型式証明は二〇二五年の後半にずれ込むことになった。試験機の少ないMAX10の型式証明はさらに遅れることになる。

787ドリームライナーの引き渡しも波乱含みであった。品質問題が解決されたとして、ボーイングは二〇二二年八月一〇日に一三か月ぶりに787の納入を再開したが、スピリット・エアロシステムズによる前方圧力隔壁の分析ミスがあったとして二〇二三年一月にも約一か月間にわたり引き渡しを見合わせている。

全日空も発注した777の派生型777Xは当初は二〇二〇年とされた就役時期がいつになるか見通せない。直近ではエンジンを機体に固定する「スラスト・リンク」に亀裂が入っていることがハワイで飛行を行なっていた試験機で確認された。ボーイングは二〇二五年に引き渡すとしているが、ローンチカスタマーであるルフトハンザはもはや同年に777Xを受領することはないであろうと悲観的な見方をしている。

宇宙に目を転じると、イーロン・マスク率いるスペースXに追従しようと開発したCST‐100スターライナー有人宇宙飛行船がISS（国際宇宙ステーション）とのドッキングには成功したものの、エンジンに問題が生じたことから無人で帰還している。スペースシャトルを失ったことから慎重になっていたNASAが有人飛行は可能とするボーイングの主張を退けたという。

詐欺共謀罪の罰金の半額支払いと社内の改革を条件にボーイングは二〇二一年に訴追の延期を受けていたが、アラスカ航空機事故を受けて、司法省は合意に違反があった判断し、再調査に着手した。法廷論争か有罪を認めるかを迫られたボーイングは罪状を認め、司法取引に応じることになった。詐欺共謀罪を認めることで、ボーイングは政府からの信頼を失い、防衛装備品や宇宙船などの契約に悪い影響が出る可能性がある。一方、罰金は罪の重さに見合ったものではなく、また誰も収監されていないことに737MAX8墜落事故の遺族らは怒りを表明している。

FAAは馴れ合いを廃すと宣言したものの、その能力がないのではないか、また議会も明確な改善策を提案できないのではないかと行政・立法機関に対して疑問の声を上げる向きもある。

ボーイングの現役エンジニアであるサム・サレプールは不利益を顧みることなく「安全よりも製造が優先されている」と上院で証言し、本文中に登場するエドワード・ピアソンはアラスカ航空機事故に際して社内には記録がないと報告したボーイングの説明に異を唱え、「これは刑事捜査から逃れようとする隠蔽工作である」と証言している。悲劇的な末路をたどったホイッスルブロアー（内部告発者）もいる。サウスカロライナ工場で787ドリームライナーの品質管理をかつて担当し、問題の深刻さから退職後にボーイングを告発したジョン・バーネットは尋問中の二〇二四年三月九日に自死している。分社化されたのちに母体への吸収が決まったスピリット・エアロシステムズを内部告発し、その結果解雇されたジョシュア・ディーンは二〇二四年四月三〇日に急死している。

自身の手で改革を成し遂げることができず、悔しさを滲ませたデイヴ・カルフーンは二〇二四年八月七日に引責辞任した。航空宇宙・防衛分野で三〇年以上の経験を有し、ロックウェル・コリンズ（航空電子部品メーカー）でCEOを務めたケリー・オルトバーグが後任になった。オルトバーグは就任早々に本文中に登場する国際機械工組合751支部によるストライキの洗礼を浴びている。エアバスの背中を遠くから見るようになり、社債の格付けに戦々恐々とするボーイングがオルトバーグの指揮下でどう再生していくか注視したい。

いくつか訳者の愚見を述べたい。著者が述べるように、乗客は航空機を電気スイッチのようにとらえ、全幅の信頼を寄せる。ましてや世界有数のメーカーの製品であれば、製品は完璧であるように思う。あえて特定の機種を避ける旅客も多くはない。

しかし、完璧が絶対条件のメーカーであっても、所詮は人間の集まりである。技術立国のわが国においても新幹線の台車に亀裂が入った事故や複数の自動車メーカーによる検査データの改竄などの不祥事が記憶に新しい。

本書では世界の頂点を極めたメーカーがいかにして凋落の道を歩んだかをブルームバーグの記者ピーター・ロビソンが赤裸々に暴く。誇り高き企業が何を見失い、何を犠牲にしたのか、そしていかにして内部崩壊の道をたどったのか――。

ボーイングの問題を対岸の火事としてはならない。787に使用される部品のうち、実に三五パーセントの部品がわが国のメーカー三社によって製造されている。市場を問わず、卓越した製品の開発を矜持とするわが国のメーカーがボーイングの轍を踏まないことを切に祈る。

そして、わが国の航空会社三社が737MAXの導入に踏み切った。MAXは着実に実績を積み重ねていると大手二社は主張しているが、同機が日本の空の足になる時、不安が残るようなことがあってはならない。

訳者が初めて乗った飛行機はサンフランシスコ行きのボーイング747であった。サテライトからその美しい姿を飽きもせずに眺めていたことをまるで昨日のことのように鮮明に思い出す。その後も繰り返しボーイング機に搭乗する訳者は世界のエンジニアリングカンパニーの再生を強く願ってやまない。

本書を訳する過程において一部加筆（「主な登場人物」紹介を追加し関連写真を収載）や削除があったことをお断りする。技術面での記述に問題があった際には版元に是非ともお知らせいただきたい。技術的な解説は富士重工業（現SUBARU）で航空機開発に携わった佐藤達男氏による『ディープストール』に詳しい。

出版が急がれるノンフィクションであるにもかかわらず、最愛の母を失い、長らくうつ状態にあった訳者を温かく見守ってくれた並木書房に感謝してペンを擱く。

Peter Robison（ピーター・ロビソン）
米国大手総合情報サービスの「ブルームバーグ」と「ブルームバーグ・ビジネス・ウィーク」において真相究明を担当するジャーナリスト。1990年代後半、マクドネル・ダグラスとボーイングの合併を取材。ジェラルド・ローブ賞およびマルコム・フォーブス賞を受賞し、ビジネス執筆編集促進協会からは最優秀ビジネス賞を４回授与されている。ミネソタ州セントポール出身。スタンフォード大学で歴史を専攻し、優秀な成績を収めて卒業する。ワシントン州シアトルで妻と二人の子供とともに暮らす。

茂木作太郎（もぎ・さくたろう）
1970年東京都生まれ。千葉県育ち。17歳で渡米し、サウスカロライナ州立シタデル大学を卒業。スターバックスコーヒー、アップルコンピュータ、東日本旅客鉄道などを経て翻訳者。交通機関への関心が高い。訳書に『F-14トップガンデイズ』『スペツナズ』『米陸軍レンジャー』『欧州対テロ部隊』『SAS英特殊部隊』『シリア原子炉を破壊せよ―イスラエル極秘作戦の内幕―』『男の教科書』（並木書房）がある。

迷走するボーイング
―魂を奪われた技術屋集団―

2024年11月15日　1刷
2025年 2 月15日　3刷

著　者　ピーター・ロビソン
訳　者　茂木作太郎
発行者　奈須田若仁
発行所　並木書房
〒170-0002 東京都豊島区巣鴨 2-4-2-501
電話(03)6903-4366　fax(03)6903-4368
http://www.namiki-shobo.co.jp
印刷製本　モリモト印刷
ISBN978-4-89063-456-9